"十三五"国家重点出版物出版规划项目
现代机械工程系列精品教材
普通高等教育3D版机械类系列教材

画法几何及机械制图
（3D版）

廖希亮　张　莹　姚俊红　编著
李　辉　管殿柱　陈清奎
刘日良　主审

机械工业出版社

本书是根据教育部高等学校工程图学教学指导委员会制定的《普通高等学校工程图学课程教学基本要求》中关于机械类工程图学课程教学内容编写的。全书共17章，全面系统地介绍了画法几何及机械制图的基本知识，主要内容有：制图的基本知识，点的投影，直线的投影，平面的投影，投影变换，直线与平面、平面与平面的相互关系，曲线与曲面，立体的视图，组合体的视图，轴测投影，机件的表达方法，标准件与常用件，零件图，机械图样上的技术要求，装配图，立体表面的展开。

本书配套了利用虚拟现实（VR）技术、增强现实（AR）技术等开发的3D虚拟仿真教学资源，方便读者的学习。

由管殿柱、李辉、姚俊红等编著的《画法几何及机械制图习题集》与本书配套使用，并由机械工业出版社同时出版。

本书可作为高等学校机械类、近机械类各专业的教材，也可作为高职院校、函授大学、网络教育的相关专业人员及有关工程技术人员的参考书。

图书在版编目（CIP）数据

画法几何及机械制图：3D版/廖希亮等编著. —北京：机械工业出版社，2017.12（2024.6重印）

"十三五"国家重点出版物出版规划项目. 现代机械工程系列精品教材. 普通高等教育3D版机械类系列教材

ISBN 978-7-111-58317-2

Ⅰ.①画… Ⅱ.①廖… Ⅲ.①画法几何-高等学校-教材②机械制图-高等学校-教材 Ⅳ.①TH126

中国版本图书馆CIP数据核字（2017）第253805号

机械工业出版社（北京市百万庄大街22号　邮政编码100037）
策划编辑：蔡开颖　责任编辑：蔡开颖　段晓雅　朱琳琳
责任校对：王　延　封面设计：张　静
责任印制：常天培
北京机工印刷厂有限公司印刷
2024年6月第1版第5次印刷
184mm×260mm · 19.25印张 · 466千字
标准书号：ISBN 978-7-111-58317-2
定价：46.00元

电话服务　　　　　　　　　　网络服务
客服电话：010-88361066　　　机　工　官　网：www.cmpbook.com
　　　　　010-88379833　　　机　工　官　博：weibo.com/cmp1952
　　　　　010-68326294　　　金　书　网：www.golden-book.com
封底无防伪标均为盗版　　　　机工教育服务网：www.cmpedu.com

普通高等教育 3D 版机械类系列教材编审委员会

主任委员	张进生	山东大学
	陈清奎	山东建筑大学
	冯春生	机械工业出版社
委　　员	王　勇	山东大学
	张明勤	山东建筑大学
	赵玉刚	山东理工大学
	何　燕	青岛科技大学
	许崇海	齐鲁工业大学
	曹树坤	济南大学
	孙成通	临沂大学
	赵继俊	哈尔滨工业大学（威海）
	孙如军	德州学院
	彭观明	泰山学院
	马国清	烟台大学
	徐　伟	枣庄学院
	李宏伟	滨州学院
	李振武	菏泽学院
	刘迎春	潍坊科技学院
	曹光明	潍坊学院
	刘延利	山东英才学院
秘　　书	蔡开颖	机械工业出版社

序

虚拟现实（VR）技术是计算机图形学和人机交互技术的发展成果，具有沉浸感（Immersion）、交互性（Interaction）、构想性（Imagination）等特征，能够使用户在虚拟环境中感受并融入真实、人机和谐的场景，便捷地实现人机交互操作，并能从虚拟环境中得到丰富、自然的反馈信息。在特定应用领域中，VR技术不仅可解决用户应用的需要，若赋予丰富的想象力，还能够使人们获取新的知识，促进感性和理性认识的升华，从而深化概念，萌发新的创意。

机械工程教育与VR技术的结合，为机械工程学科的教与学带来显著变革：通过虚拟仿真的知识传达方式实现更有效的知识认知与理解。基于VR的教学方法，以三维可视化的方式传达知识，表达方式更富有感染力和表现力。VR技术使抽象、模糊成为具体、直观，将单调乏味变成丰富多变、极富趣味，令常规不可观察变为近在眼前、触手可及，通过虚拟仿真的实践方式实现知识的呈现与应用。虚拟实验与实践让学习者在创设的虚拟环境中，通过与虚拟对象的主动交互，亲身经历与感受机器拆解、装配、驱动与操控等，获得现实般的实践体验，增加学习者的直接经验，辅助将知识转化为能力。

教育部编制的《教育信息化十年发展规划（2011—2020年）》（以下简称《规划》），提出了建设数字化技能教室、仿真实训室、虚拟仿真实训教学软件、数字教育教学资源库和20000门优质网络课程及其资源，遴选和开发1500套虚拟仿真实训实验系统，建立数字教育资源共建共享机制。按照《规划》的指导思想，教育部启动了包括国家级虚拟仿真实验教学中心在内的若干建设工程，力推虚拟仿真教学资源的规划、建设与应用。近年来，很多学校陆续采用虚拟现实技术建设了各种学科专业的数字化虚拟仿真教学资源，并投入应用，取得了很好的教学效果。

"普通高等教育3D版机械类系列教材"是由山东高校机械工程教学协作组组织驻鲁高等学校教师编写的，充分体现了"三维可视化及互动学习"的特点，将难于学习的知识点以3D教学资源的形式进行介绍，其配套的虚拟仿真教学资源由济南科明数码技术股份有限公司开发完成，并建设了"科明365"在线教育云平台（www.keming365.com），提供了适合课堂教学的"单机版"、适合集中上机学习的"局域网络版"、适合学生自主学习的"手机版"，构建了"没有围墙的大学""不限时间、不限地点、自主学习"的学习资源。

古人云，天下之事，闻者不如见者知之为详，见者不如居者知之为尽。

该系列教材的陆续出版，为机械工程教育创造了理论与实践有机结合的条件，很好地解决了普遍存在的实践教学条件难以满足卓越工程师教育需要的问题。这将有利于培养制造强国战略需要的卓越工程师，助推中国制造2025战略的实施。

张进生
于济南

前　言

本书是山东高校机械工程教学协作组组织编写的"普通高等教育3D版机械类系列教材"之一。

工程图学是研究工程与产品信息表达和交流的学科。工程图样是工程与产品信息的载体，是工程界表达、交流技术思想的语言，在各类工程领域中有着广泛的应用，是工程技术人员必须熟练掌握的一门学科。

本书以培养空间思维能力、工程素质和创新意识为主要目标，按照教育部高等学校工程图学教学指导委员会制定的"普通高等学校工程图学课程教学基本要求"，结合当前高等学校教育改革和对工科人才培养的要求，在编写内容上遵循既系统地介绍画法几何及机械制图的基本概念、基础知识和基本方法，又突出重点、简化难点、加强理论联系实际的原则。特别是与现代科技发展的成果相结合，实现了本书的三维可视化学习方式的重大突破。本书具有以下主要特点：

1) 利用了虚拟现实、增强现实等技术开发的虚拟仿真教学资源，实现了三维可视化及互动学习，将难于学习的知识点以3D教学资源的形式进行介绍，力图达到"教师易教、学生易学"的目的。本书配有二维码链接的3D虚拟仿真教学资源，安卓手机请使用微信的"扫一扫"，苹果手机请使用相机直接扫描。二维码中标有 图标的表示免费使用，标有 图标的表示收费使用。

2) 图例丰富，力求以图说文，注重投影图与直观图同时运用，易学易懂。

3) 内容体系完整，层次清晰。从形体的基本要素（点、线、面）到基本形体，再到形体构型分析、形体表达及机械图，由简单到复杂，循序渐进地培养读者的空间思维与形体构型能力，最后达到应用能力。

4) 注重理论联系实际，使教学内容有利于培养读者的工程意识和创新能力。

5) 随着高等教育的改革，课程学时不断减少。因此，为了突出重点，加强基础知识、基本概念、基本方法的学习，有些内容（用*号注明）可根据学时的多少，进行选学或简介。

6) 采用了现行的技术制图与机械制图国家标准。

7) 本书提供免费的教学课件，欢迎选用本书的教师登录机工教育服务网（www.cmpedu.com）下载。济南科明数码技术股份有限公司还提供有互联网版、局域网版、单机版的3D虚拟仿真教学资源，可供师生在线（www.keming365.com）使用。

本书由廖希亮、张莹、姚俊红、李辉、管殿柱、陈清奎编著。编写分工为：山东大学廖希亮编写第1、8、16章及附录，德州学院姚俊红编写第2、6、13章，滨州学院李辉编写第3、11、14、17章，山东建筑大学张莹编写第4、9、12、15章，青岛大学管殿柱编写第5、7、10章。本书由廖希亮统稿并定稿，由山东大学刘日良教授任主审。与本书配套的3D虚拟仿真教学资源由济南科明数码技术股份有限公司开发完成，并负责网上在线教学资源的维护、运营等工作，主要开发人员包括陈清奎、胡冠标、何强、马仲侬、雷文、邵辉笙、李晓东、孔令富等。

本书可作为高等学校机械类、近机械类各专业画法几何及机械制图课程（80～120学时）的教材，也可作为高职院校、函授大学、网络教育的相应专业人员及有关工程技术人员的参考书。

由管殿柱、李辉、姚俊红等编著的《画法几何及机械制图习题集》与本书配套使用，并由机械工业出版社同时出版，可供选用。

本书的编写得到了济南科明数码技术股份有限公司的大力支持与帮助，以及编者所在学校的关心和支持，在此一并表示衷心感谢。

由于编者水平有限，书中难免存在缺点和错误，敬请广大读者批评指正。

编者

于济南

目　录

序
前言
第1章　绪论 …………………………………… 1
　1.1　本课程的性质、研究对象及任务 …… 1
　1.2　投影的基本知识 ……………………… 2
　1.3　正投影法的投影特性 ………………… 4
　1.4　三视图的基本原理 …………………… 4
第2章　制图的基本知识 …………………… 7
　2.1　制图的基本规定 ……………………… 7
　2.2　绘图工具及其使用方法 ……………… 15
　2.3　几何作图 ……………………………… 18
　2.4　平面图形的尺寸和线段分析 ………… 22
　2.5　绘图的方法与步骤 …………………… 25
第3章　点的投影 …………………………… 27
　3.1　点的单面投影 ………………………… 27
　3.2　点的三面投影及投影规律 …………… 27
　3.3　两点的相对位置 ……………………… 29
　3.4　重影点 ………………………………… 30
第4章　直线的投影 ………………………… 31
　4.1　直线和直线上点的投影 ……………… 31
　4.2　各种位置直线的投影特性 …………… 32
　4.3　求一般位置直线段的实长及其对
　　　　投影面的倾角 ………………………… 35
　4.4　两直线的相对位置 …………………… 37
　4.5　相互垂直两直线的投影 ……………… 39
　4.6　综合题例分析 ………………………… 41
第5章　平面的投影 ………………………… 44
　5.1　平面的表示法 ………………………… 44
　5.2　各种位置平面的投影及特性 ………… 45
　5.3　平面上的直线和点 …………………… 48
第6章　投影变换 …………………………… 52
　6.1　变换投影面法 ………………………… 52
　*6.2　旋转法 ……………………………… 62

第7章　直线与平面、平面与平面的
　　　　相互关系 ……………………………… 66
　7.1　平行关系 ……………………………… 66
　7.2　相交关系 ……………………………… 68
　7.3　垂直关系 ……………………………… 72
第8章　曲线与曲面 ………………………… 75
　8.1　曲线概述 ……………………………… 75
　8.2　圆及螺旋线的投影 …………………… 76
　8.3　曲面概述 ……………………………… 80
　8.4　常见曲面的形成及其投影画法 ……… 82
第9章　立体的视图 ………………………… 89
　9.1　平面立体 ……………………………… 90
　9.2　曲面立体 ……………………………… 95
　9.3　相贯线 ………………………………… 109
第10章　组合体的视图 …………………… 116
　10.1　组合体的形体分析 ………………… 116
　10.2　组合体视图的画法 ………………… 120
　10.3　组合体的尺寸标注 ………………… 121
　10.4　看组合体视图 ……………………… 127
第11章　轴测投影 ………………………… 138
　11.1　轴测投影的基本知识 ……………… 138
　11.2　正等轴测图 ………………………… 139
　11.3　斜二等轴测图 ……………………… 144
　11.4　轴测剖视图的画法 ………………… 145
第12章　机件的表达方法 ………………… 148
　12.1　视图 ………………………………… 148
　12.2　剖视图 ……………………………… 152
　12.3　断面图 ……………………………… 159
　12.4　其他表达方法 ……………………… 160
　12.5　综合应用和读图举例 ……………… 167
第13章　标准件与常用件 ………………… 170
　13.1　螺纹及螺纹紧固件 ………………… 170
　13.2　齿轮 ………………………………… 182

13.3 键、销及其联接 …………… 190
13.4 滚动轴承与弹簧 …………… 193

第 14 章 零件图 …………………… 200
14.1 零件图的作用和内容 ………… 200
14.2 零件的视图选择 ……………… 202
14.3 零件结构的工艺性 …………… 209
14.4 零件图尺寸注法 ……………… 213
14.5 零件测绘及零件图绘制 ……… 218
14.6 读零件图 ……………………… 223

第 15 章 机械图样上的技术要求 … 225
15.1 零件的表面结构 ……………… 225
15.2 极限与配合 …………………… 231
*15.3 几何公差基本知识 …………… 238

第 16 章 装配图 …………………… 242
16.1 装配图的作用和内容 ………… 242
16.2 装配图的表达方法 …………… 243
16.3 画装配图的方法与步骤 ……… 248
16.4 装配图的尺寸注法 …………… 254

16.5 装配图中的零（部）件序号、明细栏和标题栏 ……… 255
16.6 常见装配结构简介 …………… 257
16.7 看装配图 ……………………… 259
16.8 由装配图拆画零件图 ………… 262

*第 17 章 立体表面的展开 ………… 266
17.1 平面立体表面的展开 ………… 267
17.2 可展曲面立体表面的展开 …… 268
17.3 不可展曲面的近似展开 ……… 271

附录 …………………………………… 273
附录 A 螺纹及螺纹紧固件 ………… 273
附录 B 键、销 ……………………… 286
附录 C 滚动轴承 …………………… 290
附录 D 常用的机械加工一般规范和零件结构要素 …………………… 294
附录 E 轴和孔的基本偏差 ………… 295

参考文献 ……………………………… 299

第 1 章

绪　　论

1.1　本课程的性质、研究对象及任务

1. 本课程的性质及研究对象

图形的出现是人类文明史上的重要里程碑。千百年来，图形是人们认识自然、表达和交流思想的重要工具。在工程技术上，把物体按一定的投影方法和有关标准画出，并用数字、文字和符号标注出物体的大小、材料和有关制造的技术要求、技术说明的图形称为工程图样。工程图样是工程与产品信息的载体，被喻为工程界表达、交流技术思想的"语言"。

在工程设计中，工程图样作为构型、设计与制造中工程与产品信息的定义、表达和传递的主要媒介，在机械、土木、水利等领域的技术工作与管理工作中有着广泛的应用；在科学研究中，图形作为表达设计思想的手段，在表达、交流信息和形象思维的过程中，因具有形象性、直观性和简洁性的特点，成为人们认识自然规律、探索未知的重要工具。至今，工程图学已经发展成研究工程与产品信息表达和交流的理论基础及其应用的一门学科。机械制图是工程图学的分支，是研究绘制和阅读机械工程图样的学科。

工程图学课程理论严谨，与工程实践有密切联系，对培养学生科学思维能力，提高工程素质和增强创新意识，具有重要作用，是普通高等学校本科专业重要的工程技术基础课程。

2. 本课程的任务

1) 培养依据投影理论应用二维图形表达三维形体的能力。
2) 培养三维形体的形象思维能力。
3) 培养创造性构型设计能力。
4) 培养徒手绘图和尺规绘图的基本技能。
5) 培养使用软件进行二维绘图及三维形体建模的能力。
6) 培养绘制和阅读机械图样的基本能力。
7) 培养工程意识、标准化意识和严谨认真的工作态度。

3. 本课程的学习方法

（1）牢固掌握基础理论知识　本课程的理论知识具有很强的连贯性和递进性，后续知识的学习都要以前面的知识为基础。因此，必须牢固掌握所学知识，不断总结与温故，达到

学以致用、融会贯通的目标。

（2）注重理论联系实际　本课程是实践性很强的一门学科。因此，在学习过程中要多观察身边的各种物体及其构型，到工厂企业中增加对机器零部件的感性认识，熟悉零件的结构。

认真按时完成作业是最重要的实践活动。作业过程是将理论运用于实践的过程，是掌握基本概念和理论的有效方法。因此，多做、多想是快速培养空间逻辑思维和形象思维能力的唯一方法。

（3）加强标准化意识　本课程采用大量的国家标准。从图样的绘制到零部件的表达方法等都要严格遵循国家《技术制图》及《机械制图》的标准，只有这样才能正确地绘制和读懂机械工程图样。

（4）培养严谨、细致、耐心的工作作风　工程图样是生产过程中的重要技术文件，是制造、检验、维修零部件的依据。因此，图样中不能产生任何的错误，否则会造成严重的经济损失，甚至导致人员伤亡及社会危害。在绘制和阅读机械工程图样时必须养成一丝不苟、严肃认真的工作作风。

1.2　投影的基本知识

1.2.1　投影法

众所周知，物体在太阳光或灯光的照射下，会在地面或墙壁上出现物体的影子（图1-1）。这个影子虽然不能显示出物体的确切形状，但能反映出物体某个方面的边界轮廓。

投影法就是在上述自然现象启示下，经过科学抽象总结出来的。投影法是投射线通过物体向选定的平面（投影面）进行投射，在投影面上得到图形的方法。所得图形称为物体的投影。投射线、物体、投影面构成投影的三要素（图1-2）。

投影法是研究空间几何关系及绘图的基本方法。

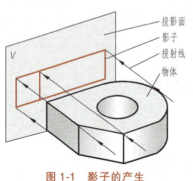

图1-1　影子的产生

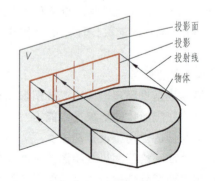

图1-2　投影的产生

1.2.2　投影法分类

工程上常用的投影法分两类：中心投影法和平行投影法。各类投影法的投影原理及应用见表1-1。

1. 中心投影法

中心投影法是投射线相交于一点的投影法（投射中心位于有限远处），见表1-1。用中心投影法得到的物体的投影与物体相对投影面所处的远近有关，投影不能反映物体的真实形状和大小，但图形富有立体感。

2. 平行投影法

平行投影法是投射线相互平行的投影法（投射中心位于无限远处），见表1-1。按投射线与投影面是否垂直，平行投影法又分为正投影法和斜投影法。投射线垂直于投影面时称为正投影法，投射线倾斜于投影面时称为斜投影法。在正投影法中，如果平面与投影面平行，则其投影能反映平面的真实形状和大小，且与该平面到投影面的距离无关，故工程图样的表达通常用正投影法。斜投影法只在轴测图的斜二等轴测图中使用。

表 1-1　各类投影法的投影原理及应用

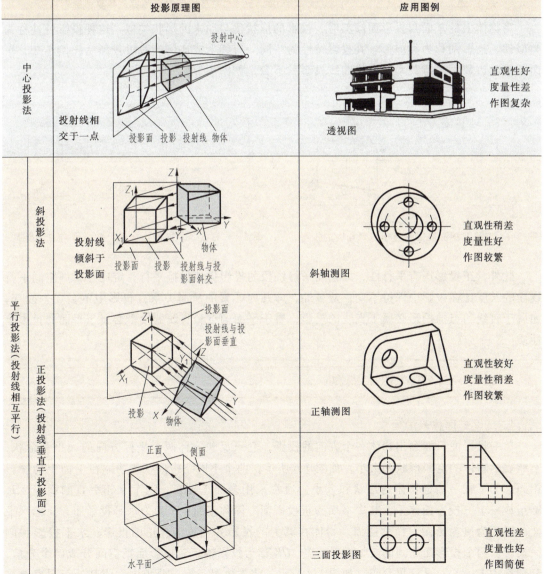

1.3 正投影法的投影特性

1. 实形性

当物体上的平面（或直线）与投影面平行时，投影反映实形（或实长），这种投影特性称为实形性，如图1-3所示。

2. 积聚性

当物体上的平面（或柱面、直线）与投影面垂直时，则在投影面上的投影积聚为直线（或曲线、点），这种投影特性称为积聚性，如图1-4所示。

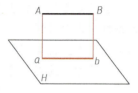
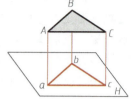

图1-3　直线及平面图形平行于投影面时的投影

3. 类似性

当物体上的平面与投影面倾斜时，投影的形状仍与原来的形状类似，这种投影特性称为类似性，投影图称为类似形。其投影特性为：同一直线上成比例的线段投影后比例不变，平面图形的边数、平行关系、直线曲线投影后不变，如图1-5所示。

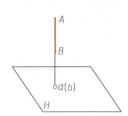
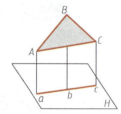
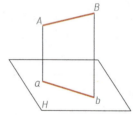
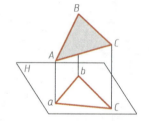

图1-4　直线及平面图形垂直于投影面时的投影　　　图1-5　直线及平面图形倾斜于投影面时的投影

此外，正投影还有平行性，即空间平行线段的投影仍然保持平行；定比性，即空间平行线段的长度比在投影中保持不变；从属性，即几何元素的从属关系在投影中不会发生改变，如属于直线的点的投影必属于直线的投影，属于平面的点和直线的投影必属于平面的投影等性质。

1.4 三视图的基本原理

1. 三投影面体系的建立

单一投影面只能画出物体一个方向的投影，它只反映物体两个坐标方向的大小和形状，不能表达物体的空间形状和大小，如图1-6所示，两个不同结构形状的物体在 V 面上的投影相同。为了唯一确定物体的形状和大小，通常采用多面正投影。三个互相垂直的面 V、H、W 组成一个三投影面体系，其中 V 面为正投影面，简称正面；H 面为水平投影面，简称水平面；W 面为侧投影面，简称侧面。物体在其上的投影分别称为：正面投影、水平投影和侧面投影。两个投影面之间的交线 OX、OY、OZ 称为投影轴。三投影面把空间分成四个分角，分别称为Ⅰ、Ⅱ、Ⅲ、Ⅳ分角，如图1-7所示。将物体置于第一分角内，使其处于观察者与投影面之间得到正投影的方法称为第一角画法。我国国家标准规定工程图样优先采用第一角画法。

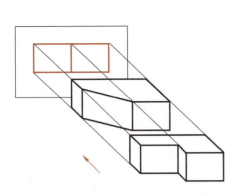

图1-6 两物体在单一投影面的投影

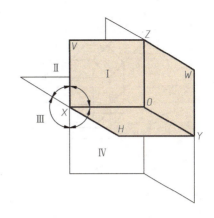

图1-7 三投影面体系

2. 三视图的形成及投影规律

（1）三视图的形成　将物体置于三投影面体系中，按正投影法向投影面进行投射，得到的图形称为视图，如图1-8a所示。其中，从前向后投射得到的视图称为主视图；从上向下投射得到的视图称为俯视图；从左向右投射得到的视图称为左视图。

工程图样中，为了绘图和读图的方便，要把三视图展开在一个平面上，按国家标准规定，展开时 V 面不动，H 面绕 OX 轴向下旋转 $90°$，W 面绕 OZ 轴向后旋转 $90°$，分别展开到 V 面所在平面上，此时 OY 轴一分为二，在 H 面上称 OY_H，在 W 面上称 OY_W，如图1-8a、b、c所示，投影面的边框和坐标均可以省略，如图1-8d所示。

（2）三视图的投影规律

1) 度量关系。在三视图中以主视图为主，俯视图在主视图的正下方，左视图在主视图的正右方。通常，把左右方向的尺寸称为长，前后方向的尺寸称为宽，上下方向的尺寸称为高。如图1-8d所示，三视图之间遵循下述度量关系（简称三等关系）：

① 长对正——主视图、俯视图长相等且对正。

② 高平齐——主视图、左视图高相等且平齐。

③ 宽相等——俯视图、左视图宽相等且对应。

2) 方位对应关系。物体在空间有上、下、左、右、前、后六个方位，物体的三视图之间也反映物体这六个方位的关系，如图1-8d所示。

① 主视图反映了物体的上下和左右四个方位。

② 俯视图反映了物体的前后和左右四个方位。

③ 左视图反映了物体的上下和前后四个方位。

注意：物体的三视图中上下和左右方位关系与空间方位一致，但前后方位关系容易产生混淆，读图时，以主视图为中心，其他视图远离主视图的一侧是物体的前方。

3. 空间几何元素的投影

物体是由点、线、面组成的，因此，点、线、面是形成物体基本的几何元素。第3~5章将分别讨论它们的投影特性。

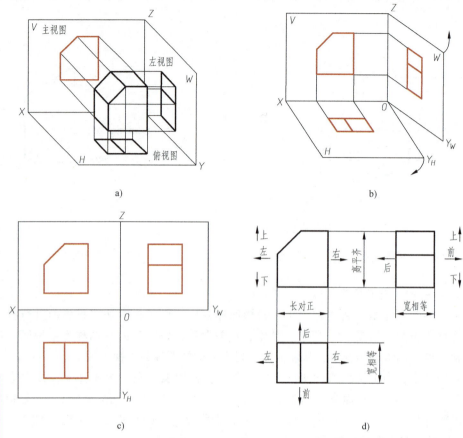

图 1-8 三视图的形成和投影规律

a) 三视图的投影过程 b) 三视图的展开过程 c) 三视图的形成 d) 三视图度量和方位关系

第 2 章

制图的基本知识

2.1 制图的基本规定

2.1.1 图纸幅面和格式

1. 图纸幅面

图纸幅面是指图纸宽度与长度组成的图面。按照国家标准 GB/T 14689—2008《技术制图 图纸幅面和格式》绘制技术图样时,应优先采用表 2-1 所规定的基本幅面:A0、A1、A2、A3、A4。

表 2-1 图纸幅面及图框尺寸 (单位:mm)

幅面代号	A0	A1	A2	A3	A4
B×L	841×1189	594×841	420×594	297×420	210×297
e	20			10	
c	10			5	
a	25				

在必要的情况下,也允许选用加长幅面。加长幅面的尺寸是由基本幅面的短边成整数倍增加后得出的,如图 2-1 所示。其中,图 2-1 中粗实线所示为基本幅面(第一选择);细实线及细虚线所示分别为第二选择和第三选择加长幅面。

2. 图框格式

在图纸上必须用粗实线画出图框,图样一定要绘制在图框内部。其格式分为不留装订边和留有装订边两种,如图 2-2、图 2-3 所示。同一产品的图样只能采用一种图框格式。基本幅面的图框尺寸按表 2-1 的规定确定。加长幅面的图框尺寸,按所选用的基本幅面

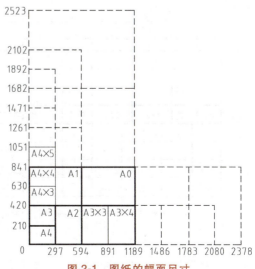

图 2-1 图纸的幅面尺寸

大一号的图框尺寸确定。

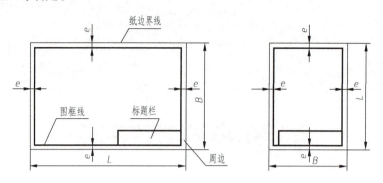

图 2-2　不留装订边图框格式

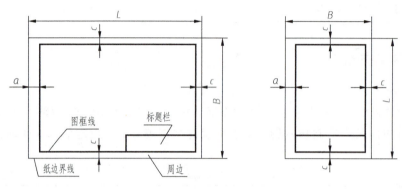

图 2-3　留有装订边图框格式

3. 标题栏

在每张图纸的右下角都必须画出标题栏，如图 2-2、图 2-3 所示。标题栏的格式和尺寸按照 GB/T 10609.1—2008 的规定，如图 2-4 所示。标题栏一般由更改区、签字区、其他区、名称及代号区组成。各部分内容根据实际情况参照国家标准填写。

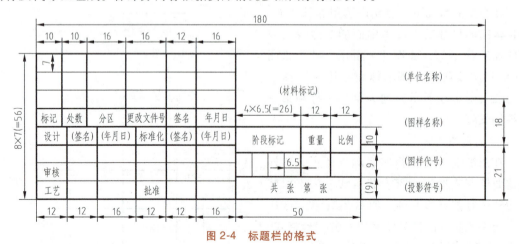

图 2-4　标题栏的格式

（1）更改区　一般由更改标记、处数、分区、更改文件号、签名和　年　月　日等组成。

（2）签字区 一般由设计、审核、工艺、标准化、批准、签名和 年 月 日等组成。

（3）其他区 一般由材料标记、阶段标记、重量、比例和共 张 第 张及投影符号等组成。

（4）名称及代号区 一般由单位名称、图样名称、图样代号等组成。

教学中一般推荐使用简化格式标题栏，如图2-5所示为零件图简化标题栏，而装配图简化标题栏需要将图2-5中的"材料"一栏改为"共 张 第 张"。

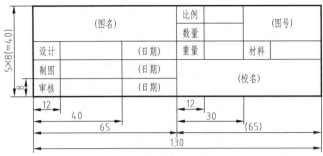

图2-5 零件图简化标题栏

4. 附加符号

（1）对中符号 为了使图样复制和缩微摄影时定位方便，应在图纸各边长的中点处分别画出对中符号。

如图2-6所示，对中符号用粗实线绘制，线宽不小于0.5mm，长度从纸边界开始至伸入图框内约5mm。当对中符号处在标题栏范围内时，则伸入标题栏部分省略不画。

（2）方向符号 一般情况下，看图的方向与看标题栏的方向一致，但是，有时为了利用预先印制的图纸，允许将图2-2、图2-3所示的图纸逆时针旋转90°使用。这时，为了明确绘图与看图时图纸的方向，应在图纸的下边对中符号处画出一个方向符号，如图2-6所示。

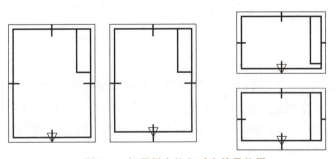

图2-6 标题栏方位和对中符号位置

方向符号是用细实线绘制的等边三角形，其大小和所处的位置如图2-7所示。

（3）投影符号 第一角画法的投影识别符号如图2-8所示，第三角画法的投影识别符号如图2-9所示。

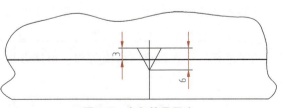

图2-7 方向符号画法

投影符号的线型用粗实线和细点画线绘制，其中粗实线的线宽不小于0.5mm。

2.1.2 比例

比例是指图中图形与其实物相应要素的线性尺寸之比。

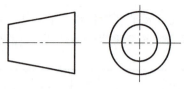

图2-8 第一角画法的投影识别符号

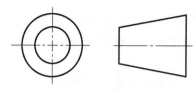

图2-9 第三角画法的投影识别符号

绘制图样时,应根据实际需要按照GB/T 14690—1993规定的系列中选取适当的比例,见表2-2。为便于读图,应尽量采用1:1的比例画图,以便能直接从图样上看出机件的真实大小。

绘制同一机件的各个视图应采用相同的比例,并在标题栏的比例一栏中标明。当某个视图需要采用不同的比例时,必须另行标注。

应注意,不论采用何种比例绘图、标注尺寸,均按机件的实际大小标注出尺寸。

表2-2 比例系列

项目	比例						
原值比例	1:1						
放大比例	5:1	4:1	2.5:1	2:1			
	$5 \times 10^n:1$	$4 \times 10^n:1$	$2.5 \times 10^n:1$	$2 \times 10^n:1$	$1 \times 10^n:1$		
缩小比例	1:1.5	1:2	1:2.5	1:3	1:4	1:5	1:6	1:10
	$1:1.5 \times 10^n$	$1:2 \times 10^n$	$1:2.5 \times 10^n$	$1:3 \times 10^n$	$1:4 \times 10^n$	$1:5 \times 10^n$	$1:6 \times 10^n$	$1:10^n$

注:1. n 为正整数。
　　2. 橘色字为优先选用比例。

2.1.3 字体

字体是指图中汉字、字母、数字的书写形式。图样中的字体书写必须做到:字体工整、笔画清楚、间隔均匀、排列整齐。字体高度(用 h 表示,代表字的号数)的公称尺寸系列为:1.8mm、2.5mm、3.5mm、5mm、7mm、10mm、14mm、20mm。如需要书写更大的字,其字体高度应按 $\sqrt{2}$ 的比率递增。

1. 汉字

汉字应写成长仿宋体字,并应采用国家正式公布推行的《汉字简化方案》中规定的简化字。汉字的高度 h 一般不应小于3.5mm,其字宽一般为 $h/\sqrt{2}$。长仿宋体汉字的书写要领是:横平竖直、注意起落、结构匀称、填满方格。其书写过程、实际笔画及汉字结构示例如下:

横平竖直 注意起落 结构匀称 填满方格
机械制图 技术要求 箱体零件 齿轮轴承

2. 数字和字母

数字和字母分为A型和B型。A型字体的笔画宽度 d 为字高 h 的十四分之一;B型字体的笔画宽度 d 为字高 h 的十分之一。数字和字母有斜体和直体之分,斜体字字头向右倾斜,与水平基准线成75°角。在同一图样上只允许选用一种形式的字体。

字母和阿拉伯数字B型字体斜体书写示例：

（1）大写字母

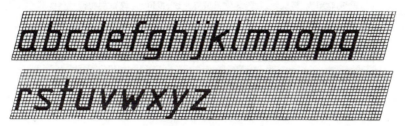

（2）小写字母

（3）阿拉伯数字

（4）罗马数字

3. 综合应用规定

1）用作指数、分数、极限偏差、脚注等的数字及字母，一般应采用小一号的字体。

2）图样中的数学符号、物理量符号、计量单位符号以及其他符号、代号，应分别符合国家的有关法令和标准的规定。

2.1.4 图线

图线是指起点和终点间以任意方式连接的一种几何图形形状，可以是直线或曲线、连续线或不连续线。

1. 线型及其应用

为了使技术图样适应贸易技术和交流的需要，各种技术图样所用图线均应遵循标准规定。GB/T 4457.4—2002《机械制图 图样画法 图线》规定了机械工程图样所用图线。表2-3列出了各种不同线型及其一般应用。

2. 图线宽度

所有线型的图线宽度（d）应按图样的类型和尺寸大小在下列数系中选择，该数系的公比为 $1:\sqrt{2}$。

表 2-3　线型及其一般应用

线型	一般应用
细实线	过渡线、尺寸线、尺寸界线、指引线和基准线、剖面线、重合断面的轮廓线、短中心线、螺纹牙底线、尺寸线的起止线、表示平面的对角线、辅助线、投影线、网格线等
波浪线	断裂处的边界线、视图与剖视图的分界线
双折线	断裂处的边界线、视图与剖视图的分界线
粗实线	可见轮廓线、螺纹牙顶线、螺纹长度终止线、齿顶圆（线）、剖切符号用线等
细虚线	不可见轮廓线
粗虚线	允许表面处理的表示线
细点画线	轴线、对称中心线、分度圆（线）、孔系分布的中心线等
粗点画线	限定范围表示线
细双点画线	相邻零件的轮廓线、可动零件的极限位置的轮廓线、轨迹线、中断线等

　　0.13mm　0.18mm　0.25mm　0.35mm　0.5mm　0.7mm　1.0mm

粗线和细线的宽度比例为 2∶1。 在同一图样中同类图线的宽度应一致。

机械图样中，粗线宽度优先采用 0.5mm 和 0.7mm。为了保证图样清晰易读，便于复制，图样中尽量避免出现线宽小于 0.18 mm 的图线。

3. 图线的画法

如图 2-10 所示，绘制图线时，要遵循以下几点要求：

1）虚线、点画线、双点画线自交或与实线相交时，应该恰当地相交于画线处。

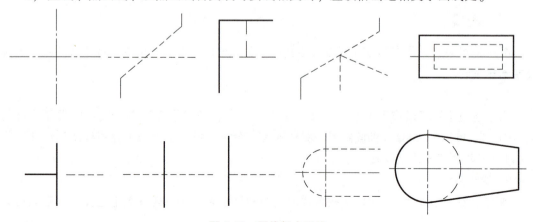

图 2-10　图线相交画法

2）虚线直接在实线延长线上相接时，虚线应留出空隙。

3）画圆的中心线时，圆心应是长画的交点，细点画线两端应超出轮廓 2~5mm。

2.1.5 尺寸注法

机件结构形状的大小和相对位置需用尺寸表示，如图 2-11 所示，尺寸由尺寸界线、尺寸线、尺寸数字和尺寸线终端组成。GB/T 4458.4—2003《机械制图 尺寸注法》规定了机械图样标注尺寸的基本方法。

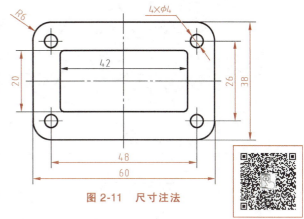

图 2-11 尺寸注法

1. 基本规则

1）机件的真实大小应以图样上所标注的尺寸数值为依据，与图形的大小及绘图的准确度无关。

2）图样中（包括技术要求和其他说明）的尺寸，以毫米为单位时，不需标注单位符号或名称；如采用其他单位，则必须注明相应的单位符号或名称。

3）图样上所标注的尺寸，为该图样所示机件的最后完工尺寸，否则应另加说明。

4）机件的每一个尺寸，在图样中一般只标注一次，并应标注在反映该结构最清晰的图形上。

2. 尺寸要素

（1）尺寸界线 尺寸界线表示所注尺寸的起始和终止位置，用细实线绘制，并应由图形的轮廓线、轴线或对称中心线处引出。也可以直接利用轮廓线、轴线或对称线等作为尺寸界线。尺寸界线应超出尺寸线约 2~5 mm。尺寸界线一般应与尺寸线垂直，必要时才允许倾斜。

（2）尺寸线 尺寸线用细实线绘制。标注线性尺寸时，尺寸线必须与所标注的线段平行，相同方向的各尺寸线之间的距离要均匀，间隔为 7~10mm。尺寸线不能用其他图线所代替，一般也不得与其他图线重合或在其延长线上，并应尽量避免与其他的尺寸线或尺寸界线相交。

（3）尺寸线终端 如图 2-12 所示，尺寸线终端可以有以下两种形式：

1）箭头。箭头适用于各种类型的图样，箭头尖端与尺寸界线接触，不得超出或离开。机械图样中的尺寸线终端一般均采用此种形式。

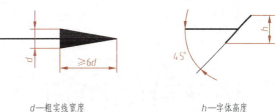

d—粗实线宽度　　h—字体高度

图 2-12 尺寸线终端形式

2）斜线。斜线采用细实线绘制。当尺寸线与尺寸界线垂直时，尺寸线的终端可用斜线绘制。

同一张图样中只能采用一种尺寸线终端形式。当采用箭头时，在位置不够的情况下，允许用圆点或斜线代替箭头。

（4）尺寸数字 线性尺寸数字一般注写在尺寸线的上方，也允许注写在尺寸线的中断处。同一张图样尽量采用同一种形式。

表 2-4 列出了常用尺寸标注示例。

表 2-4　常用尺寸标注示例

内容	示例	说明
线性尺寸数字方向	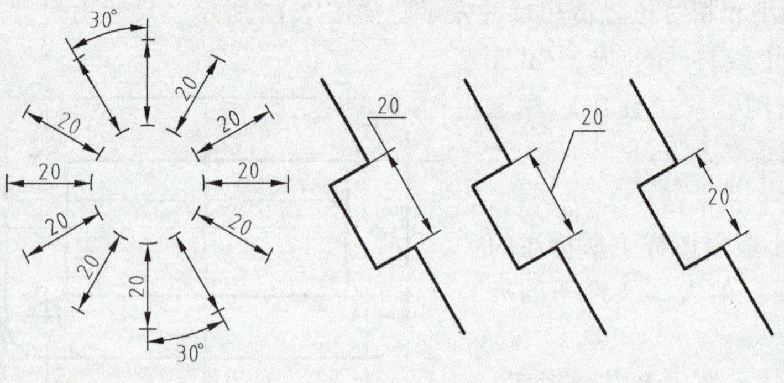	图示 30°范围内避免注写尺寸。无法避免时，采用引出标注或中断处标注
光滑过渡处	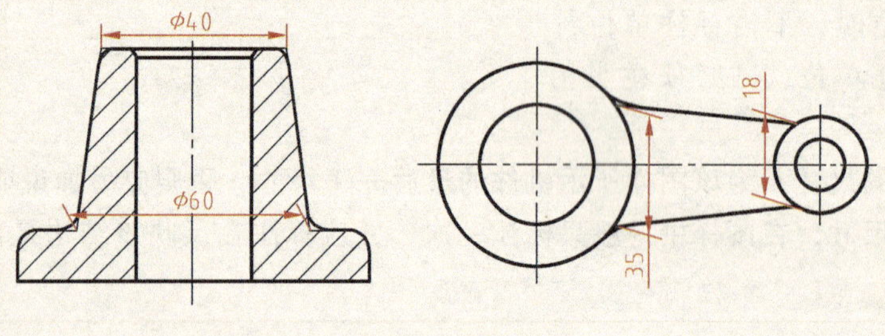	用细实线将轮廓线延长，从交点处引出尺寸界线 尺寸界线过于靠近轮廓线时，允许倾斜
角度、弦长和弧长	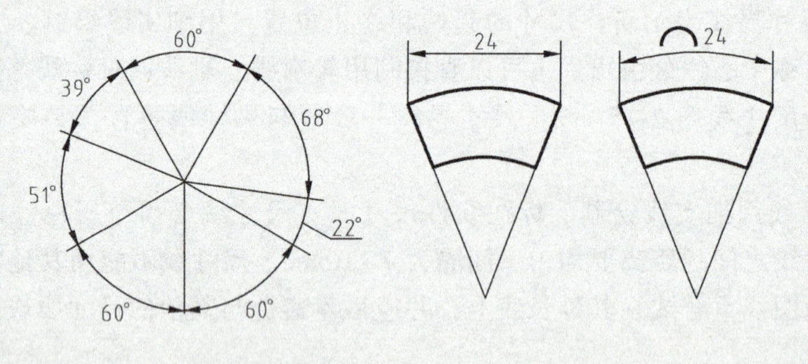	1) 标注角度的尺寸界线应沿径向引出 2) 尺寸数字一律写成水平方向 3) 角度尺寸线画成圆弧，圆心是该角顶点 4) 标注弦长和弧长的尺寸界线应垂直于弦 5) 标注弧长时，要在尺寸数字前加"⌒"
直径和半径	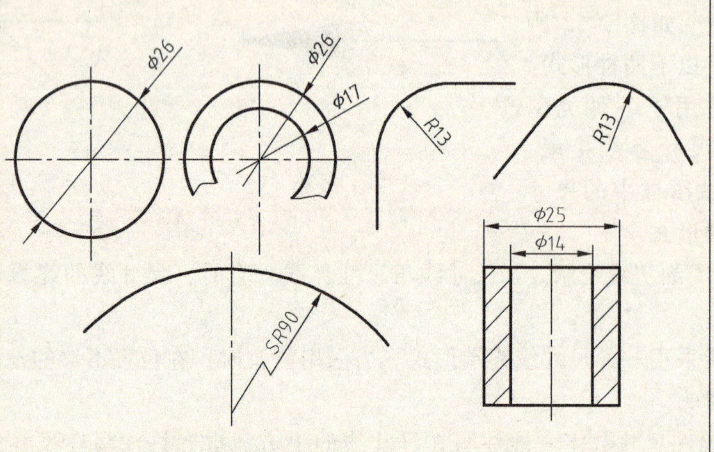	1) 直径尺寸应在尺寸数字前加注符号"φ"，半径尺寸应在尺寸数字前加注符号"R"，球面尺寸要在"φ"或"R"前再加"S" 2) 尺寸线应通过圆心，其终端画成箭头 3) 整圆或大于180°的圆弧应注直径，小于180°的圆弧应注半径 4) 圆弧半径过大，允许弯折示意标注

第2章 制图的基本知识

(续)

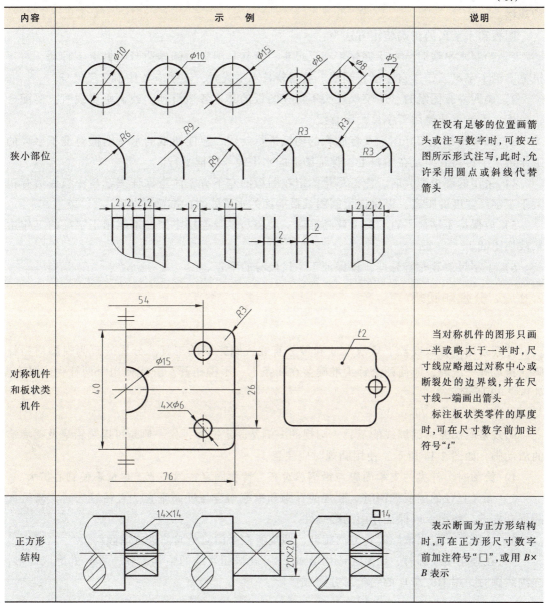

2.2 绘图工具及其使用方法

2.2.1 图板和丁字尺

图板、丁字尺和三角板是绘图最基本的三个重要工具。

图板有0号、1号、2号等型号,其中多选用2号图板。图板是木制的矩形板,其短边为导边,使用时要求其导边平直。

丁字尺又称为T形尺,由互相垂直的尺头和尺身构成,丁字尺的上面那条边为工作边。

丁字尺是绘制水平线和配合三角板作图的工具。丁字尺一般有600mm、900mm、1200mm三种规格。

图板和丁字尺的正确使用方法为：

1）绘制水平线时，左手握住丁字尺尺头，使其与图板左侧导边紧贴做上下移动，右手执笔，沿丁字尺工作边自左至右画线。绘制较长水平线时，左手应按住丁字尺尺身。

2）画同一张图纸时，丁字尺尺头不得在图板的其他各边滑动。绘制垂直线时，要配合三角板，不能直接使用丁字尺画垂直线。

3）如采用预先印好图框及标题栏的图纸进行绘图，应使图纸的水平图框对准丁字尺的工作边后，再将其固定在图板上，保证图上的水平线与图框平行。

4）采用的图板偏大时，图纸尽量固定在图板的左下方，注意保证图纸与图板底边有稍大于丁字尺宽度的距离，以保证绘制图纸最下面的水平线时的准确性。

5）应保持丁字尺平直、刻度清晰准确、尺头与尺身连接牢固，不能用丁字尺的工作边来裁切图纸。

6）丁字尺放置时宜悬挂，以保证丁字尺尺身的平直。

2.2.2 分规和圆规

1. 分规

分规是用来截取线段、量取尺寸和等分直线或圆弧线的工具。分规的两侧规脚均为针脚。量取等分线时，应使两个针尖准确落在线条上，不得错开。分规使用时两针尖应平齐，如图2-13所示。

2. 圆规

圆规是画圆及画圆周线的工具。圆规的一侧是固定针脚，另一侧是可以装铅笔及鸭嘴笔的活动脚，如图2-14所示，使用圆规时应注意：

1）绘图时，针尖的支承面应与铅笔芯对齐，针尖固定在圆心上，尽量不使圆心扩大。

2）画大直径的圆或加深时，圆规的针脚和铅笔均应与纸面垂直。直径过大时，需另加圆规套杆进行作图，以保证作图的准确性。

3）绘图时，应当依顺时针方向旋转，圆规所在平面应稍向前进方向倾斜。

4）在画粗实线圆时，铅笔芯应用B或2B（比画粗直线的铅笔芯软一号）并磨成矩形；画细线圆时，用HB或H的铅笔芯并磨成铲形。

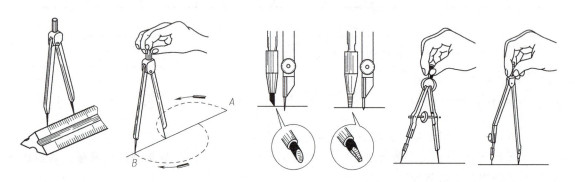

图2-13 分规的使用　　　　　　　　**图2-14 圆规的使用**

2.2.3 铅笔和鸭嘴笔

1. 铅笔

铅笔是必备的绘图工具。铅笔芯的硬软用字母 B 和 H 表示，B 前数字越大表示铅笔芯越软（黑），H 前数字越大表示铅笔芯越硬。画图时常采用 2B、HB、2H 等铅笔，可根据图线的粗细不同来选用。画细线或写字时铅笔芯应磨成锥状，作图时应保持尖的铅笔头，以确保图线的均匀一致。而画粗实线时，可以磨成四棱柱（扁铲）状，如图 2-15 所示。

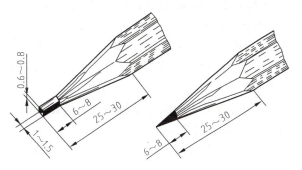

图 2-15　铅笔的磨削形状

作图时，将笔向运笔方向稍倾斜，尽量让铅笔靠近纸面，画粗实线时，因用力较大，倾斜角度可小一些，并在运笔过程中轻微地转动铅笔，使铅笔芯能相对均匀地磨损。用力要均匀，匀速前进。

2. 鸭嘴笔

鸭嘴笔（又称为直线笔，又译鸦嘴笔）是制图时画墨线的用具，笔头是由两片弧形的钢片（笔叶片）相向合成的，略呈鸭嘴状，如图 2-16 所示。鸭嘴笔一般用来画墨稿中的直线，画出的直线边缘整齐，而且粗细一致。所画线段的粗细通过调整笔前端的螺钉来确定。

鸭嘴笔的使用方法为：

1）给鸭嘴笔内加墨水时，应用蘸水笔把墨水加入两钢片间，不能将鸭嘴笔直接插入墨水瓶蘸墨水。

2）作图时，笔尖应正对所画线条，位于行笔方向的铅垂面内，保证两钢片同时接触纸面，并将笔向运笔方向稍倾斜，保持均匀一致的运笔速度。

3）鸭嘴笔钢片外表面沾有墨水时，应及时清洁，以免画线时污染图纸。

4）鸭嘴笔用完后，应将余墨擦干净，并将调节螺钉放松，以避免钢片变形。

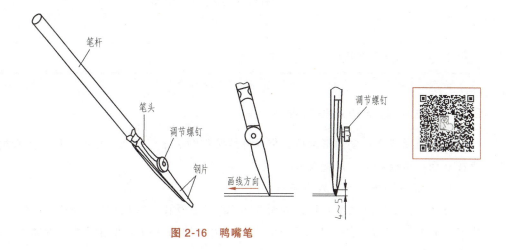

图 2-16　鸭嘴笔

2.2.4 三角板和曲线板

1. 三角板

三角板是常用的绘图工具，一副有两块，一块两角均为 45°，另一块两角分别为 30°和 60°。一般等腰的那块三角板内是一个量角器。

三角板的正确使用方法为：

1）三角板与丁字尺配合使用，可画出垂直线。画垂直线时，画线应自下向上。三角板必须紧挨丁字尺尺身。

2）利用两种角度的三角板组合，可画出 15°及其倍数的各种角度。

3）两个三角板配合使用，也可画出各种角度的平行线。

使用图板、丁字尺和三角板的绘图示例如图 2-17 所示。

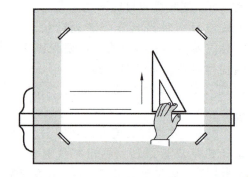

图 2-17　绘制水平线和垂直线

2. 曲线板

曲线板是用来绘制曲率半径不同的非圆曲线的工具。如图 2-18 所示，在用曲线板连线时，一般要使 5 个连续点在曲线板的不同曲率部分，画线时只连中间 3 个点之间的线，这样依次进行，直至把曲线画完。

图 2-18　曲线板的使用

2.3　几何作图

2.3.1　圆的等分和正多边形

等分圆周或作正多边形都可以借助外接圆作图。正三角形、正四边形、正六边形都可以直接利用三角板和丁字尺配合进行作图。

1. 六等分圆周和作正六边形

方法一：已知外接圆直径，利用 30°/60°三角板和丁字尺作图。如图 2-19a 所示，过圆周左、右两点 A、B，用 60°三角板画出正六边形的四条边，再用三角板借助丁字尺连接 1、

2和3、4，即得正六边形。

方法二：已知外接圆直径，利用分规等分圆周作图。如图 2-19b 所示，以圆周左、右两点 A、B 为圆心，外接圆半径为半径，画弧与外接圆交于 1、2、3、4 点，连接各点即得正六边形。

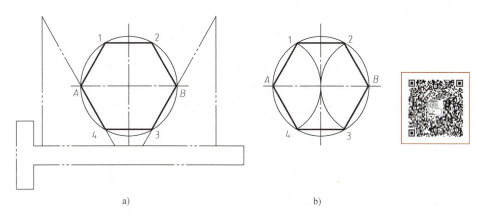

图 2-19　正六边形作法

2. 五等分圆周和作正五边形

已知正五边形的外接圆直径，作正五边形的步骤如下：

1）如图 2-20a 所示，以外接圆半径 OA 的中点 D 为圆心，以 D1 为半径画弧与水平直径交于 E 点。

2）以 E1 为弦长，在圆周上分别截取点 2、3、4、5，依次连接即得正五边形，如图 2-20b 所示。

3. N 等分圆周和作正 N 边形

任意正 N 边形都可以采用以下方法近似获得，图 2-21 所示为正七边形绘制示例。

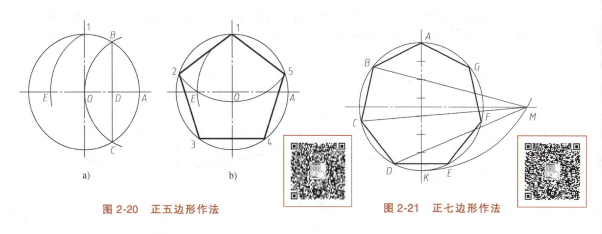

图 2-20　正五边形作法　　　图 2-21　正七边形作法

1）将垂直直径 AK 等分为与所求边数相同的份数（此处为 7 份），以点 A 为圆心，以 AK 为半径画弧，与水平直径的延长线交于 M 点。

2）将 M 点与 AK 上自 A 点起每隔一等分点相连，延长与外接圆分别交于 B、C、D 三点，并作出相对于 AK 对称的点 G、F、E，依次连接各点即得正七边形。

2.3.2 斜度、锥度

1. 斜度

斜度是指一直线或平面相对于另一直线或平面的倾斜程度。如图 2-22a 所示，斜度大小用两者之间夹角的正切值来表示，即

$$斜度 = \tan\alpha = \frac{H}{L} = 1:n$$

在图样上，一般将斜度值转化为 $1:n$ 的形式进行标注，并在数值前加注斜度符号"∠"，符号画法如图 2-22b 所示，h 为字体高度，符号线宽为 $h/10$。斜线的方向应与直线或平面的倾斜方向一致，如图 2-22c 所示。斜度的作图方法如图 2-22d 所示。

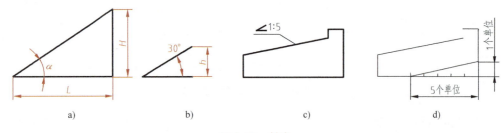

图 2-22 斜度

2. 锥度

锥度是指圆锥的底面直径与锥体高度之比，如果是圆台，则为上、下两底圆的直径差与锥台高度之比，如图 2-23a 所示。即

$$锥度 = \frac{D}{L} = \frac{D-d}{l} = 2\tan\alpha = 1:n$$

在图样上，锥度值也是转化为 $1:n$ 的形式进行标注，并在数值前加注锥度符号"◁"，符号画法如图 2-23b 所示，h 为字体高度，符号线宽为 $h/10$。符号所示方向应与锥体倾斜方向一致，如图 2-23c 所示。锥度的作图方法如图 2-23d 所示。

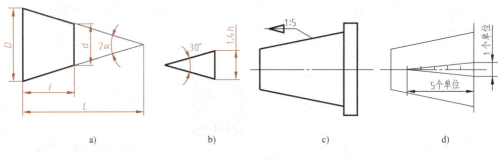

图 2-23 锥度

2.3.3 圆弧连接

圆弧连接是指用已知半径的圆弧光滑连接已知直线和直线、直线和圆弧或者圆弧和圆

弧，也就是使之与已知线段相切。其中，起连接作用的圆弧称为连接圆弧。圆弧连接的过程就是求连接圆弧的圆心和切点的过程。

1. 圆弧连接两直线

已知两直线，连接圆弧的半径为 R，如图 2-24 所示，求作连接圆弧的步骤如下：

（1）求圆心　分别作与两条直线平行且距离为 R 的直线，其交点为连接圆弧的圆心 O。

（2）求切点　过圆心 O 向两已知直线作垂线，得垂足 1、2，即为切点。

（3）画连接圆弧　以点 O 为圆心，R 为半径，过 1、2 两点所作的圆弧即为所求。

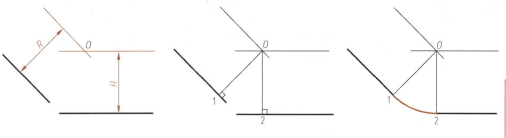

图 2-24　圆弧连接两直线

2. 圆弧连接一直线和一圆（或圆弧）

已知一直线和一半径为 R_1 的圆，连接圆弧的半径为 R，如图 2-25 所示，求作连接圆弧的步骤如下：

（1）求圆心　作与已知直线距离为 R 的平行线，再以已知圆的圆心 O_1 为圆心，以 R_1+R 为半径画弧，与所作平行线交于一点 O 即为连接圆弧的圆心。

（2）求切点　过圆心 O 向已经直线作垂线，则垂足 1 即为切点；连接 O_1O 与已知圆交于一点 2，即为另一切点。

（3）画连接圆弧　以点 O 为圆心，R 为半径，过 1、2 两点所作的圆弧即为所求。

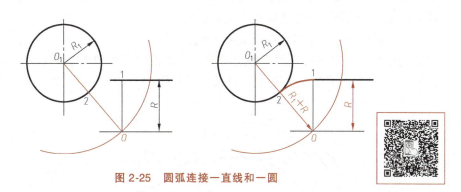

图 2-25　圆弧连接一直线和一圆

3. 圆弧连接两圆（或圆弧）

已知两半径分别为 R_1 和 R_2 的圆，连接圆弧的半径为 R，如图 2-26 所示，求作连接圆弧的步骤如下：

（1）求圆心　首先以已知圆的圆心 O_1 为圆心，以 $R+R_1$（内切时为 $R-R_1$）为半径画弧，再以已知圆的圆心 O_2 为圆心，以 $R+R_2$（内切时为 $R-R_2$）为半径画弧，两弧交于一点 O 即为连接圆弧的圆心。

（2）求切点　连接 O_1 和 O 与已知圆交于一点 1 即为一切点；连接 O_2 和 O 与已知圆交于一点 2，即为另一切点。

（3）画连接圆弧　以点 O 为圆心，R 为半径，过 1、2 两点所作的圆弧即为所求。

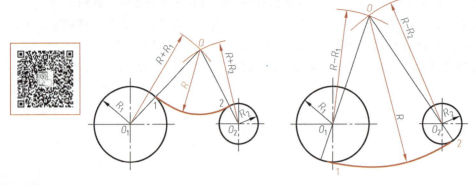

图 2-26　圆弧连接两圆

2.4　平面图形的尺寸和线段分析

平面图形是由一系列直线、圆弧、圆等基本元素通过一定方式组合的线段构成的。绘制平面图形就是将其中的各条线段画出，这就需要由尺寸确定其大小和位置，从而明确平面图形如何识读和绘制。

2.4.1　平面图形的尺寸分析

用于确定尺寸起点位置所依据的点、线、面称为尺寸基准。在平面图形中，长度和宽度方向至少要有一个主要尺寸基准，还可能会有一个或几个辅助基准。通常选择图形的对称线、较大圆的中心线和主要轮廓线作为主要基准。

根据尺寸在图形中的作用分为定形尺寸和定位尺寸。

（1）定形尺寸　定形尺寸是指确定图形中各线段的形状和大小的尺寸。如图 2-27 中，圆的直径 $\phi13$、$\phi19$、$\phi30$、$\phi5$ 和 $\phi9$，以及圆弧半径 $R8$、$R31$、$R4$、$R7$ 都是定形尺寸。

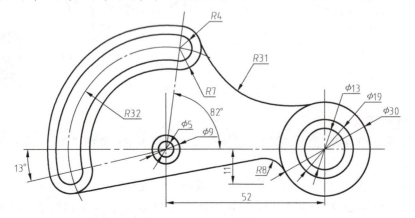

图 2-27　平面图形分析图例

（2）定位尺寸　定位尺寸是指确定图形中各线段相对位置的尺寸。如图 2-27 中，确定 $\phi5$ 和 $\phi9$ 圆心位置的 52，确定 $R8$ 圆弧位置的 11，确定两处 $R4$ 和 $R7$ 圆弧位置的 $R32$、13°、82°都是定位尺寸。

2.4.2　平面图形的线段分析

平面图形中的线段，根据给定的尺寸，分为已知线段、中间线段和连接线段。

（1）已知线段　定形、定位尺寸齐全，可以直接绘制的线段称为已知线段，如图 2-27 中，直径为 $\phi13$、$\phi19$、$\phi30$、$\phi5$、$\phi9$ 的圆和两处半径为 $R4$、$R7$ 的圆弧。

（2）中间线段　给出了定形尺寸和一个定位尺寸，另一个定位尺寸必须依靠与其他线段的关系画出的线段称为中间线段。如图 2-27 中，半径为 $R8$ 的圆弧，给定一个定位尺寸 11，其圆心位置还要根据与 $\phi30$ 圆相外切的关系来确定。

（3）连接线段　只给出定形尺寸，没有定位尺寸，需要依靠与另外两线段的位置关系才能画出的线段称为连接线段。如图 2-27 中，半径为 $R31$ 的圆弧。

2.4.3　平面图形的画图步骤

平面图形的画图步骤如下：

1）根据图形大小确定比例，选择图幅。

2）用胶带固定图纸。

3）绘制边框，布置图形。在图纸上采用细而轻的方法，画出一条横线和一条竖线，也就是两个方向的基准线，此时不分线型。

4）画底图。用较硬的 H 型铅笔绘制底稿。先画已知线段，再画中间线段，最后画连接线段。

5）检查、加深线段。底稿完成后要仔细检查，准确无误后，按不同线型加深图形。先细后粗，先曲后直，图线要求浓淡均匀。

6）标注尺寸，填写标题栏。标注平面图形时，要求做到正确、完整、清晰。正确是指标注尺寸要按照国家标准规定进行，数字准确；完整是指平面图形上的尺寸要注写齐全，且无多余标注；清晰是指尺寸的位置要安排在图形的明显处，便于识读图形。

平面图形尺寸标注的一般步骤如下：

① 选定基准。确定水平和垂直两个方向定位尺寸的起始位置，一般选图形的对称线、较大圆的中心线和主要轮廓线作为主要基准，根据需要选择次要基准。

② 分解图形并标注。按照图形的组成分解成相对独立的图线，根据各图线的尺寸要求，对于已知线段，注出全部定形尺寸和定位尺寸；对于中间线段，只注写定形尺寸和一个定位尺寸；对于连接线段，只需注出定形尺寸。

③ 标注总体尺寸。根据需要确定平面图形的总长和总宽。

注意：图形中的交线和切线，不标注长度尺寸；不要标注成封闭尺寸；两端为圆或圆弧时，不标注总体尺寸。

下面以图 2-28 为例，具体说明平面图形的绘制过程。

关于图幅的选择和图面的布局，由读者自行完成，在此，只简要讲述平面图形的绘制过程。

(1) 分析图形，绘制基准线　根据图形所注尺寸，确定哪些是已知线段，哪些是中间线段，哪些是连接线段。并画出水平方向和垂直方向的基准线。选择 φ8 和 φ20 圆的中心线作为水平和垂直方向的基准，如图2-29a所示。

(2) 绘制已知线段　根据尺寸 28、8、5、75、5 分别确定 R14、R18、右侧 R5 圆弧等图元的位置，如图 2-29b 所示，并用细线绘制 φ8 和 φ20 圆、R14、R18、右侧 R5 圆弧以及相应的直线段，如图 2-29c 所示。

(3) 绘制中间线段　确定 R7 圆弧的位置，并绘制，如图 2-29d 所示。

(4) 绘制连接线段　绘制与 φ20 圆、R18 圆弧相内切的 R48 连接圆弧；绘制与 φ20 圆、R18 圆弧相外切的连接 R20 圆弧；绘制与 R18 圆弧外切，并与直线光滑连接的 R5 圆弧，如图 2-29e 所示。

最后，检查、校对、加深，如图 2-29f 所示。标注尺寸，完成图形。

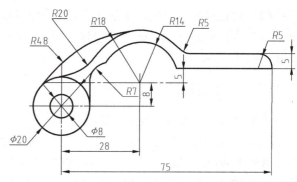

图 2-28　平面图形绘制示例

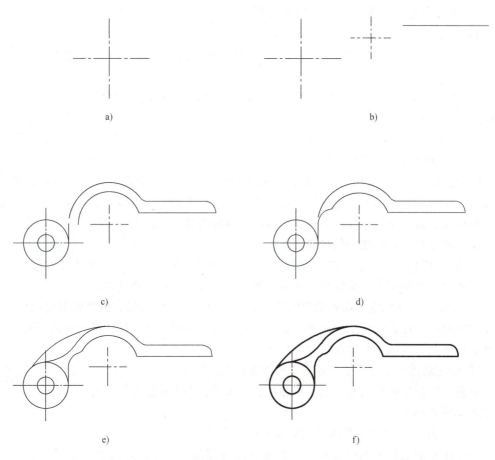

图 2-29　平面图形的绘制过程

2.5　绘图的方法与步骤

目前，工程技术人员使用的绘图方法有三种：尺规绘图、徒手绘图和计算机绘图。

2.5.1　尺规绘图

尺规绘图是指用铅笔、丁字尺、三角板、圆规等为主要工具绘制图样，是工程技术人员的必备基本技能，也是学习和巩固图学理论知识的重要方法。

进行尺规绘图时，一般按照以下步骤进行：

1）绘制前的准备工作。将绘制不同图线的铅笔及圆规准备好，图板、丁字尺和三角板等擦拭干净。

2）选择图纸。根据所绘图形的多少、大小和比例选取合适的图纸幅面。

3）固定图纸。用丁字尺找正后，用胶纸固定图纸。

4）绘制图框及标题栏。先采用细实线绘制图框及标题栏，然后再描深。

5）分析图形，进行合理布局。根据布图方案，利用投影关系，先采用较硬的铅笔轻细地画各图形的基准线，再画各图形的主要轮廓线，最后绘制细节。

6）检查、修改和清理底稿作图线。

7）描深。按照先曲线后直线、先实线后其他的顺序进行描深。尽量使同类线的粗细、浓淡一致。

8）标注尺寸，填写标题栏。绘制尺寸界线、尺寸线及箭头，注写尺寸数字，书写其他文字、符号，填写标题栏。

9）检查、完善。仔细检查，改正错误，清洁不洁净之处，完成全图。

2.5.2　徒手绘图

徒手绘图是一种不用绘图仪器和工具，而按目测比例徒手画出的图样。徒手绘图是工程技术人员对现有设备进行仿造或改进设计，在工作现场对急需加工备件的零件进行表达，在现场调研或参观学习新技术时进行记录等情况下使用的一种方法。同样是工程技术人员必须具备的一种重要的基本技能。徒手草图并不是潦草的图，因此，徒手草图仍应基本做到：图形正确、线型分明、比例匀称、字体工整、图面整洁。

根据徒手绘制草图的要求，选用合适的铅笔。注意手握笔的位置要比尺规作图高一些，以利于运笔和观察目标。笔杆与纸面成 45°~60°角，执笔稳而有力。徒手绘图所使用的铅笔有多种，铅笔芯磨成圆锥形，画中心线和尺寸线的磨得较尖，画可见轮廓线的磨得较钝。为了作图方便，可以使用印有浅色方格或菱形格的作图纸。

一个物体的图形无论怎样复杂，总是由直线、圆、圆弧和曲线所组成的。因此要画好草图，必须掌握徒手绘制各种线条的手法。

1. 直线的徒手画法

徒手绘制直线时，手指应握在铅笔上离笔尖约 35mm 处，手腕和小手指对纸面的压力不要太大。在画直线时，手腕不要转动，使铅笔与所画的线始终保持约 90°，将笔尖放在起点，眼睛看着画线的终点，轻轻移动手腕和手臂，使笔尖以较快的速度由起点移动到终点。

画水平线时,按照图2-30a所示方法画线最为顺手,这时图纸可以斜放。画竖直线时自上而下运笔,如图2-30b所示。画长斜线时,为了运笔方便,可以将图纸旋转适当角度,以利于运笔画线,如图2-30c所示。

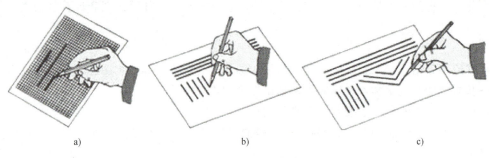

图2-30 徒手画直线

2. 圆及圆角的徒手画法

徒手画圆时,应先定圆心及画中心线,再根据半径大小用目测在中心线上定出四点,然后过这四点画圆,如图2-31a所示。当圆的直径较大时,可过圆心增画两条45°的斜线,在线上再定四个点,然后过这八点画圆,如图2-31b所示。当圆的直径很大时,可取一纸片标出半径长度,利用它从圆心出发定出许多圆周上的点,然后通过这些点画圆。或用手作圆规,小手指的指尖或关节作圆心,使铅笔与它的距离等于所需的半径,用另一只手小心地慢慢转图纸,即可得到所需的圆。

画圆角时,先用目测在角平分线上选取圆心位置,使它与角的两边的距离等于圆角的半径。过圆心向两边引垂直线定出圆弧的起点和终点,并在角平分线上也画出一圆周点,然后用徒手作圆弧把这三点连接起来。用类似方法可画圆弧连接。

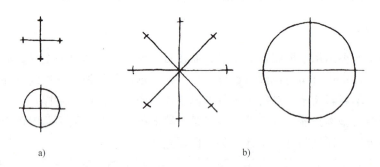

图2-31 徒手画圆

2.5.3 计算机绘图

计算机绘图是指用编制好的绘图程序将信息输入计算机,经过处理后发出指令,使绘图仪自动画出所需的图形,或在图形显示仪上产生图像的过程。计算机绘图是20世纪下半叶出现的一种机械制图新技术。这种新技术在机械工程中的应用日益广泛。

计算机绘图是相对于手工绘图而言的一种高效率、高质量的绘图技术,具有出图速度快、作图精度高,便于管理、检索和修改的特点。计算机绘图需要由计算机硬件系统和绘图软件来支持。目前机械行业中常用的绘图软件有:AutoCAD、UG、CATIA、Pro/Engineer、CAXA等。

第 3 章

点 的 投 影

点是空间最基本的几何元素。任何物体都可以看成是点的集合。

3.1 点的单面投影

用正投影法通过空间点 A 向投影面 H 投射，在 H 面上得到点 a，即为空间点 A 在 H 面上的投影，空间点在单一投影面上的投影唯一，如图 3-1a 所示。反之，已知点的单面投影不能唯一确定空间点的位置，如图 3-1b 所示。点的单面投影无法确定点的空间位置，需要多面投影才能确定空间点的位置。

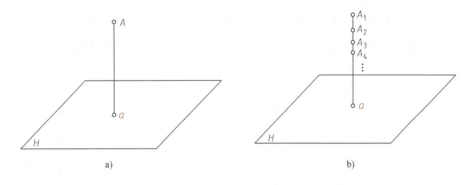

图 3-1 点的单面投影
a）投影唯一 b）空间点不唯一

3.2 点的三面投影及投影规律

1. 点的三面投影

如图 3-2a 所示，将空间点 A 分别向 H、V、W 三个面投射，得到空间点 A 的三面投影，标记为 a、a'、a''，分别称为空间点 A 的水平投影、正面投影和侧面投影。展开后如图 3-2b 所示。

2. 点的三面投影规律

点的三面投影展开后，$aa' \perp OX$，$a'a'' \perp OZ$，$aa_{YH} \perp OY_H$，$a''a_{YW} \perp OY_W$，$Oa_{YH} = Oa_{YW}$。为了作图方便，可过点 O 作 45°辅助线（或圆弧），aa_{YH}、$a''a_{YW}$ 的延长线与辅助线交于一

点,如图 3-2b 所示。

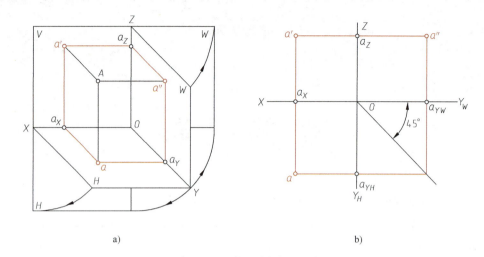

图 3-2 点的三面投影
a) 立体图　b) 点的三面投影图

综上所述,点的投影规律如下:

1) 点的正面投影与水平投影的连线垂直于 OX 轴,点的正面投影与侧面投影的连线垂直于 OZ 轴,即 $a'a \perp OX$, $a'a'' \perp OZ$。

2) 点的水平投影到 OX 轴的距离等于点的侧面投影到 OZ 轴的距离,即 $aa_X = a''a_Z$。

例　如图 3-3a 所示,已知点 M 的两面投影 m' 和 m'',求水平投影 m。

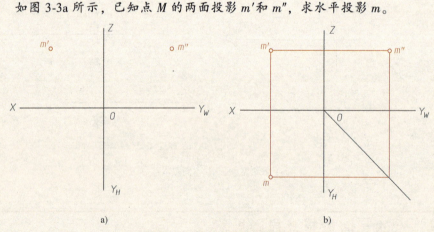

图 3-3 求点的第三面投影
a) 题图　b) 投影图

解　由点的投影规律,过点 O 作 45°辅助线,过 m'' 作 OY_W 的垂线交 45°辅助线于一点,过该点作 OX 轴的平行线,过点 m' 作 OX 的垂线,两线交于点 m,即为点 M 水平投影,如图 3-3b 所示。

3. 点的投影与直角坐标的关系

如图 3-4 所示,相互垂直的三个投影轴构成一个空间直角坐标系,空间点的位置就可以用三个坐标（X，Y，Z）表示。

点的坐标反映空间点到投影面的距离，即点的投影到投影轴的距离。在图 3-4 中，$X = a'a_Z = aa_{YH} = Aa''$，反映空间点 A 到 W 面的距离；$Y = aa_X = a''a_Z = Aa'$，反映空间点 A 到 V 面的距离；$Z = a'a_X = a''a_{YW} = Aa$，反映空间点 A 到 H 面的距离。

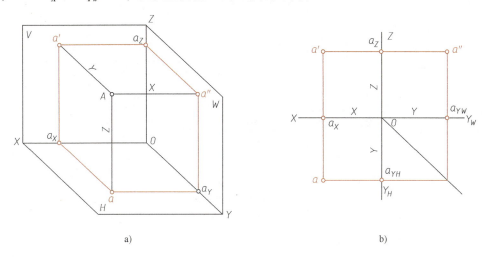

图 3-4　点的投影和直角坐标系的关系
a）立体图　b）投影图

4. 特殊位置点的投影

位于投影面或投影轴上的点称为特殊位置点。

（1）投影面上的点　如图 3-5 所示，点 A、C 分别在 H 面、V 面上，该点与其所在投影面上的投影重合，点的另两面投影分别位于不同的投影轴上。

（2）投影轴上的点　如图 3-5 所示，点 B 在 X 轴上，该点在所在轴相邻两投影面上的投影与该点重合，点的另一投影与坐标原点 O 重合。

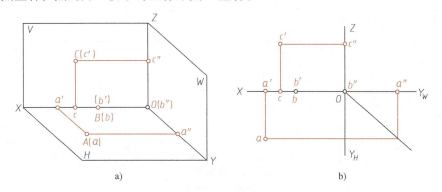

图 3-5　特殊位置点的投影
a）立体图　b）投影图

3.3　两点的相对位置

两点的相对位置可以根据其坐标来确定。X 轴坐标判断左右方位：X 大为左，小为右；

Y 轴坐标判断前后方位：Y 大为前，小为后；Z 轴坐标判断上下方位：Z 大为上，小为下。如图 3-6 所示，点 A 在点 B 的左、前、上方。

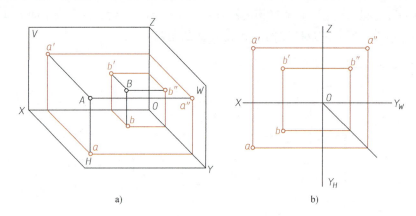

图 3-6 两点的相对位置
a）立体图　b）投影图

3.4 重影点

当空间两个点位于某一投影平面的同一条投射线上时，两点在该投影面上的投影重合，称为重影点。其中一个点可见，另一个点被挡住，不可见，作图时不可见点的投影加括号表示。如图 3-7b 所示，点 A、C 在 H 面重影，点 A、B 在 W 面重影。

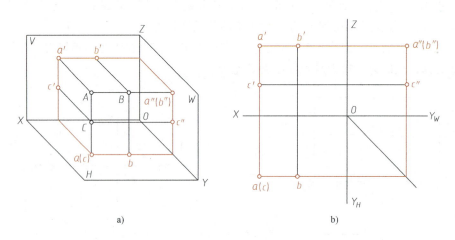

图 3-7 重影点
a）立体图　b）投影图

第 4 章

直线的投影

4.1 直线和直线上点的投影

4.1.1 直线的投影图

空间任意两点确定直线位置，只要画出直线上任意两点的三面投影，然后分别连接这两点的同面投影，即是该直线的三面投影。如图 4-1 所示，直线 AB 的三面投影分别为 H 面投影 ab、V 面投影 a'b'、W 面投影 a″b″。一般情况下，直线的两面投影即能确定直线的空间位置，因此多使用两面投影图。如图 4-1b 可以简化成图 4-1c 来表示。

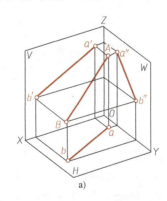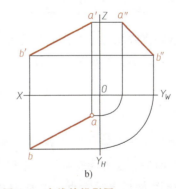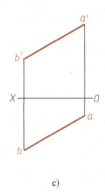

图 4-1 直线的投影图
a) 直观图　b) 三面投影图　c) 两面投影图

4.1.2 直线上点的投影

1. 从属性

直线上的点，其各面投影必在该直线的同面投影上；反之，如点的各面投影在直线的同面投影上，且符合点的投影规律，则该点必在直线上。如图 4-2 所示，点 C 在直线 AB 上，则 c 在 ab 上，c' 在 a'b' 上，c″ 在 a″b″ 上。

2. 定比性

点在一条线段上，点分割线段之比，等于点的各面投影

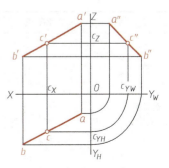

图 4-2 直线上点的投影

分割同面投影线段之比。例如，图 4-2 中点 C 分割线段 AB 为 AC、CB 两段，且 $AC:CB = 3:2$，则 $AC:CB = ac:cb = a'c':c'b' = a''c'':c''b'' = 3:2$（证明从略）。

例 4-1　已知点 K 在线段 AB 上，由已知投影 k' 求投影 k（图 4-3）。

解　因 V 面投影 $a'k':k'b'$ 等于 H 面投影 $ak:kb$，可按如下步骤作图：

1）过 a 任作一辅助线 aB_0（用细实线）。
2）在辅助线上量取 $aK_0 = a'k'$，$K_0B_0 = k'b'$。
3）连接 B_0b，并过 K_0 作直线 $K_0k // B_0b$，此直线与 ab 的交点 k 即为所求。

应用点分割线段成定比的投影特点，也可以判断点是否在直线上，如图 4-4 所示，经作图检查，点 K 不在线段 AB 上。

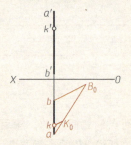

图 4-3　由直线上点的一面投影求作另一面投影

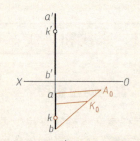

图 4-4　判断点 K 是否在直线 AB 上

4.2　各种位置直线的投影特性

在三面投影体系中，空间直线相对于投影面的位置有三种：平行、垂直和倾斜，分别称为投影面平行线、投影面垂直线和投影面的一般位置直线。前两者也称为投影面的特殊位置直线。

4.2.1　投影面平行线

平行于一个投影面且与其余两个投影面倾斜的直线称为投影面平行线。平行于 H 面的直线称为水平线；平行于 V 面的直线称为正平线；平行于 W 面的直线称为侧平线。表 4-1 列出了三种平行线的三面投影图及其投影特点（直线对 H、V、W 面的倾角分别用 α、β、γ 表示）。

表 4-1　平行线的投影特点

名称	水平线	正平线	侧平线
直观图			

(续)

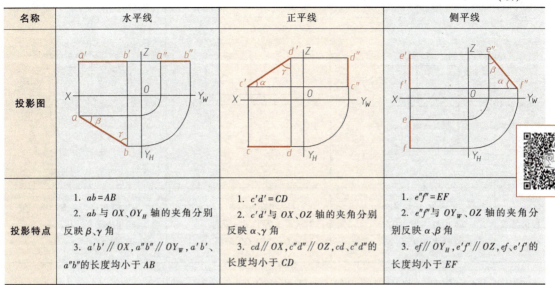

从表 4-1 中可见，投影面平行线有如下投影特点：

1) 直线在所平行的投影面上的投影反映线段的实长，如水平线 AB 的 H 面投影 ab 等于 AB 的实长（即 ab=AB）。

2) 直线在所平行的投影面上的投影与两投影轴的夹角，分别反映该直线与另外两个投影面的倾角，如水平线 AB 的 H 面投影 ab 与 OX 轴的夹角 β，反映该直线对 V 面的倾角，而与 OY_H 轴的夹角 γ，反映直线对 W 面的倾角。

3) 直线段在不与其平行的两个投影面上的投影，平行于相应的投影轴，其投影长度小于该直线的实长，如水平线 AB 的 V 面投影 a'b' ∥ OX 轴，W 面投影 a"b" ∥ OY_W 轴，且 a'b'和 a"b"的长度均小于 AB。

4.2.2 投影面垂直线

垂直于一个投影面的直线，称为投影面垂直线。 垂直于 V 面的称为正垂线；垂直于 H 面的称为铅垂线；垂直于 W 面的称为侧垂线。表 4-2 列出了上述三种投影面垂直线的三面投影图及其投影特点。

表 4-2　垂直线的投影特点

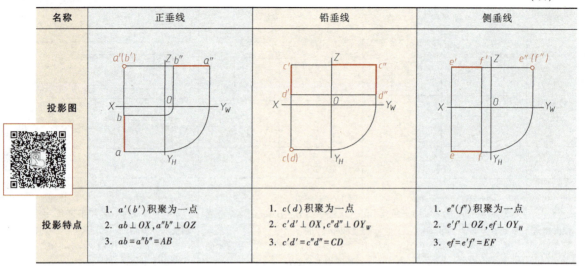

从表 4-2 中可见，投影面垂直线有如下投影特性：

1) 直线在所垂直的投影面上的投影积聚为一点，如正垂线 AB 的 V 面投影 $a'(b')$ 积聚为一点。

2) 另外两个投影各垂直于一个投影轴，如正垂线 AB 的 H 面投影 ab 垂直 OX 轴，侧面投影 $a''b''$ 垂直 OZ 轴。

3) 垂直于一个投影面的直线，必平行于另外两个投影面，它在这两个投影面上的投影反映实长，如正垂线 AB 的投影 $ab = a''b'' = AB$。

4.2.3 一般位置直线

与 V、H、W 三个投影面既不平行也不垂直的直线称为投影面的一般位置直线。它在 V、H、W 面上的投影延长后均与投影轴相交，但其夹角都不反映直线对投影面的倾角，线段的投影长度也都小于线段的实长。如图 4-5 中，线段 AB 即为一般位置直线，它的投影 ab、$a'b'$、$a''b''$ 均不平行于各投影轴，且都小于 AB 实长。

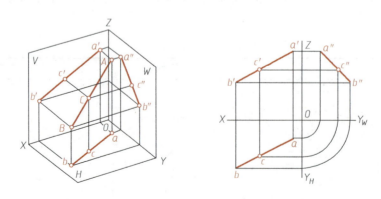

图 4-5 一般位置直线的投影

4.3 求一般位置直线段的实长及其对投影面的倾角

一般位置直线的投影,不反映直线的实长及其对各投影面的倾角。但是根据空间直线与其投影之间的几何关系,可由直线的投影用作图方法求出它的实长和对投影面的倾角,作图求解法很多,这里介绍常用的直角三角形法。

4.3.1 基本原理

在图 4-6a 中,已知一般位置直线 AB 的两面投影 $a'b'$ 和 ab。因为投射线 Aa、Bb 都垂直于 H 面,所以 $ABba$ 是一垂直于 H 面的平面。在该平面里,过 A 作直线 AB_1 平行于 ab,则 $\triangle AB_1B$ 为一直角三角形,AB_1 为一直角边 ($AB_1=ab$),另一直角边为 B_1B,它等于 A、B 两点 Z 坐标差的绝对值,即 $B_1B=|Z_B-Z_A|$。AB 与 AB_1 之间的夹角,即为 AB 线段对 H 面的倾角 α。由此可见,只要根据两面投影中已知的 ab、Z_A(等于 $a'a_X$)及 Z_B(等于 $b'b_X$),作出上述三角形的实形,即可求得线段 AB 的实长及其对 H 面的倾角 α。由此可得出三个对应的由四个元素组成的直角三角形:

正面投影 $a'b'$、Y 坐标差、β、实长 AB(图 4-6d);
水平投影 ab、Z 坐标差、α、实长 AB(图 4-6e);
侧面投影 $a''b''$、X 坐标差、γ、实长 AB(图 4-6f)。
实长和各面投影的夹角分别反映了直线和相应投影面的倾角。

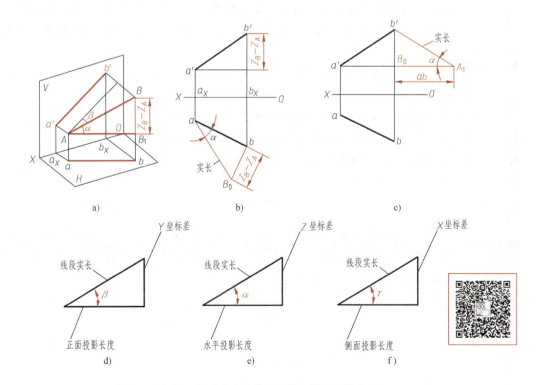

图 4-6 直角三角形法求线段实长及与投影面的倾角

4.3.2 作图方法

1) 以 ab 为一直角边，从 b 端（或 a 端）作一直线 bB_0 $\perp ab$，如图 4-6b 所示。

2) 在 bB_0 上量取 $|Z_B-Z_A|$ 得 B_0 点。

3) 连接 B_0a 得直角 $\triangle abB_0$，则 aB_0 即为所求线段 AB 的实长，aB_0 与 ab 间的夹角即表示了线段 AB 对 H 面的倾角 α。

为作图简便，也可将直角三角形画在图 4-6c 所示的 A_1B_0b' 处。按上述作图原理和方法，用 AB 的 V 面投影 $a'b'$ 为一直角边，以其两端点的 Y 坐标差为另一直角边作出直角三角形，即可求出线段实长及 β 角（图 4-7）。

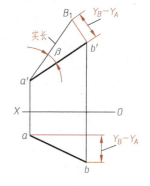

图 4-7 求直线 AB 实长及倾角 β

4.3.3 应用举例

例 4-2 已知 $CD=25\text{mm}$ 及其投影 $c'd'$ 和 c（图 4-8a），求点 D 的 H 面投影 d。

分析 根据直角三角形法，已知直角三角形中的斜边（$CD=25$）及一直角边（Z 坐标差），据此可求得另一直角边，使本题得解。

作图

方法一 以 C、D 两点 Z 坐标差为直角边求出 H 面投影 cd 之长（图 4-8b）。

1) 过 c' 作 OX 轴的平行线 $c'm$。

2) 以 $CD=25\text{mm}$ 为半径，d' 为圆心作圆弧与 $c'm$ 的延长线交于 n，则 $mn=cd$。

3) 以 c 为圆心，mn 为半径作圆弧交投影连线 $d'd$ 于 d，连接 cd 即为所求（本题有两解）。

方法二 以 $c'd'$ 长为直角边求出 C、D 两点的 Y 坐标差（图 4-8c）。

1) 过 c'（或 d'）作 $c'd'$ 的垂线 $c'C_0$；

2) 以 d' 为圆心，$CD=25\text{mm}$ 为半径作圆弧与 cC_0 交于 C_0；

3) 过 c 作 OX 轴的平行线与投影连线 $d'd$ 相交于点 E；

4) 在 dd' 上从点 E 量取 $Ed=c'C_0$ 得 d，连接 cd 即为所求。

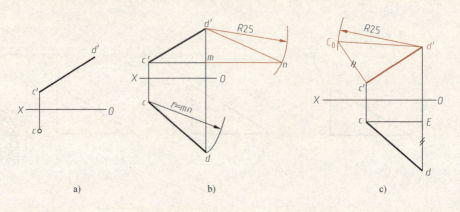

图 4-8 已知线段实长求作线段的 H 面投影

4.4 两直线的相对位置

空间两直线的相对位置有三种情况：平行、相交和交叉，它们的投影各有不同的特点。

4.4.1 平行两直线

若空间两直线相互平行，则它们的各同面投影必然相互平行；反之，若两直线的各同面投影都相互平行，则此两直线在空间也必定相互平行。如图4-9所示，已知 AB 平行 CD，当 AB、CD 两直线向 H 面作投射线时，可构成两相互平行平面 ABba 和 CDdc，它们与 H 面的交线 ab 和 cd 也一定相互平行，即 ab∥cd。同理，也可以证明投影 a'b'∥c'd'，a"b"∥c"d"。

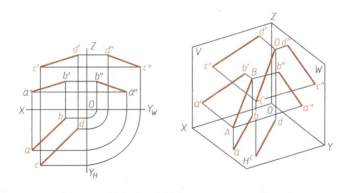

图 4-9 平行两直线的投影

由于空间两平行直线相对于同一投影面的倾角相同，故两直线的长度之比也等于此两直线各同面投影的长度之比，即 AB：CD = ab：cd = a'b'：c'd' = a"b"：c"d"。

在两面投影中，一般只要两直线的两同面投影都平行，即可确定两直线在空间互相平行。但如图4-10所示的两条特殊位置直线（侧平线），仅画出其正面投影和水平投影并不能反映它们彼此之间平行与否，还需画出其侧面投影加以确定。由作图知，该两直线在空间不平行。

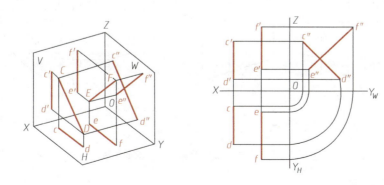

图 4-10 检查两侧平线是否平行

4.4.2 相交两直线

若空间两直线相交，则它们的同面投影也一定相交，且交点符合点的三面投影规律；反之，若两直线的同面投影都相交且交点的投影符合点的三面投影规律，则此两直线在空间必定相交。如图4-11b所示，AB、CD两直线相交，则交点K即是两直线的共有点，根据点在直线上从属性的投影特性可知，k'必在$a'b'$和$c'd'$上，即k'必是$a'b'$和$c'd'$的交点，同样k和k''也必定分别是ab、cd和$a''b''$、$c''d''$的交点，且符合点的投影规律。

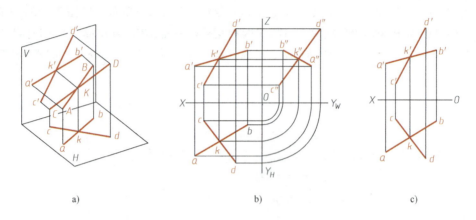

图4-11 相交两直线的投影

在两面投影图中，一般只要察看两直线的两组同面投影是否相交，且两投影交点的连线是否垂直于投影轴，就可以判断这两条直线在空间是否相交（图4-11c）。但是，当两直线之一是投影面平行线时（图4-12a），则需要用点分割线段成定比例的方法或用三面投影的方法检查是否相交，如图4-12b、c所示。经作图检查，点K不属于直线EF，而只位于GH直线上，故两直线不相交。

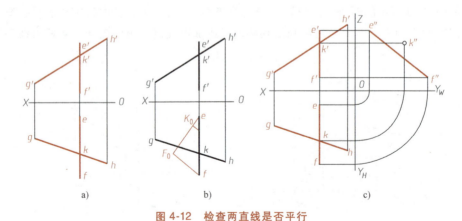

图4-12 检查两直线是否平行
a）已知条件 b）定比法 c）三面投影法

4.4.3 交叉两直线

交叉两直线在空间既不平行，又不相交。因此，两直线的各组同面投影不可能同时都平行，或各组同面投影虽相交，但交点的各面投影之间不符合点的三面投影规律。例如，图 4-13b 所示两直线的两组同面投影虽相交，但交点连线的投影不与 X 轴（或 Z 轴）垂直，所以 AB 和 CD 两直线在空间是交叉的。此时，交叉两直线同面投影的交点是两直线上各自的一个点在该投影面上的重影，如图 4-13a 中，$a'b'$ 与 $c'd'$ 的交点 $1'$（$2'$）是 AB 直线上的点 Ⅰ 与 CD 直线上的点 Ⅱ 在 V 面上的重影。从图 4-13b 中的 H 面投影中可看出，$y_Ⅰ > y_Ⅱ$，所以点 Ⅰ 在点 Ⅱ 的前方；对 V 面来说，AB 线遮挡 CD 线。同理可知，H 投影面中的 3（4）点也是两直线上重影点的投影，从 V 面投影中可判别出点 Ⅲ 在点 Ⅳ 的上方；故对两直线 H 面投影来说，CD 线遮挡 AB 线。

利用交叉两直线上两重影点判别两直线的相对位置的方法，是以后研究几何要素相交问题、判别投影可见与不可见的基本方法。

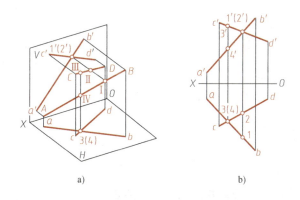

图 4-13 交叉两直线的投影

4.5 相互垂直两直线的投影

空间两直线相互垂直有两种形式：相交垂直（称为正交）和交叉垂直。如图 4-14a 所示两锥齿轮轴线是相交垂直，图 4-14b 所示蜗杆和蜗轮的两轴线是交叉垂直。

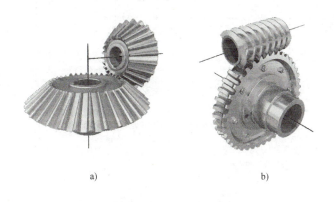

图 4-14 垂直两直线
a）轴线相交垂直 b）轴线交叉垂直

4.5.1 直角投影定理

若垂直相交两直线之一是某投影面的平行线，则两直线在该投影面中的投影仍相互垂直，反映直角实形。此投影特点称为直角投影定理，证明方法如下（图 4-15a）：

已知 $AB \perp BC$，且 BC 平行于 H 面。

因 $BC \perp AB$、$BC \perp Bb$，故 $BC \perp$ 平面 $ABba$，从而可知，$BC \perp ab$（交叉垂直）。

又因 $BC /\!/ bc$，所以 $ab \perp bc$。

上述定理的逆定理为：若两直线的某组同面投影相互垂直，且另一组同面投影中其中一条平行于投影轴，则此两直线在空间必相互垂直（图 4-15b）。

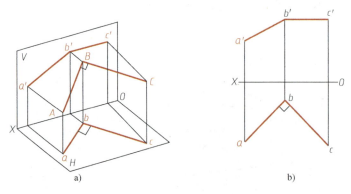

图 4-15 垂直两直线的投影

当两直线交叉垂直时，其投影特点也符合上述定理。

若两直线在某投影面上的投影相互垂直，而两直线都不是该投影面的平行线，则它们在空间是不相垂直的，如图 4-16 所示。

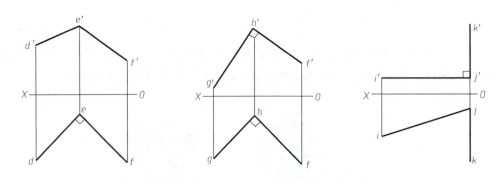

图 4-16 不相垂直的两直线的投影

4.5.2 垂直两直线的基本作图

例 4-3 已知点 D 及正平线 EF（图 4-17a）的两面投影，试过点 D 作直线 DK 与 EF 正交。

分析 过已知点 D 只能作一条直线与 EF 正交，因 EF 平行于 V 面，所以 e'f'⊥d'k'。

作图 如图 4-17b 所示。

1) 过 d' 作 d'k'⊥e'f'，k' 为垂足 K 的 V 面投影。
2) 过 k' 作 OX 轴的垂线与 ef 相交于 k。
3) 连接 dk，则 d'k' 和 dk 即为所求直线 DK 的两面投影。

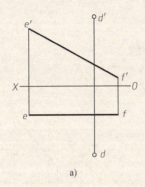
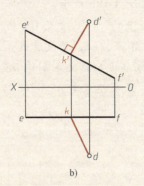

图 4-17 过已知点作直线与正平线正交

例 4-4 过点 C 作一直线与一般位置直线 AB 垂直（图 4-18a）。

分析 过点 C 可作无数条直线与 AB 垂直，但根据本节所述方法，只能作出投影面的平行线与 AB 垂直。

作图 如图 4-18b 所示，过点 C 作正平线 CF 于垂直于 AB（c'f'⊥a'b'，cf // OX 轴）。如图 4-18c 所示，过点 C 作水平线 CD 垂直于 AB（ab⊥cd，c'd' // OX 轴）。由图 4-18b 和 c 可看出，正平线 CF、水平线 CD 与直线 AB 均交叉垂直。

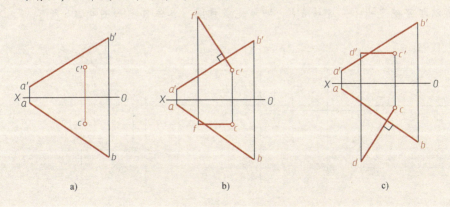

图 4-18 过已知点作一般位置直线的垂线

4.6 综合题例分析

在综合题中，往往涉及两个以上的几何关系，解题时，应根据题意做空间分析和构思，运用所学的基本理论确定作图方法，有条理地逐步解决，以获得正确答案。

例 4-5 已知直线 EF 平行于 CD，并与直线 AB 相交，又知点 F 在 H 面上，求图 4-19a 中直线 EF 和 AB 所缺的投影 a、f、f' 和交点 K 的投影。

分析 因为 $EF/\!/CD$，所以 $ef/\!/cd$、$e'f'/\!/c'd'$，又因为点 F 在 H 面上，所以 f' 必定在 OX 轴上。由于 AB 与 EF 相交，则交点的投影连线必垂直于 OX 轴。

作图 如图4-19b 所示。

1) 过 e' 作 $e'f'/\!/c'd'$ 并交 OX 轴于 f'。
2) 过 e 作 $ef/\!/cd$，并使连线 ff' 垂直于 OX 轴。
3) 过 $e'f'$ 与 $a'b'$ 的交点 k' 作 OX 轴的垂线交 ef 于 k。
4) 连接 bk 并延长与 a' 对 OX 轴垂线相交得 a。

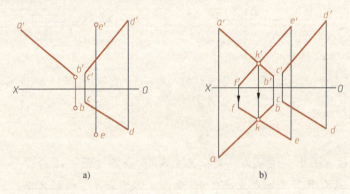

图 4-19 综合题例（一）

例 4-6 过点 K 作直线 $KL \perp AB$ 并与 EF 相交，AB 为水平线（图 4-20a）。

分析 因为 $KL \perp AB$，AB 平行于 H 面，所以 $kl \perp ab$。又因为 kl 与 ef 只能有一个交点 l，所以即可确定出 l'，连接 $k'l'$，即可完成作图。具体作图如图 4-20b 所示。

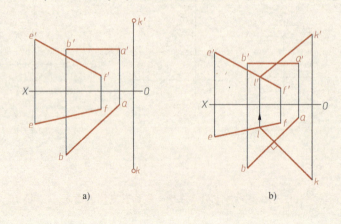

图 4-20 综合题例（二）

例 4-7 已知图 4-21a 中正方形 $ABCD$ 的 AB 边的投影 $a'b'$ 平行于 OX 轴，又知点 C 在点 A 的前上方且与 H 面的距离为 Z_C，求正方形 $ABCD$ 的投影。

分析 因为 $a'b' // OX$ 轴，所以直线 AB 是水平线，则 $ab = AB$，且 $ab \perp ad$，$ab \perp bc$。由于点 C 与 H 面的距离为 Z_C，则点 c' 必在离 OX 轴距离为 Z_C 的平行线上，进而根据直角三角形法求出 bc 的长度。

作图 如图4-21b所示。

1) 在距 OX 轴上方 Z_C 处作 OX 轴的平行线，则 c' 和 d' 必在此平行线上。
2) 以 $Z_C - Z_B$ 为直角边，ab 之长为斜边作直角 $\triangle B_0 C_0 C_1$，其直角边 $B_0 C_0$ 即为 bc 之长。
3) 过 a、b 两点分别作 ab 的垂线，并量取 $bc = ad = B_0 C_0$，即得 c 和 d 点。
4) 由 c、d 两点分别向上引投影连线得 c' 和 d' 点。
5) 连接 a、b、c、d 和 a'、b'、c'、d' 即得正方形 $ABCD$ 的两面投影。

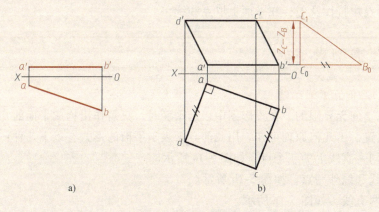

图 4-21 综合题例（三）

第 5 章

平面的投影

平面是物体表面的重要组成部分，也是主要的空间几何元素之一。本章主要讨论平面的表达、平面的投影特性及怎样在平面上取点和线。

5.1 平面的表示法

1. 平面的几何元素表示法

平面是在空间无界限的。在投影图中表示平面时，只需作出构成平面的几何元素，以反映它的空间位置。由几何原理可知，用几何元素表示平面的形式有以下几种：

1) 不在同一直线上的三个点，如图 5-1a 所示。
2) 一直线和线外一点，如图 5-1b 所示。
3) 相交两直线，如图 5-1c 所示。
4) 平行两直线，如图 5-1d 所示。
5) 任意平面图形，如三角形、四边形、圆等，如图 5-1e 所示。

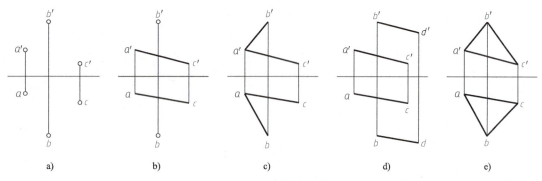

图 5-1 平面的表示法

如图 5-1 所示，表达平面的几何元素之间有着密切的相关性。每一种形式都可以转换成另一种形式，因为在上述表达形式中，都包含有不在同一直线上的三个点，也就是说含有决定一个平面的最基本要素。

2. 平面的迹线表示法

空间平面与投影面的交线，称为平面的迹线。平面 P 与 H 面的交线称为水平迹线，平面 P 与 V 面的交线称为正面迹线，平面 P 与 W 面的交线称为侧面迹线，它们分别用 P_H、

P_V、P_W 标记，如图 5-2a 所示。

水平迹线 P_H 与正面迹线 P_V 的交点 P_X 在 OX 轴上，交点 P_X 称为迹线集合点。同理，P_Y、P_Z 也为迹线集合点。

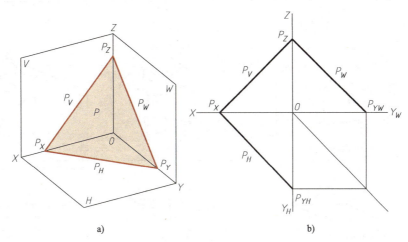

图 5-2 迹线平面

因为迹线在投影面上，因此迹线在这个投影面上的投影与迹线本身重合，并用迹线符号标记。例如，P_H 的 H 面投影标记为 P_H，P_H 的 V 面投影与 OX 轴重合，P_H 的 W 面投影与 OY 轴重合。同理，P_V 的 V 面投影和 P_W 的 W 面投影都与其本身重合，另外两面投影与相应的投影轴重合。在投影图中，重合于投影轴的迹线投影，一般省略不画，也不加任何标记，如图 5-2b 所示。

迹线 P_H、P_V、P_W 是空间平面 P 上的直线，因此，在投影图中，也可以用平面的三条迹线来表示平面。这种用迹线表示的平面称为迹线平面。

提示：在某些问题中将需要使用迹线平面的原理解题。

5.2 各种位置平面的投影及特性

根据相对于投影面的位置不同，空间平面可分为投影面垂直面、投影面平行面和投影面倾斜面。投影面垂直面和投影面平行面称为特殊位置平面，投影面倾斜面称为一般位置平面。

5.2.1 投影面垂直面

垂直于一个投影面且与其他两个投影面倾斜的平面，称为投影面垂直面。垂直于 H 面的平面称为铅垂面，垂直于 V 面的平面称为正垂面，垂直于 W 面的平面称为侧垂面。

投影面垂直面的特性见表 5-1，以铅垂面 $\triangle ABC$ 为例，其特性如下：

1) 铅垂面 $\triangle ABC$ 的 H 面投影 abc 积聚为一直线，且与 OX 轴、OY 轴倾斜。

2) H 面投影 abc 与 OX 轴的夹角，反映平面 $\triangle ABC$ 对 V 面的倾角 β；与 OY_H 轴的夹角，反映平面 $\triangle ABC$ 对 W 面的倾角 γ。

3) V 面投影 $\triangle a'b'c'$，W 面投影 $\triangle a''b''c''$ 均为平面 $\triangle ABC$ 的类似形。

对于正垂面和侧垂面的投影可做同样的分析，得到类似特性。表 5-1 列出了投影面垂直面的直观图、投影图及投影特性。

表 5-1 投影面垂直面的投影特性

名称	铅垂面	正垂面	侧垂面
直观图			
投影图			
投影特性	1. abc 积聚为一直线 2. H 面投影反映 β、γ 角 3. $\triangle a'b'c'$ 和 $\triangle a''b''c''$ 为 $\triangle ABC$ 的类似形	1. $a'b'c'$ 积聚为一直线 2. V 面投影反映 α、γ 角 3. $\triangle abc$ 和 $\triangle a''b''c''$ 为 $\triangle ABC$ 的类似形	1. $a''b''c''$ 积聚为一直线 2. W 面投影反映 α、β 角 3. $\triangle a'b'c'$ 和 $\triangle abc$ 为 $\triangle ABC$ 的类似形

如图 5-3a、b 所示为铅垂面 Q，其水平迹线 Q_H 与 OX 轴的夹角反映平面 Q 对 V 面的倾角 β，且具有积聚性。正面迹线 Q_V 垂直于 OX 轴。为作图简单起见，Q_V 也可以不画出，仅画出 Q_H，如图 5-3c 所示。同理，可分析正垂面和侧垂面的迹线表示法。

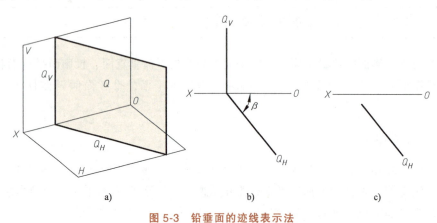

图 5-3 铅垂面的迹线表示法

5.2.2 投影面平行面

平行于某一个投影面的平面，称为投影面平行面。平行于 H 面的平面称为水平面，平

行于 V 面的平面称为正平面，平行于 W 面的平面称为侧平面。

投影面平行面的特性见表 5-2，以水平面 $\triangle ABC$ 为例，投影特性如下：

1）水平面 $\triangle ABC$ 的 H 面投影 $\triangle abc$ 反映其实形。

2）V 面投影 $a'b'c'$ 和 W 面投影 $a''b''c''$ 积聚为一直线，V 面投影 $a'b'c'$ 平行于 OX 轴，W 面投影 $a''b''c''$ 平行于 OY_W 轴。

对于正平面和侧平面的投影可做同样的分析，得到类似特性。表 5-2 列出了投影面平行面的直观图、投影图及投影特性。

表 5-2 投影面平行面的投影特性

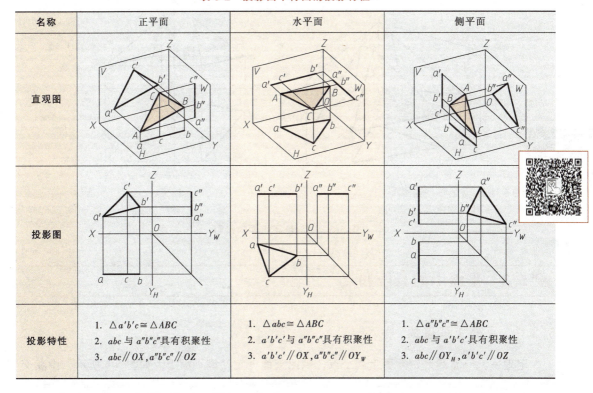

名称	正平面	水平面	侧平面
直观图			
投影图			
投影特性	1. $\triangle a'b'c \cong \triangle ABC$ 2. abc 与 $a''b''c''$ 具有积聚性 3. $abc // OX$，$a''b''c'' // OZ$	1. $\triangle abc \cong \triangle ABC$ 2. $a'b'c'$ 与 $a''b''c''$ 具有积聚性 3. $a'b'c' // OX$，$a''b''c'' // OY_W$	1. $\triangle a''b''c'' \cong \triangle ABC$ 2. abc 与 $a'b'c'$ 具有积聚性 3. $abc // OY_H$，$a'b'c' // OZ$

如图 5-4a 所示为水平面 P，其正面迹线 P_V 平行于 OX 轴，且具有积聚性。水平迹线 P_H 不存在，所以不画出，如图 5-4b 所示。同理，可分析出正平面和侧平面的迹线表示法。

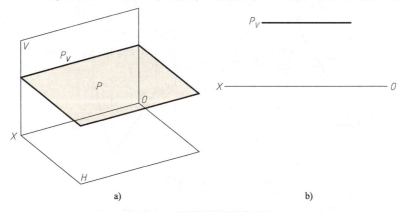

a)   b)

图 5-4 水平面的迹线表示法

5.2.3 一般位置平面

相对于三个投影面都倾斜的平面，称为投影面的倾斜面或一般位置平面，如图 5-5a 所示。投影面的倾斜面对 H 面的倾角为 α，对 V 面的倾角为 β，对 W 面的倾角为 γ。因为一般位置平面与三个投影面既不平行也不垂直，所以它在三个投影面上的投影不反映实形，也不能直接反映对投影面的倾角（没有一个投影具有积聚性）。如图 5-5b 所示，平面 $\triangle ABC$ 的三个投影 $\triangle abc$、$\triangle a'b'c'$、$\triangle a''b''c''$ 均为平面 $\triangle ABC$ 的类似形。

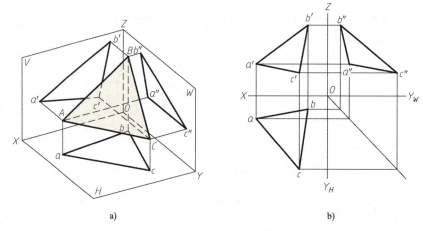

图 5-5 一般位置平面的投影

5.3 平面上的直线和点

5.3.1 平面上取直线

定理一：一直线经过平面上两个点，则此直线一定在该平面上。如图 5-6 所示，由相交

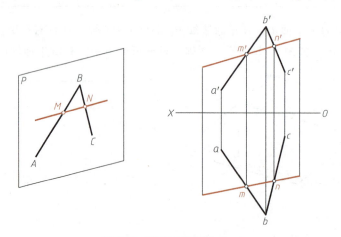

图 5-6 平面上取直线（一）

两直线 AB、BC 决定一平面 P，点 M 在直线 AB 上，点 N 在直线 BC 上，所以直线 MN 在直

线 AB、BC 决定的平面 P 上。

定理二：**一直线经过平面上一个点，且平行于平面上的另一直线，则此直线一定在该平面上。** 如图 5-7 所示，由相交两直线 EF、FG 决定一平面 Q，点 M 在直线 EF 上，直线 MN 平行于直线 FG，所以直线 MN 在直线 EF、FG 决定的平面 Q 上。

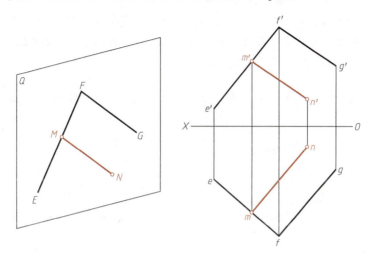

图 5-7 平面上取直线（二）

5.3.2 平面上取点

点在平面内的任一直线上，则该点一定在该平面上。 如图 5-7 所示，由于点 N 在平面 Q 内的直线 MN 上，因此点 N 在平面 Q 上。

例 5-1 已知平面 ABC，如图 5-8a 所示。

1) 判断 D 点是否在平面 ABC 上。
2) 平面 ABC 上一点 E，已知投影 e'，求作 e。

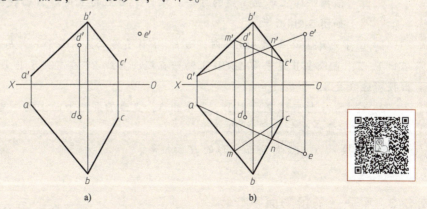

图 5-8 平面上的点

分析 判断一点是否在平面上，或在平面上取点，都必须在平面上取一包含点的直线。

作图 如图 5-8b 所示。

1) 连接 $c'd'$，并延长与 $a'b'$ 交于 m'，m' 向下投影到 ab 上得到 m，连接 mc，则 MC 为平面 ABC 上的一条直线，如果点 D 在直线 MC 上，那么 d' 应在 $m'c'$ 上，d 应在 mc 上。从图中看出 d 不在 mc 上，所以点 D 不在平面 ABC 上。

2) 连接 $a'e'$ 与 $b'c'$ 交于 n'，然后求出 an，则 AN 是平面 ABC 上的一条直线，如果点 E 在平面上，那么点 E 应在直线 AN 上，e 应在 an 上，因此过 e' 作 OX 轴的垂线与 an 的延长线交于 e，即为所求点 E 的 H 面投影。

例 5-2 已知平面 $ABCD$ 内有一 $\triangle RST$，根据其 V 面投影，作出其 H 面投影（图 5-9a）。

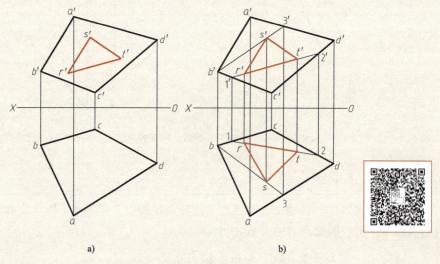

图 5-9 求平面上的三角形

分析 根据平面上取点、线的方法，求作平面上的三角形 H 面投影。

作图 如图 5-9b 所示。

1) 由于 $\triangle RST$ 在平面 $ABCD$ 内，过 r'、t' 作直线与 $b'c'$ 交于 $1'$，与 $c'd'$ 交于 $2'$，分别求出 1、2，直线 Ⅰ Ⅱ 是平面 $ABCD$ 上的一直线，直线 RT 在直线 Ⅰ Ⅱ 上，分别过 r'、t' 作出投影连线交 12 于 r、t。

2) 过 b'、s' 作直线交 $a'd'$ 于 $3'$，求出 3，直线 BⅢ 是平面上的一直线，点 S 在直线 BⅢ 上，过 s' 作出投影连线交 $b3$ 于 s。

3) 连接 r、s、t，即得三角形的 H 面投影。

5.3.3 平面上的投影面平行线

平面上的投影面平行线，它既符合直线在平面上的几何条件，又符合投影面平行线的投影特性。在平面上求作投影面平行线时，要按照上述两个条件，首先作出其中一个投影，然后作出其他投影。

如图 5-10 所示，在 $\triangle ABC$ 平面上作出一条水平线和一条正平线，作图步骤如下：

1)过点 A 在 $\triangle ABC$ 上作水平线 AE,即过 a' 作 $a'e'$∥OX 轴,然后作出其 H 面投影 ae,AE 为 $\triangle ABC$ 上的水平线。

2)在 $\triangle ABC$ 上作正平线 CF,即过点 c 作 cf∥OX 轴,然后作出其 V 面投影 $c'f'$,CF 为 $\triangle ABC$ 上的正平线。

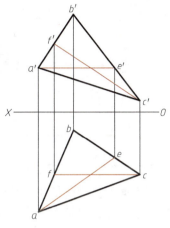

图 5-10 平面上作投影面平行线

第 6 章

投 影 变 换

6.1 变换投影面法

根据前面学习的正投影理论，当空间的直线或平面相对投影面处于一般位置时，它们的投影不能直接反映其真实形状、距离或角度，但是，当这些直线或平面相对投影面处于特殊位置时，则它们的某个投影就可以真实地反映度量关系、定位关系或具有积聚性，如图 6-1 所示。图 6-1a 中，△$a'b'c'$ 反映 △ABC 平面的实形；图 6-1b 中，$m'k'$ 反映点 M 到四边形 $ABCD$ 平面的距离；图 6-1c 中，∠abe 反映平面 △ABC 与平面 $BCDE$ 之间的夹角。因此，在进行图解或图示时，若能将空间几何元素由一般位置改变成特殊位置，有些问题就变得更容易解决，而变换投影面法就是解决这一问题常用的一种方法。

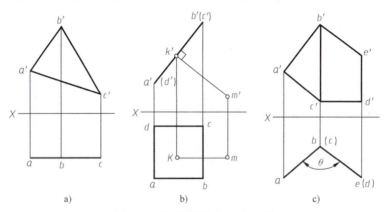

图 6-1 特殊位置几何元素示例

6.1.1 概述

在两投影面体系中，使空间几何元素位置保持不动，用一个新的投影面来代替某一个原有的投影面，并使新投影面与保留的投影面保持垂直，使空间几何元素相对新投影面变成有利于解题的特殊位置，然后作出该几何元素在新投影面上的投影，这种方法称为变换投影面法，简称换面法。

如图 6-2 所示，△ABC 平面为一铅垂面，该面在 V、H 两投影面体系（即 V/H 体系）中的两个投影都不反映实形。取一个平行于 △ABC 且垂直于 H 面的 V_1 面来代替 V 面，则新的

V_1 面和保留的 H 面相交成新的投影轴 X_1，构成一个新的两投影面体系（即 V_1/H）。△ABC 平面在 V_1/H 体系中，V_1 面上的投影 △$a_1'b_1'c_1'$ 反映 △ABC 平面的实形。再将 V_1 面绕新投影轴 X_1 旋转展开到与 H 面成一个平面，从而得出 V_1/H 体系的投影图。

显然，在确定新投影面 V_1 时，首先要使空间几何元素在新的投影面上的投影能够有利于解题，并且新投影面 V_1 和保留的 H 面仍要构成由两个相互垂直的投影面组成的两投影面体系，这样才能应用前面所讲述的正投影原理进行作图。因此，用换面法时，新投影面的选择必须符合下面两个基本条件：

1) 新投影面必须对空间几何元素处于最有利的解题位置。
2) 新投影面必须垂直于某一保留的原投影面，以构成相互垂直的两投影面的新体系。

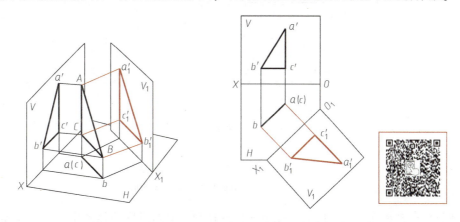

图 6-2　将铅垂面变换成投影面的平行面

6.1.2　点的投影变换

点是一切几何形体的基本元素。因此，在变换投影面时，首先要掌握点的投影变换规律。

1. 点的一次变换

（1）保留 H 面，变换 V 面　如图 6-3a 所示，点 A 在 V/H 体系中，正面投影为 a'，水平投影为 a，保留 H 面不动，取一铅垂面 V_1（$V_1 \perp H$）来代替正面 V，形成新的两投影面体系 V_1/H。过点 A 向 V_1 面作垂线（投射线）并与 V_1 面相交，得到新投影面 V_1 面上的投影 a_1'。它们之间存在以下关系：

1) 点的新投影到新投影轴的距离等于被替换的原投影到原投影轴的距离，即 $a_1'a_{X1} = Aa = a'a_X$。
2) 点的新投影和保留的原投影的连线垂直于新的投影轴，即 $aa_1' \perp X_1$ 轴。

（2）保留 V 面，变换 H 面　如图 6-3b 所示，取正垂面 H_1 来代替 H 面，H_1 面和 V 面构成新的两投影面体系 V/H_1，求出点 A 的新投影 a_1。因新、旧两体系具有公共的 V 面，因此，也有下列关系：

1) $a_1 a_{X1} = Aa' = aa_X$。
2) $a'a_1 \perp X_1$ 轴。

（3）点的投影变换规律　由图 6-3 可知，变换任何一个投影面，而被保留的一个投影面

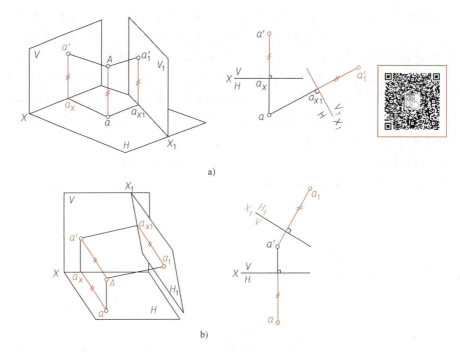

图 6-3 点的一次投影变换
a) 变换 V 面　b) 变换 H 面

是新旧两投影面体系中的公共投影面，点在新、旧两投影面体系中必有一个坐标是不变的。由此可以得出点的投影变换规律：

1) 点的新投影和被保留的投影连线必垂直于新投影轴。
2) 点的新投影到新投影轴的距离，等于被替换的原投影到原投影轴的距离。

按点的投影变换规律，可得出求点的新投影的作图方法，也就是投影变换的基本作图法：

1) 如图 6-3 所示，在按实际需要确定新投影轴以后，由所保留的点的投影作垂直于新投影轴的投影连线。
2) 在投影连线上，从新投影轴向新投影面一侧量取一段距离，等于点被替换的投影至被替换的投影轴（原投影轴）之间的距离，即得出该点所求的新投影。

2. 点的二次变换

运用换面法解决实际问题时，变换一次投影面有时不足以解决问题，需要连续变换二次或多次。图 6-4 表示两次变换时，点 A 的直观图及其投影图。

二次或多次变换时，求点的新投影方法、作图原理与变换一次投影面相同。

必须强调的是：在变换投影面时，新投影面的选择都必须符合前面所述的两个条件；而且不能一次变换两个投影面，必须在变换完一个投影面之后，在新的两投影面体系中，依次交替地再变换另一个投影面（前次被保留的投影面）。第一次换面的原投影轴指的是原体系中的 X 轴；而第二次换面时所指的原投影轴则是第一次换面时所用的新投影轴，即 X_1 轴。

多次换面，依此类推。第一次、第二次变换时的新投影面、新投影轴和新投影的字母符号都分别加注下标 1、2，更多次的变换依此类推。

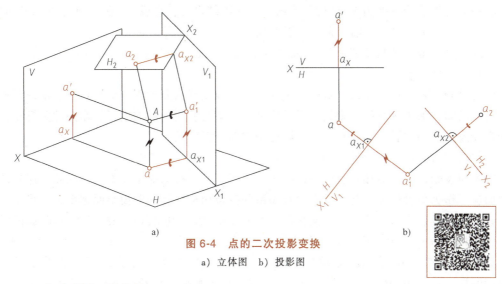

图 6-4 点的二次投影变换
a）立体图　b）投影图

6.1.3 直线的投影变换

直线的投影变换，有下述三种情况：

1. 将一般位置直线变换为投影面平行线

因为与一般位置直线相平行的平面可以为一般位置平面或投影面垂直面，而处于投影面垂直面位置的平面可作为新投影面与被保留的原投影面相垂直，构成新的两投影面体系，所以将一般位置直线变换为投影面平行线只需一次换面。如图 6-5 所示，将一般位置直线变换为 V_1 面的平行线，为了使 AB 在 H/V_1 体系中成为 V_1 面的平行线，可以用既垂直于 H 面，又平行于 AB 的 V_1 面替换 V 面，通过一次变换即可达到目的，按照 V_1 面平行线的投影特性，在 H/V_1 体系中，新投影轴 X_1 应平行于所保留的投影 ab。

作图步骤如图 6-5 所示。

1）在适当位置作 X_1 轴 $\parallel ab$（设置的新投影轴，应使几何元素在新投影体系中的两个投影分别位于新投影轴的两侧；新投影轴与直线被保留的投影之间的距离可任取）。

2）按投影变换的基本作图法，分别求出线段 AB 两端点的新投影 a'_1 和 b'_1，连接 a'_1 与 b'_1，$a'_1b'_1$ 即为 AB 的 V_1 面投影。

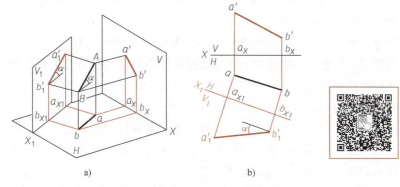

图 6-5 将一般位置直线变换为投影面平行线
a）立体图　b）投影图

将一般位置直线变换为 V_1 面的平行线,其作图结果为:直线 AB 在 V_1 面上的投影 $a'_1b'_1$ 反映其实长,且 $a'_1b'_1$ 与 X_1 轴的夹角等于直线 AB 对 H 面的真实倾角 α。

同理可将一般位置直线变换为 H_1 面的平行线。通过一次换面,即可求得该直线实长和对 V 面的真实倾角 β。

由此可知:通过一次换面,可以将一般位置直线变换为新投影面的平行线。欲使新投影面平行于已知一般位置直线,则新投影轴应平行于该直线所保留的投影。作图的关键是在空间确定新投影面的位置,而在投影图上则是确定新投影轴的位置。

2. 将投影面平行线变换为投影面垂直线

因为与投影面平行线相垂直的平面一定垂直于它所平行的那个投影面,因此,这样的位置平面就可作为新投影面,与所垂直的被保留的投影面构成新的两投影面体系,故将投影面平行线变换为投影面垂直线只需一次换面。如图 6-6 所示,将正平线 AB 变换为 H_1 面的垂直线。因为在 V/H 体系中,垂直于正平线 AB 的平面也必垂直于 V 面,于是可用垂直于 AB 的正垂面 H_1 面来替换 H 面,使 AB 成为新体系 V/H_1 体系中的 H_1 面垂直线。按照 H_1 面垂直线的投影特性,在 V/H_1 体系中,新投影轴 X_1 应垂直于被保留的反映实长的投影 $a'b'$,直线 AB 在 H_1 面上的投影 a_1b_1 必积聚为一点。

作图步骤如图 6-6 所示。

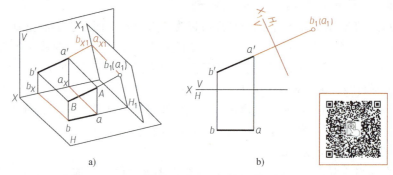

图 6-6 将投影面平行线变换为投影面垂直线
a) 立体图 b) 投影图

1) 在适当位置作 X_1 轴 $\perp a'b'$。

2) 按投影变换的基本作图法,求得端点 B 和 A 的新投影 b_1 和 a_1 必重合为一点,则 a_1b_1 即为 AB 所求的 H_1 面投影。

同理,也可通过一次换面将水平线变换为 V_1 面的垂直线。

由此可知:通过一次换面,可以将投影面平行线变换为投影面垂直线,欲使新投影面垂直于已知的投影面平行线,则新投影轴应垂直于该直线所保留的反映实长的投影。

3. 将一般位置直线变换为投影面垂直线

若选新投影面直接垂直于一般位置直线,则新投影面必定是一般位置平面,而它和原体系中的任一投影面都不垂直,不能构成新的两投影面体系,所以,要使一般位置直线变换为投影面垂直线,只经一次换面是不行的。

由上述第一种基本情况和第二种基本情况可知,将一般位置直线变换为投影面垂直线,必须经两次换面,先将一般位置直线变换为投影面平行线,再将投影面平行线变换为投影面垂直线。

图 6-7 所示为一般位置直线经两次换面,变换为投影面垂直线的立体图和投影图。

作图步骤如图 6-7 所示。

1)先将 AB 变换为 V_1 面的平行线。作 X_1 轴∥ab,将 V/H 体系中的 a'b'变换为 V_1/H 体系中的 $a_1'b_1'$。$a_1'b_1'$ 即为 AB 的 V_1 面投影。

2)再将 AB 变换为 H_2 面的垂直线。作 X_2 轴⊥$a_1'b_1'$,将 V_1/H 体系中的 a b 变换为 V_1/H_2 中的 b_2(a_2),b_2、a_2 积聚为一点,即为 AB 的 H_2 面的投影。于是 V/H 体系中的一般位置直线 AB 就变换为 V_1/H_2 体系中的 H_2 面垂直线。

同理,也可先将直线 AB 变换为 H_1 面平行线,再将 AB 变换为 V_2 面的垂直线。

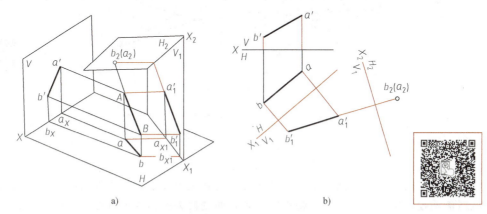

图 6-7 将一般位置直线变换为投影面垂直线

a)立体图 b)投影图

6.1.4 平面的投影变换

平面的投影变换,有下述三种情况:

1. 将一般位置平面变换为投影面垂直面

因为与一般位置平面相垂直的平面可作为一般位置平面或投影面垂直面。而处于投影面垂直面位置的平面,可作为新投影面与保留的原投影面相垂直,构成新的两投影面体系,所以将一般位置平面变换为投影面垂直面只需一次换面。如图 6-8 所示,△ABC 为一般位置平面,要将其变换为投影面垂直面,只需使属于该平面的任一条直线垂直于新投影面。但要把 △ABC 上的一般位置直线变换为投影面垂直线,必须经过两次换面,而把 △ABC 上的投影面平行线变换为投影面垂直线只需一次换面。因此,在一般位置平面 △ABC 上任取一条投影面平行线为辅助线,再取与它垂直的平面为新投影面,则该平面就和新投影面垂直。

现将一般位置平面 △ABC 变换为 V_1 面的垂直面。作图步骤如图 6-8 所示。

1)在 △ABC 平面上作一水平线 KC,并作出 kc、k'c'。

2)作新投影轴 X_1⊥k c,得新的两投影面体系 H/V_1。

3)求出 A、B、C 各点在 V_1 面上的投影 a_1'、b_1'、c_1',a_1'、b_1'、c_1' 必连接成一直线 $a_1'b_1'c_1'$,即为 △ABC 在它所垂直的新投影面 V_1 上的有积聚性的新投影。这样,△ABC 平面在 H/V_1 体系中变为投影面 V_1 的垂直面,新投影 $a_1'b_1'c_1'$ 与 X_1 轴的夹角即为 △ABC 平面与 H 面的倾角 α。

同理,通过一次换面,也可以将一般位置平面变换为 H_1 面的垂直面,则该平面的 H_1

面投影积聚为一直线，它与 X_1 轴的夹角即为平面与 V 面的倾角 β。

由此可见，通过一次换面可以将一般位置平面变换为投影面垂直面，为此，先要在这个平面上作一条平行于所保留的投影面的平行线，新投影轴应垂直于这条投影面平行线所保留的反映实长的投影。

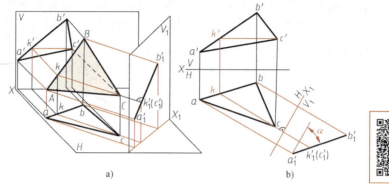

图 6-8　将一般位置平面变换为投影面垂直面

a）立体图　b）投影图

2. 将投影面垂直面变换为投影面平行面

因为与投影面垂直面相平行的平面可作为新投影面，它与所保留的原投影面相垂直，构成新的两投影面体系，所以，将投影面垂直面变换为投影面平行面只需一次换面。图 6-9 所示为将铅垂面变换为 V_1 面的平行面的空间情况。保留投影面垂直面有积聚性的投影 abc，再作一新投影面 V_1 与该平面平行，显然，这个新投影面 V_1 必定和保留的投影面 H 互相垂直，可与 H 面组成新的两投影面体系 V_1/H。所以将处于铅垂面位置的投影面垂直面变换为投影面平行面，需变换 V 面，保留 H 面，使 $\triangle ABC$ 平面在 V_1/H 体系中变换为 V_1 面的平行面，它在 V_1 面的投影反映实形。

图 6-9 的作图步骤如下：

1) 作 X_1 轴 $//\,cab$，组成新的两投影面体系 V_1/H。

2) 按投影变换的基本作图法求得 A、B、C 的新投影 a_1'、b_1'、c_1'，并连接成 $\triangle a_1'b_1'c_1'$，则 $\triangle a_1'b_1'c_1'$ 即为 $\triangle ABC$ 平面在 V_1 面的新投影，即将 V/H 中的铅垂面 $\triangle ABC$ 变换为 V_1/H 中的 V_1 面的平行面，它在 V_1 面上的投影 $\triangle a_1'b_1'c_1'$ 反映 $\triangle ABC$ 平面的实形。

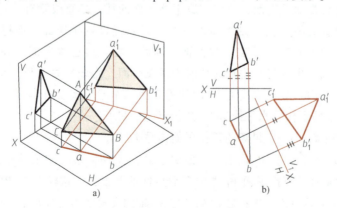

图 6-9　将投影面垂直面变换为投影面平行面

a）立体图　b）投影图

同理，将处于正垂面位置的投影面垂直面变换成投影面平行面，需换 H 面，保留 V 面，它在 H_1 面上的投影反映实形。

由此可见，通过一次换面，可以将投影面垂直面变换为投影面平行面。新投影轴应平行于这个平面所保留的有积聚性的投影。

3. 将一般位置平面变换为投影面平行面

若把一般位置平面变换为投影面平行面，必须变换两次投影面，第一次将一般位置平面变换为投影面垂直面，如图 6-10 中的 $a_1'b_1'c_1'$；第二次再将投影面垂直面变换为投影面平行面，如图 6-10 中的 $\triangle a_2b_2c_2$ 和 $\triangle a_2'b_2'c_2'$。

图 6-10a 的作图步骤如下：

1) $\triangle ABC$ 平面变换为投影面的垂直面。在 $\triangle ABC$ 平面中取一水平线 CD（$c'd'$、cd），取 X_1 轴 $\perp cd$，组成 H/V_1 体系，求得 $a_1'b_1'c_1'$，这三点必在同一直线上，则 $\triangle ABC$ 变换为 V_1 面的垂直面。

2) 将 $\triangle ABC$ 平面再变换为投影面平行面（即将第一次变换后的 V_1 面垂直面 $\triangle ABC$ 变换为 H_2 面平行面）。作 X_2 轴 $/\!/ a_1'b_1'c_1'$，组成 V_1/H_2 新的两投影面体系，使 V_1/H 中的 V_1 面垂直面 $\triangle ABC$ 变换为 H_2 面的平行面，从而求得 $\triangle a_2b_2c_2$，即为 $\triangle ABC$ 平面在 H_2 面上的新投影，反映实形。

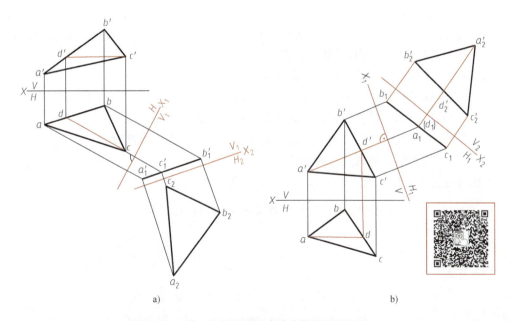

图 6-10 将一般位置平面变换为投影面平行面

如图 6-10b 所示，也可以在 $\triangle ABC$ 中取一正平线 AD，取 X_1 轴 $\perp a'd'$，组成 V/H_1 新的体系，求得积聚成一直线的 H_1 面投影 $b_1a_1c_1$；再作 X_2 轴 $/\!/ b_1a_1c_1$，组成 V_2/H_1 新的两投影面体系，使 $\triangle ABC$ 平面变换为 V_2 面的平行面，从而求得 $\triangle a_2'b_2'c_2'$，即为 $\triangle ABC$ 平面在 V_2 面上的新投影，反映实形。

由此可见，将一般位置平面变换为投影面平行面，必须经过两次换面，即先将一般位置平面变换为投影面垂直面，再将投影面垂直面变换为投影面平行面。

6.1.5 应用题例分析

工程实际抽象出来的几何问题,如距离、角度的度量;点、线、面的定位等,并不是单纯的平行、相交、垂直问题,而多是较复杂的综合问题,其突出特点是要受若干条件的限制,求解时往往要同时满足几个条件。

解决此类问题的方法通常是:分析、确定解题方案及在投影图上实现。

解题过程中,首先根据给出的已知条件和求解要求,想出已知空间几何模型,然后进行空间思维,想象出最终结果的空间几何模型,再分析确定从已知几何模型到最终结果几何模型的空间解题步骤。

如果最终结果几何模型很难直接确定,则常用"轨迹法",即逐个满足限制条件,找出满足每一个条件的无数解答的集合(通常称之为该条件的轨迹),弄清该集合是什么形状,在投影图上如何实现;多个条件则形成多个轨迹,这些轨迹的交集即为所求结果。

解题中的常见轨迹如下:

1) 过定点与定直线相交的直线的轨迹为一平面。
2) 与定平面平行(等距)的直线的轨迹为其平行面。
3) 与两相交直线或两相交平面等距的点的轨迹为其角平分面。
4) 题目中若出现正方形、矩形、菱形、等腰三角形、等边三角形、到两点等距等,它们的轨迹通常为一直线的垂面。因为这些几何图形都具有垂直要素。例如,菱形的对角线垂直平分;等腰三角形底边上的高垂直于底边等。
5) 与定直线等距的点的轨迹为一圆柱面。
6) 与定直线平行,且距离为定长的直线的轨迹为圆柱面。
7) 与定直线距离为定长的直线的轨迹为一圆柱面的切平面。
8) 过一点和定直线或定平面保持固定夹角的直线的轨迹为圆锥面。
9) 与定点等距的点的轨迹为圆球面。

下面通过实例分析,应用换面法求解综合问题。

例 6-1 如图 6-11a 所示,求点 C 到直线 AB 的距离。

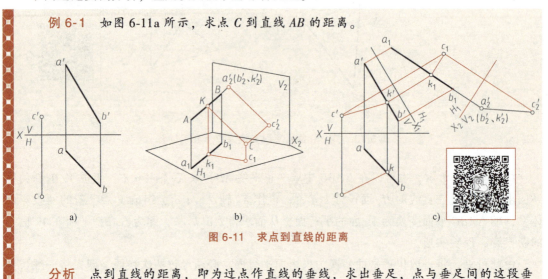

图 6-11 求点到直线的距离

分析 点到直线的距离,即为过点作直线的垂线,求出垂足,点与垂足间的这段垂线的实长。作点 C 到直线 AB 的垂线 CK，当直线 AB 为某一投影面的平行线时，则 AB 与 CK 在该投影面上的投影反映垂直（正交），但此时的垂线 CK 仍为一般位置直线，不反映实长。而当直线 AB 为投影面的垂线时，CK 为该投影面的平行线，点 C 到直线的距离 CK 在直线 AB 所垂直的投影面上的投影 c'_2（k'_2）才是实长的真实反映。故此题求点至一般位置直线的距离，需经两次换面，将一般位置直线 AB 变换为投影面垂直线，点 C 随之变换，即可解决，此时，在第二次换面的新投影面上，直线 AB 的积聚性投影与点 C 的同面投影之间的距离，即为所求点 C 到直线 AB 的距离。图 6-11b 给出了第二次换面时的空间分析。

作图 如图 6-11c 所示。

1) 先将直线 AB 变换为 H_1 面的平行线，AB 在 H_1 面上的投影为 a_1b_1；点 C 也随之变换，在 H_1 面上的投影为 c_1。

2) 再将直线 AB 变换为 V_2 面的垂直线，AB 在 V_2 面上的投影积聚为一点 a'_2（b'_2）；点 C 在 V_1 面上的投影为 c'_2。

3) 在 V/H_1 体系中，按照直角投影定理，过 c_1 作 $c_1k_1 \perp a_1b_1$，即 $c_1k_1 // X_2$ 轴得 k_1，k'_2 与 a'_2（b'_2）重影，连接 $c'_2k'_2$，$c'_2k'_2$ 即反映点 C 到直线 AB 的距离。

如要求出 CK 在 V/H 体系中的投影 $c'k'$ 和 ck，可根据 $c'_2k'_2$、c_1k_1 返回作出。

读者可以自己分析如果不采用换面法解题过程求解方法，并进行比较哪种更简单。

例 6-2 如图 6-12 所示，求相交两平面的夹角。

分析 如图 6-12 所示，两相交平面之间的夹角即为两平面间的两面角。当两平面的交线垂直于某一投影面时，两平面必垂直于该投影面，两平面在该投影面上的投影积聚为两相交直线，它们之间的夹角即为两平面的夹角。因此，只要使两平面的交线 AB 经过两次变换后，其投影 a_2b_2 积聚为一点，则两平面各积聚为一直线 a_2d_2 与 a_2e_2，其夹角 θ 即为所求。

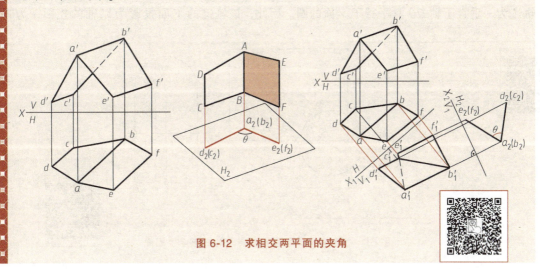

图 6-12 求相交两平面的夹角

作图 如图 6-12 所示。

1) 第一次变换作 X_1 轴 $/\!/ab$（AB 为两平面的交线）。

2) 在新投影面 V_1 上求出相交两平面的投影 $a_1'b_1'c_1'd_1'$ 和 $a_1'b_1'f_1'e_1'$。

3) 第二次变换作 X_2 轴 $\perp a_1'b_1'$，在 H_2 面上求出相交两平面的投影 $a_2(b_2)(c_2)d_2$ 和 $a_2(b_2)(f_2)e_2$，两个平面均成为 H_2 面的垂直面，故 H_2 面投影积聚为两条直线，其夹角 θ 即为所求。

*6.2 旋转法

旋转法是指投影面保持不动，使空间几何元素绕某一轴旋转，旋转到有利于解题的位置的方法。如图 6-13 所示，铅垂面 $\triangle ABC$，绕垂直于 H 面的边 AB（此处 AB 即为旋转轴）旋转，使三角形旋转至正平面 $\triangle ABC_1$ 的位置。此时 $\triangle ABC_1$ 的正面投影 $\triangle abc_1'$ 反映 $\triangle ABC$ 的实形。

按照旋转轴与投影面的相对位置，旋转法分为：

1) 绕垂直于投影面的轴线旋转——垂直轴旋转法（简称旋转法）。

2) 绕平行于投影面的轴线旋转——平行轴旋转法。

3) 绕一般位置轴线旋转法。

这里只介绍绕垂直轴旋转法，对于其他的旋转法，读者可以参阅相关书籍自行学习。

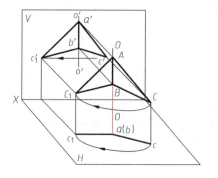

图 6-13 旋转法示例

6.2.1 点的旋转规律

如图 6-14 所示为点 M 绕垂直于 V 面的轴 OO 旋转时的情况。从图中可以看出，点 M 的轨迹为一垂直于轴 OO 且平行于 V 面的圆。因此，该轨迹的 V 面投影为以轴的投影 o' 为圆

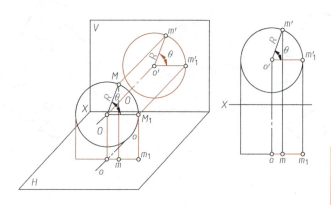

图 6-14 点绕 V 面垂直轴旋转时的投影变换规律

心、以点 M 到轴 OO 之间的距离为半径 R 的圆；H 面投影为过点 M 的 H 面投影 m 并垂直于轴线投影 oo 且平行于 X 轴的线段，长度等于圆的直径。若点 M 旋转任意角 θ 到新位置点 M_1 时，则它的 V 面投影同样旋转 θ 角。这时，旋转轨迹在 V 面的投影为一段圆弧 $m'm'_1$，在 H 面上的投影为一线段 mm_1。

如图 6-15 所示为点 M 绕垂直于 H 面的轴 OO 旋转时的情况。同样，点 M 的轨迹为垂直于轴 OO 且平行于 H 面的圆。因此，该轨迹在 H 面的投影反映实形，即为与旋转轨迹相同的圆；而在 V 面的投影，是垂直于轴线投影 $o'o'$、平行于 X 轴并等于圆直径的线段。

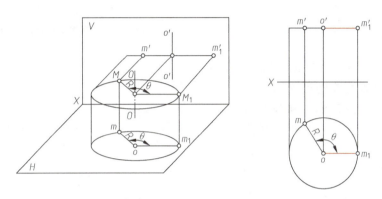

图 6-15　点绕 H 面垂直轴旋转时的投影变换规律

由以上分析，可以得出点绕投影面垂直轴旋转的规律为：**当点绕垂直于某一投影面的轴旋转时，点的运动轨迹在该投影面的投影为一圆；而在另一投影面的投影为一条垂直于旋转轴的直线。**

6.2.2　直线的旋转规律

线段和平面图形都是由若干个相距一定位置的点所确定的，为了保证它们之间的相对位置旋转时不被改变，必须遵循"三同"原则，即绕同一根轴、按同一方向、旋转同一角度。

如图 6-16 所示，将一般位置直线 AB（ab，$a'b'$）绕垂直于 H 面的轴旋转一个角度，只需使直线上的两个点绕同一根轴、按同一方向、旋转同一角度，就可得出直线在旋转后的新投影（a_1b_1，$a'_1b'_1$）。这时，直线上两点 A、B 同时绕铅垂轴 OO 旋转 θ 角，$ab=a_1b_1$。

应当指出：当旋转轴 OO 选择通过某一几何元素时，如线段 AB 的端点 A，如图 6-17 所示，则轴上的点 A 在旋转时是不动的，这给作图带来了方便。于是，只要按要求将点 B 旋转某一角度 θ 后与点 A 相连，即为旋转后的线段 AB_1。

观察图 6-17，线段 AB 绕铅垂轴 OO 旋转时，其轨迹为一正圆锥面，即线段 AB 在锥面上的各个位置（AB、AB_1）与 H 面的夹角 α 是相等的，因此，其水平投影长度是相等的（$ab=ab_1$）。由此，归纳出直线绕垂直轴旋转的投影性质：

1）直线绕垂直于某一投影面的轴旋转时，直线在该投影面上的投影长度不变，直线对该投影面的倾角不变。

2）直线在旋转轴所平行的那个投影面上的投影长度及对该投影面的倾角都发生了改变。

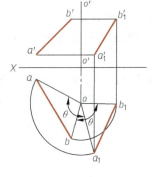

图 6-16 直线的旋转规律

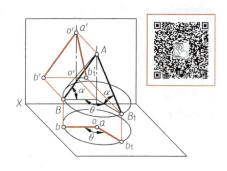

图 6-17 直线绕垂直轴旋转时的投影性质

1. 把一般位置直线旋转成投影面平行线

把一般位置直线旋转到投影面平行线位置，这是求线段实长和与投影面之间夹角的又一种常用方法。如图 6-18a 所示，要把一般位置直线 AB 旋转到正平线位置，则必须绕铅垂轴 OO 旋转才能处于正平线 AB_1 位置。具体作图过程：将其水平投影 ab 绕铅垂轴的投影 oo 旋转到与 X 轴平行，成为 ab_1；再求出正面投影 $a'b'_1$ 即可。这时，$a'b'_1$ 反映实长，$a'b'_1$ 与 X 轴之间的夹角反映 α。

图 6-18 一般位置直线旋转成投影面平行线

如图 6-18b 所示，要把 AB 旋转到水平线位置，则必须绕正垂轴旋转，请读者自行分析具体的作图过程。

2. 把一般位置直线旋转成投影面垂直线

一般位置线段不能一次旋转到投影面垂直线位置。线段 AB 绕铅垂轴旋转，AB 对 H 面的角度 α 始终不变，而只能改变线段对 V 面的角度。因此，只有转成正平线后，再绕正垂轴旋转才能改变线段对 H 面的夹角，处于铅垂线位置。因此把一般位置线段旋转到投影面垂直线位置必须绕不同的垂直轴旋转两次。

如图 6-19 所示，先将线段 AB 绕铅垂轴 OO 旋转到正平线 AB_1 位置，再将正平线 AB_1 绕正垂轴 O_1O_1 旋转到铅垂线 A_2B_1，与 OX 垂直。

6.2.3 平面的旋转规律

平面的旋转是通过旋转该平面所含不共平面的三个点来实现的。旋转时三个点必须遵守"三同"原则。

平面与投影面之间的夹角是由平面对该投影面的最大斜度线与投影面之间的夹角来表示

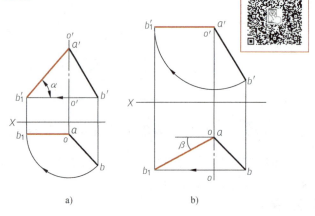

图 6-19 一般位置直线旋转成投影面垂直线

的。如图 6-20 所示，平面△ABC 对 H 面的倾角等于其最大斜度线 BE 对 H 面的倾角，而直线 BE 与 H 面之间的夹角在绕垂直于该投影面的直线为轴旋转时是不变的，因而平面在绕垂直于 H 面的轴旋转后，它与该投影面之间的夹角也是不变的。由此可知，平面绕垂直轴旋转的性质为：

1）平面绕垂直轴旋转时，平面在旋转轴所垂直的投影面上的投影的形状和大小都不变。

2）平面对旋转轴所垂直的那个投影面的倾角不变。

3）平面的另一个投影，其形状和大小发生了改变，并且，该平面对旋转轴所不垂直的那个投影面的倾角也发生了改变。

1. 把一般位置平面旋转成投影面垂直面

如图 6-21 所示为把一般位置平面△ABC 旋转到正垂面位置的情形。

取属于△ABC 的一条水平线 AN 为辅助线，将水平线 AN 连同△ABC 一起旋转，使 AN 成为正垂线（$a_1n_1 \perp X$ 轴），△ABC 就成为正垂面。$b'_1a'c'_1$ 与 X 轴的夹角，即为△ABC 与 H 面的夹角 α。

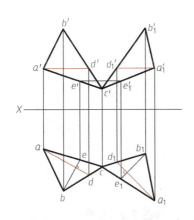

图 6-20 平面的旋转规律

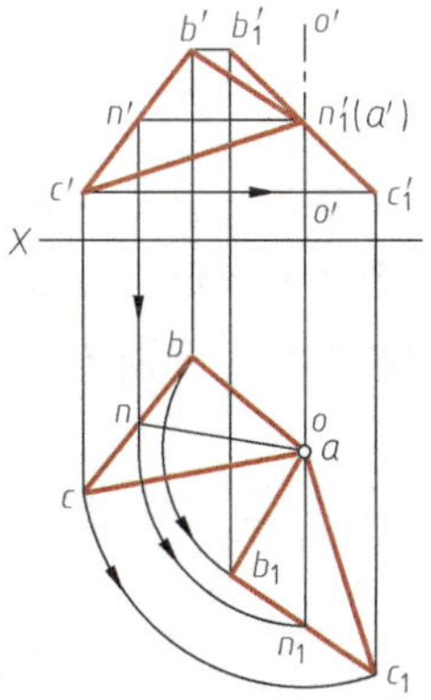

图 6-21 一般位置平面旋转成投影面垂直面

2. 一般位置平面旋转成投影面平行面

把一般位置平面旋转到投影面的平行面位置必须绕不同的投影面垂直轴旋转两次。先旋转到投影面垂直面位置，再旋转到投影面的平行面位置。

如图 6-22 所示，把平面△ABC 旋转为水平面。先使它绕过点 B 的铅垂轴 O_1O_1 旋转成正垂面△$A_1B_1C_1$，再绕过点 C 的正垂轴 O_2O_2 旋转为水平面△$A_2B_2C_2$。此时，水平投影 △$a_2b_2c_1$ 反映△ABC 的实形。

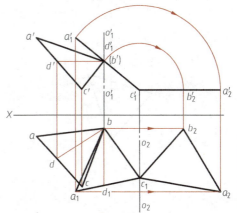

图 6-22 一般位置平面旋转成投影面平行面

第 7 章

直线与平面、平面与平面的相互关系

直线与平面之间，平面与平面之间的相互位置，可分为两种情况：平行、相交（垂直是相交的特殊情况）。

7.1 平行关系

7.1.1 直线与平面平行

若平面外一直线平行于平面内的任一直线，则此直线与该平面平行。如图 7-1 所示，直线 AB 平行于平面 P 上的一直线 CD，则直线 AB 平行于平面 P。

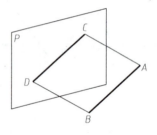

图 7-1 直线与平面平行

例 7-1 过已知点 M 作一直线 MN 平行于平面 △ABC，如图 7-2a 所示。

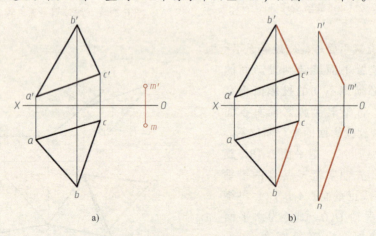

图 7-2 过点作直线平行于平面

分析 过 M 作一直线平行于平面内一直线。

作图 如图7-2b所示。
1) 过 m 作一直线 mn∥bc；
2) 过 m′作一直线 m′n′∥b′c′。

例 7-2 试判断已知直线 AB 是否平行于平面 △CDE，如图 7-3a 所示。

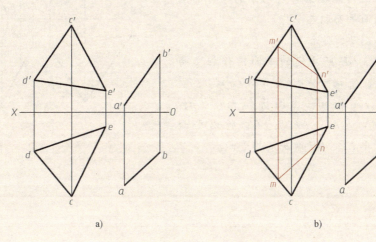

图 7-3 判断直线与平面是否平行

分析 在平面内是否可作出一直线平行于直线 AB。

作图 如图7-3b所示。
1) 在 △cde 内作一直线 mn∥ab。
2) 作出 m′n′，MN 为平面 △CDE 内一直线，因为 m′n′不平行于 a′b′，所以直线 MN 不平行于直线 AB，也就是说在 △CDE 中找不到一条线与直线 AB 平行，所以 AB 不平行于平面 △CDE。

7.1.2 平面与平面平行

若一平面内的相交两直线分别对应平行于另一平面内的相交两直线，则这两平面必定相互平行。

如图 7-4 所示，相交两直线 AB、BC 决定平面 P，相交两直线 DE、EF 决定平面 Q，如果 AB∥DE、BC∥EF，则平面 P、Q 必定相互平行。

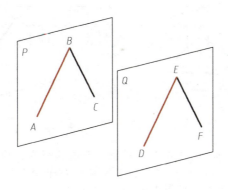

图 7-4 两平面平行

例 7-3 判断已知平面 △ABC 和两平行直线 EF、GH 所决定的平面是否平行，如图 7-5 所示。

分析 在任一平面内作出两条相交直线，如果在另一平面内能找出与它们分别平行的两相交直线，则两平面相互平行。

作图 如图 7-5 所示。

1) 在 EF、GH 所决定的平面内作相交两直线 MN、NF，使 m'n' // a'c'，n'f' // b'c'。
2) 作出 mn 和 nf，由图得知 mn // ac、nf // bc，即 MN // AC、NF // BC，所以平面 △ABC 平行于平 EF、GH 所决定的平面。

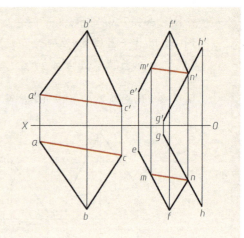

图 7-5 判断两平面是否平行

7.2 相交关系

直线与平面相交，其交点是直线和平面的共有点。交点既是直线上的点，又是平面上的点。平面与平面相交，其交线是两平面的共有线。交线同时为两平面所有。

7.2.1 特殊位置直线或平面的相交

当直线和平面相交，直线或平面其中之一垂直于某一投影面时，它在该投影面中的投影具有积聚性，因此所求交点在该投影面的投影可直接得出，其他投影也可方便求出。

例 7-4 求铅垂线 EF 与平面 △ABC 的交点 K，如图 7-6a 所示。

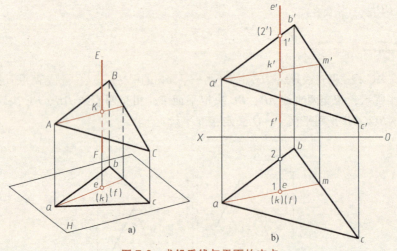

图 7-6 求铅垂线与平面的交点

分析 直线 EF 是铅垂线，其在 H 面的投影积聚为一点，因为交点 K 是直线 EF 上的一点，点 K 的 H 面投影 k 与 e(f) 重影，又因点 K 在平面 △ABC 上，所以用平面上取点的方法，作出点 K 的 V 面上的投影 k'。

作图 如图 7-6b 所示。

1) 连接 ak 并延长与 bc 交于 m，并作出 AM 的 V 面投影 a'm'，a'm' 与 e'f' 的交点即为 K 点的 V 面投影 k'。

2) 平面△ABC 与直线 EF 相交，交点 K 把直线 EF 分为两部分，直线在投影面上的投影就会被平面遮挡一部分，被遮挡部分称为不可见部分。由图 7-6a 可以看出，直线 EF 和△ABC 的 AB 边交叉，在 V 面，直线 EF 上的点Ⅰ（1、1'）和 AB 上的点Ⅱ（2、2'）的投影重影，从 H 面投影看，$Y_Ⅰ>Y_Ⅱ$，因此Ⅰ在Ⅱ之前，所以 1' 可见，2' 不可见。因为点 K 为可见与不可见的分界点，那么在 V 面投影中 e'k'（包含 1'）可见，用实线表示，k'f' 上被平面遮挡部分就为不可见（不遮挡部分仍为实线），用虚线表示，如图 7-6b 所示。H 面投影 EF 积聚为一点，不需要判断可见性。

例 7-5 求直线 MN 与铅垂面 EFGH 的交点 K，如图 7-7a 所示。

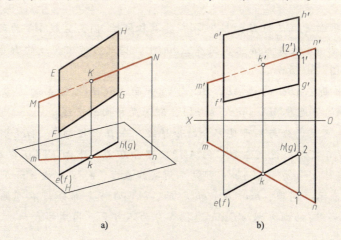

图 7-7 求直线与铅垂面的交点

分析 平面 EFGH 的 H 面投影 efgh 有积聚性。点 K 是平面 EFGH 和直线 MN 的共有点，故点 K 的 H 面投影 k 是 efgh 和 mn 的交点，而 k' 在 m'n' 上。

作图 如图 7-7b 所示。

1) efgh 和 mn 的交点 k 为 K 的 H 面投影，过 k 作投影连线，交 m'n' 于 k'，则点 K（k、k'）为所求的交点。

2) 直线 MN 上的点Ⅰ（1、1'）与平面 EFGH 的一边 GH 上的点Ⅱ（2、2'）在 V 面的投影重影，由 H 面投影可知 $Y_Ⅰ>Y_Ⅱ$，因此Ⅰ在Ⅱ之前，在 V 面的投影，1' 可见，2' 不可见，所以 k'n' 可见，用实线表示，k'm' 上被平面遮挡部分为不可见，用虚线表示。平面 EFGH 的 H 面投影积聚为一直线，故不需要判断可见性。

7.2.2 特殊位置平面和一般位置平面相交

例 7-6 求一般位置平面△ABC 与铅垂面 EFGH 的交线 MN，如图 7-8a 所示。

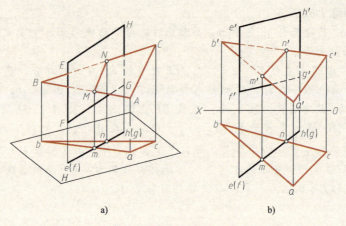

图 7-8 求平面与投影面垂直面的交线

分析 铅垂面 EFGH 的 H 面投影 efgh 具有积聚性,因为交线 MN 为两平面的共有线,所以其 H 面投影 mn 既在 efgh 上,又在 △abc 上,由此可作出交线的 H 面投影 mn。

作图 如图7-8b 所示。

1)利用平面 △ABC 的边 AB、BC 与铅垂面 EFGH 求交点的方法,求出 M(m、m′)、N(n、n′),连接 MN(mn、m′n′),即为两平面的交线。

2)交线是可见部分与不可见部分的分界线,在 H 面投影中,efgh 把 △abc 分成两部分,amnc 在 efgh 之前,说明 △ABC 的 AMNC 部分在前,平面 EFGH 在后,在 V 面投影中,a′m′n′c′ 遮挡 e′f′g′h′,a′m′n′c′ 可见,用实线表示,e′f′g′h′ 被 a′m′n′c′ 遮挡部分为不可见,用虚线表示。同理,bmn 在 efgh 之后,MN 为可见部分与不可见部分的分界线,因此在 V 面投影中,b′m′n′ 被 e′f′g′h′ 遮挡部分为不可见,用虚线表示。

7.2.3 一般位置直线和一般位置平面相交

由于一般位置直线和一般位置平面都没有积聚性,当一般位置直线和一般位置平面相交时,不能在投影图中直接求出交点来,故常采用辅助平面方法来求其交点。

(1)辅助平面法几何分析 如图 7-9 所示,直线 AB 与平面 △EFG 相交,交点为 K。过直线 AB 任作一辅助平面 P(为作图方便一般作投影面的垂直面),辅助平面 P 与平面 △EFG 相交,交线 MN 必与 AB 相交,直线 AB 与交线 MN 的交点 K 是直线 AB 与平面 △EFG 的共有点,即为直线 AB 与平面 △EFG 的交点。

(2)辅助平面法作图步骤 由上述几何分析,可得出用辅助平面法求直线与平面交点的作图步骤:

1)过已知直线作辅助平面(投影面的垂直面)。
2)作出辅助平面与已知平面的交线。
3)求出该交线与已知直线的交点,即为已知直线与已知平面的交点。

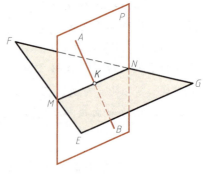

图 7-9 用辅助平面法求交点

4）判断投影图中的可见性。

例 7-7　求直线 AB 与平面 △EFG 的交点 K，如图 7-10a 所示。

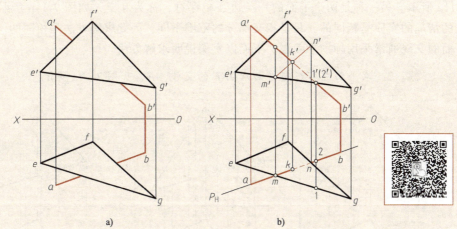

图 7-10　求直线与平面的交点

分析　根据辅助平面法求交点。

作图　如图 7-10b 所示。

1）过直线 AB 作一铅垂面 P，P_H 与 ab 重合。

2）求出平面 P 与 △EFG 的交线 MN。MN 的 H 面投影为 mn，V 面投影为 m'n'。

3）求出交线 MN 与直线 AB 的交点 K。即先求 m'n' 与 a'b' 的交点 k'，然后投影到 ab 上得到 H 面投影 k。

4）判断可见性。由图 7-10b 可以看出，EG 上的点 Ⅰ（1、1'）和 AB 上的点 Ⅱ（2、2'），在 V 面投影中重影，H 面投影 $Y_Ⅰ > Y_Ⅱ$，故在 V 面投影中，点 1' 是可见的，点 2' 是不可见的，k'（2'）用虚线表示。同理，可判断 H 面投影，kn 用虚线表示。

7.2.4　两一般位置平面相交

空间任意两平面相交，只要求得两平面的任意两个共有点，即可确定交线的位置。如图 7-11a 所示，平面 △ABC 与 △EFG 相交，交线为 KL，只要求得交线上的两个端点 K、L，就

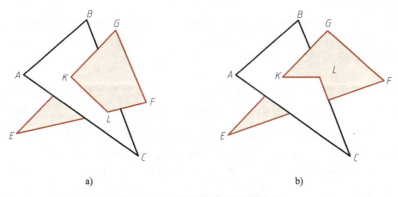

图 7-11　两平面相交的两种情况

可作出平面△ABC与△EFG的交线KL。

两平面相交会出现两种情况，一种是一个平面全部穿过另一个平面，称为全交，如图7-11a所示。另一种是两个平面的一条边互相穿过，称为互交，如图7-11b所示，这两种相交的情况的实质是相同的，只是相交部分的范围不同，因此求解方法是相同的。求解两任意平面的交线通常采用辅助平面法。下面以实例说明求解方法。

例7-8 求平面△ABC与平面△DEF的交线MN，如图7-12a所示。

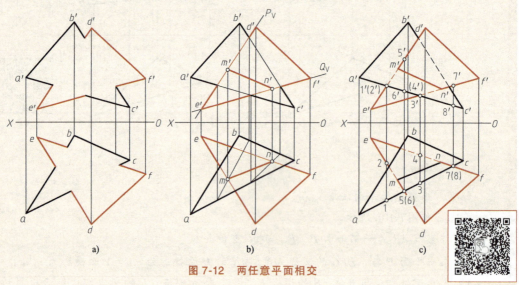

图7-12 两任意平面相交

分析 选取平面△DEF的两条边DE和EF，分别求出它们与平面△ABC的交点，连接后即为所求交线。

作图 如图7-12b所示。

1）过直线DE作辅助正垂面P，求出DE与平面△ABC的交点M（m、m'）。
2）过直线EF作辅助正垂面Q，求出EF与平面△ABC的交点N（n、n'）。
3）连接m'n'、mn，即为两平面的交线MN的V面和H面投影。
4）如图7-12c所示，利用重影性分别判别V、H面投影中的可见性，完成作图。

7.3 垂直关系

7.3.1 直线与平面垂直

若一直线垂直于平面内任意两条相交直线，则该直线垂直于这个平面；反之，若直线垂直于平面，则该直线垂直于平面内的任意直线。如图7-13所示，直线MK垂直于平面△ABC，其垂足为K，在平面内，如过点K作一水平线GD，则MK⊥GD，根据直角投影定理，则mk⊥gd，若再过点K作一正平线EF，则MK⊥EF，同理，则m'k'⊥e'f'。

由此可知：若一直线垂直于平面，则直线的H面投影必垂直于该平面内水平线的H面投影；该直线的V面投影必垂直于该平面内的正平线的V面投影。反之，若一直线的H面

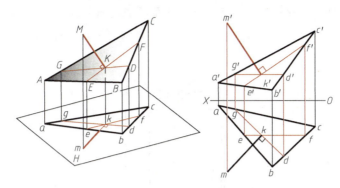

图 7-13 直线与平面垂直

投影和 V 面投影分别垂直于平面内水平线的 H 面投影和正平线的 V 面投影，则该直线一定垂直于该平面。

例 7-9 求点 D 到平面 △EFG 的距离，如图 7-14a 所示。

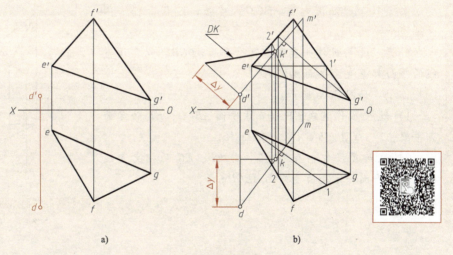

图 7-14 求点到平面的距离

分析 由点 D 向平面 △EFG 作垂线，垂线的实长即是点到平面的距离。

作图 如图 7-14b 所示。

1) 在平面 △EFG 内作正平线 GⅡ 及水平线 EⅠ。
2) 由点 D 作平面 △EFG 的垂线 DM，即自 d 引直线 dm 垂直于 e1，自 d′ 引直线 d′m′ 垂直于 g′2′。
3) 用求一般直线与一般平面交点的方法（辅助平面法）求出垂足 K（k、k′）。
4) 用直角三角形法求出 DK 的实长。

7.3.2 平面与平面垂直

若一直线垂直于一平面，则包含这条直线的一切平面都垂直于该平面。反之，若两平面互相垂直，必定能在一个平面内作出与另一个平面垂直的直线。

如图 7-15 所示，直线 MN 垂直于平面 P，包含直线 MN 的平面 Q、平面 R、平面 S 都垂直于平面 P。

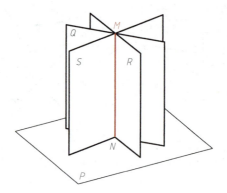

图 7-15　两平面垂直

例 7-10　已知正垂面 ABCD 及点 E，过点 E 作一平面垂直于平面 ABCD，如图 7-16 所示。

分析　过点 E 作一直线垂直于平面 ABCD，包含该直线的平面都垂直于平面 ABCD。

作图　如图 7-16 所示。

1) 过点 E 作直线 EF 垂直于平面 ABCD，EF 必定为正平线，即 e'f'⊥a'b'c'd'，ef∥OX 轴。

2) 过点 E 任作一直线 EG。由 EF、EG 两相交直线所决定的平面一定垂直于平面 ABCD。

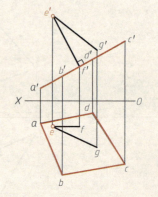

图 7-16　过已知点作平面垂直面

第 8 章

曲线与曲面

8.1 曲线概述

1. 曲线的形成

曲线的形成一般有以下三种方式：

1）一动点在空间做连续变换方向的运动，其轨迹就是曲线，如图 8-1a 所示曲线 K 为点 A 的运动轨迹。

2）一动线运动过程中的包络线，如图 8-1b、c 所示曲线 K 分别为动直线 L 和动圆 C 运动轨迹的包络线，此时动直线和动圆在任何位置均与曲线 K 相切。

3）平面和曲面或两曲面相交的交线，如图 8-1d 所示。

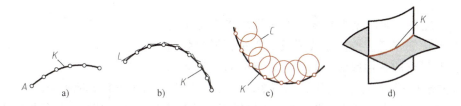

图 8-1 曲线的形成方法

2. 曲线的分类

按动点的运动有无规律，曲线可分为规则曲线（如圆锥曲线、螺旋线等）和不规则曲线。按曲线上所有的点是否在同一平面上，曲线可分为：

1）**平面曲线**。曲线上所有的点都在同一平面上，如圆锥曲线、渐开线、摆线、双曲线等。

2）**空间曲线**。曲线上任意连续的四个点不在同一平面上，如螺旋线。

3. 曲线的投影性质

1）**曲线的投影一般仍为曲线**，如图 8-2 所示。只有平面曲线所在的平面垂直于投影面时，其投影才为直线，如图 8-3 所示。一般情况下，平面曲线的投影为其原形的类似形。二次曲线的投影一般仍为二次曲线，如圆和椭圆的投影一般是椭圆，特殊情况下是圆或直线，抛物线与双曲线的投影一般仍为抛物线及双曲线。

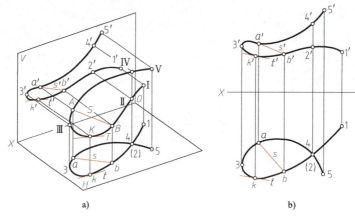

图 8-2 曲线的投影性质及画法

2）曲线投影是组成该曲线各点的同面投影的集合，故曲线上点的投影仍在曲线的同面投影上，如图 8-2 所示。

3）曲线的切线和割线，其投影仍是该曲线同面投影的切线和割线，且切点和割点的投影仍是曲线投影上的切点和割点，如图 8-2 所示，曲线上过点 K 的切线 T，其 H 面投影 t 仍与曲线的 H 面投影相切于 k；割线 S 在 H 面上的投影 s 仍是曲线 H 面投影的割线，且割点 a、b 仍是空间的割点 A、B 的 H 面投影。

4. 曲线投影的画法

一般情况下，曲线至少需要两个投影才能确定出它在空间的形状和位置。按照曲线形成的方法，依次画出曲线上一系列点的各面投影，然后把各点的同面投影顺次光滑地连成曲线即得曲线投影，如图 8-2b 所示。为确保曲线投影的准确和清晰，尽可能先作出曲线上一些特殊点的投影，如距各投影面最远和最近的点；椭圆曲线长短轴上的点；双曲线、抛物线上的顶点等。最好把这些特殊点用字母标注出来，尤其对一些重影点尽可能加以标注，如图 8-2b 中的点Ⅱ、Ⅳ 在 H 面中重影，应在投影中注明 4（2）。

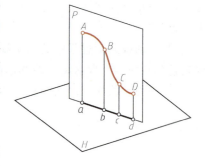

图 8-3 特殊位置平面曲线的投影

8.2 圆及螺旋线的投影

8.2.1 圆的投影

圆是最常见的一种规律平面曲线，圆相对于投影面的位置不同，则其投影有很大差异，当圆垂直于投影面时，它在该投影面上的投影积聚为一直线；当圆平行于投影面时，它在该投影面上的投影为圆的实形；当圆与投影面倾斜时，它在该投影面上的投影为椭圆。圆的中心投射后仍为中心，且等分所有直径的投影。

下面通过两个例子来说明圆的投影画法。

例 8-1 已知垂直于 V 面的一个圆,其圆心为 O,直径为 D_0,且与 H 面成 α 角,求作该圆的两个投影,如图 8-4 所示。

作图 因为圆垂直于 V 面,所以它的 V 面投影积聚为一条与 X 轴成 α 角的直线(两解),该直线的长度 $c'd'$ 等于圆的直径 D_0。由于圆与 H 面倾斜,所以它的 H 面投影为椭圆。画此椭圆必须先画出椭圆长、短轴的方向和大小,为此,设想在圆上作出无数条直径,这些直径中只有平行于 H 面的那条直径 AB 在 H 面上的投影反映实长(它是条正垂线),其余直径的投影都不同程度地缩短了,其中又以垂直于 AB 的直径 CD 的 H 面投影变得最短,因此直径 AB 和 CD 在 H 面上的投影分别是椭圆的长轴和短轴。因为 AB 是正垂线,所以它的 H 面投影 ab 必与 X 轴垂直且 $ab=AB$,而短轴 $cd \perp ab$,它的长度 ($cd=AB\cos\alpha$) 可以直接由 V 面投影 $c'd'$ 投影作出。

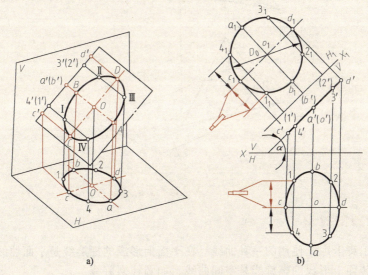

图 8-4 特殊位置圆的投影

椭圆上一般点的投影可以借助于圆的辅助投影作出,如图 8-4b 中设立辅助投影面 H_1 平行于圆,则圆在 H_1 面中的投影反映了圆的实形,在圆周上取若干等分点(图中取 8 个点),再把各点按辅助投影规律求出它们的 V、H 面投影,最后在 H 面投影中依次光滑地连接各点即成椭圆。图 8-4b 中示出了各分点 Y 坐标的量取方法,度量基准取 CD 线,可准确地得到各点的对称点。

例 8-2 已知 $\triangle EFG$ 上有一直径为 D、圆心为 O 的圆,求作此圆的两面投影,如图 8-5 所示。

作图 因 $\triangle EFG$ 是一般位置平面,所以圆的 H、V 面投影均为椭圆,画此两椭圆时,必须先确定它们长、短轴的方向和大小。在 H 面投影中的椭圆,其长轴 ab 必定在 $\triangle EFG$ 内过圆心的水平线 KL 的投影 kl 上,因此,可以先在 V 面投影中过 o' 作水平线 $k'l'$,再由 $k'l'$ 作出 H 面投影 kl,在 kl 上取 $ab=D$,即为该椭圆的长轴。同理在 V 面投影中,椭圆长轴 $m'n'$ 必定在 $\triangle EFG$ 内过圆心的正平线 IJ 的投影 $i'j'$ 上,其长度为 D。两投

影中椭圆短轴 cd 和 $s't'$ 的方向分别与其长轴垂直（即 $cd\perp ab$、$s't'\perp m'n'$），它们的大小可以用辅助投影求出。例如，当求短轴 cd 大小时，通过一次换面使 △EFG 变为 V_1 面的垂直面，则圆在 V_1 面上的投影积聚成一直线 $c_1'd_1'$（$c_1'd_1'=D$），然后由 $c_1'd_1'$ 返回到 H 面投影中即可得出 cd 的大小，同理，设立 H_1 面来求出圆在 V 面投影中的椭圆短轴 $s't'$ 的大小。

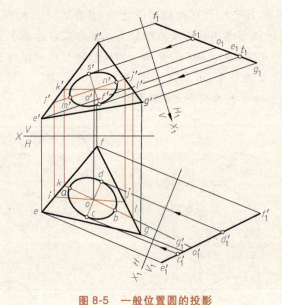

图 8-5 一般位置圆的投影

8.2.2 螺旋线的投影

螺旋线是工程上广泛使用的一种曲线。在平面上形成的螺旋线是平面曲线，如阿基米德螺旋线；在回转面上形成的螺旋线是空间曲线，如圆柱螺旋线。

1. 圆柱螺旋线

（1）形成　当一动点 M 沿正圆柱面的直母线 AB 做等速直线运动，同时该母线又围绕圆柱轴线做等角速回转运动时，则动点 M 运动的轨迹即为圆柱螺旋线，如图 8-6 所示。

当母线回转一周时，动点 M 沿轴线方向移动的距离称为导程，用 L 表示。正圆柱称为螺旋线的导圆柱面。当圆柱轴线为铅垂线时，观察螺旋线 V 面投影的可见部分，如果自左向右上升，称为右旋螺旋线，反之称为左旋螺旋线。导程的大小、导圆柱面的直径和旋向是确定圆柱螺旋线的三个基本要素。

（2）圆柱螺旋线的投影画法　当圆柱螺旋线的三个基本要素确定后，其具体画图步骤如下（图 8-7a）：

1）画出直径为 D 的导圆柱面的两投影，然后将 H 面投影圆和 V 面投影中的导程分成相同的等分（图中为 12 等分）。

2）从导程上各分点作水平方向的平行线，再从圆周上各分点 1、2、3、…、12 分别向上引投影连线与 V 面中相应平行线相交，交点 $1'$、$2'$、$3'$、…、$12'$ 即为螺旋线上各点的 V 面投影。

3）依次光滑地连接 $1'$、$2'$、$3'$、…、$12'$ 各点即得螺旋线的 V 面投影。螺旋线的 H 面投影重影在导圆柱的 H 面投影（圆）上。

图 8-7b 所示为圆柱螺旋线的展开图，从圆柱螺旋线的形成规律（动点沿母线的直线运动

和母线绕轴线的旋转运动均为等速）可以看出，圆柱螺旋线展开后为一直线。在一个导程中螺旋线的展开长度等于以导圆柱面的周长 πD 和导程 L 为两直角边的直角三角形的斜边长度。

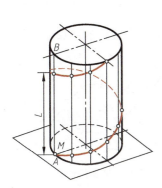

图 8-6 圆柱螺旋线的形成

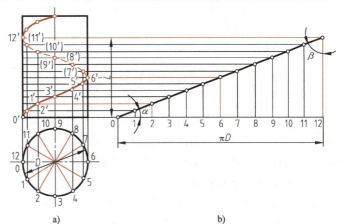

图 8-7 圆柱螺旋线的投影画法及展开图

螺旋线上任意一点的切线与它的水平投影所成的夹角 α 称为**螺旋线升角**，它等于螺旋线展开图中斜边与 πD 边的夹角 [$\tan\alpha = L/(\pi D)$]；而**螺旋线与圆柱素线的夹角 β 称为螺旋角**，为一定值，故圆柱螺旋线又称为定倾曲线。α 和 β 之间互为余角。

根据上述原理，如果将一个直角三角形的纸片卷在一圆柱面上，就可以很容易地做出一个圆柱螺旋线的模型，并由此可知，圆柱螺旋线上任一点的螺旋线切线都与导圆柱底面成相同的交角 α，如图 8-8 所示。

2. 圆锥螺旋线

当一动点沿正圆锥的直母线做匀速直线运动，同时该母线绕轴线做匀速转动时，则动点的轨迹即为圆锥螺旋线。母线回转一周，其动点沿圆锥轴线方向移动的距离称为导程。如图 8-9 所示，作图方法与圆柱螺旋线相似，其水平投影为一阿基米德螺旋线。

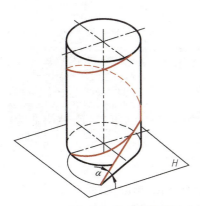

图 8-8 圆柱螺旋线形成模型图

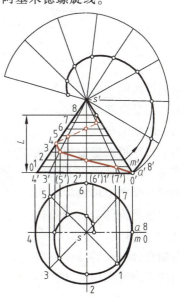

图 8-9 圆锥螺旋线

8.3 曲面概述

8.3.1 曲面的形成

曲面可以看作是由一条动线（直线或曲线）在空间做有规律或无规律的连续运动所形成的，如图 8-10 所示曲面，是由动线 AA_1 沿着曲线 ABC 运动且在运动中始终平行于直线 MN 所形成的，属于有规律的曲面。形成曲面的动线 AA_1 称为母线，母线在曲面上的任一位置称为素线。无限接近的相邻两素线称为连续两素线。控制母线运动的点、线和面，分别称为定点、导线和导面，它们统称为导元素。母线为直线时所形成的曲面称为直纹面；母线为曲线时所形成的曲面称为曲纹面。

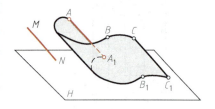

图 8-10 曲面的形成

同一曲面往往有多种形成方法，如圆柱面可以按图 8-11a 所示的方式，用一直母线 AA_1 沿圆导线且平行于轴导线 OO_1 做回转运动而形成；也可以按图 8-11b 所示的方式，使圆母线 A 的圆心沿垂直导线 OO_1 向下平移而形成；还可按图 8-11c 所示的方式，用一条各点离轴导线 OO_1 等距离的曲线 ABC 为母线，绕轴导线 OO_1 回转而成。

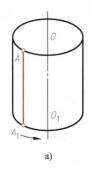 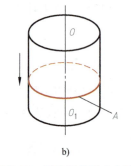 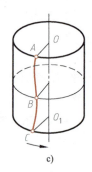

a)   b)   c)

图 8-11 圆柱面的形成方法

研究形成同一曲面的各种不同方法，很有实际意义。一般采用最简单的母线，如直线和圆弧，这样可根据曲面形成过程准确、简便地画出其投影图，同时在生产中可根据曲面形成原理选择最佳工具和最佳加工方法。例如，图 8-12 所示为根据直母线和圆母线形成圆柱面的原理所采用的两种不同的加工方法。

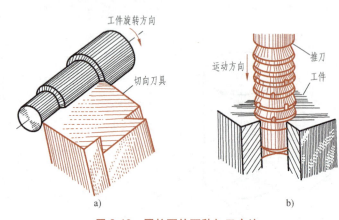

图 8-12 圆柱面的两种加工方法

a) 切刀加工   b) 推刀加工

8.3.2 曲面的分类

曲面有规则曲面和不规则曲面，本章只讨论规则曲面，将规则曲面按形成曲面的母线形状和曲面能否展开进行如下分类：

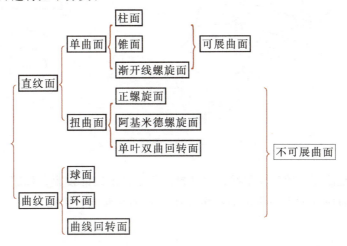

8.3.3 曲面的表示法

曲面投影除要反映出该曲面的形状和空间位置外，一般应画出形成曲面的导线、导面、定点及母线等几何元素的投影，以反映其几何性质。为了使图形能显示曲面的特征和富于实感，还应画出曲面各投影的轮廓线。曲面投影一般画法如下：

1）画出控制母线运动的导元素（定点、导线、导面）的投影。这些导元素一般与曲面上的某条边界线、轴线等重合，如图 8-13 所示的投影中，边界线 ABC 就是该曲面的曲导线。有时也可用细实线单独画出导元素的投影，如图 8-13 中的 MN（mn、m'n'）。

2）用粗实线（或虚线）画出曲面的边界线的投影，以表示曲面的范围。例如，图 8-13 中曲面的起始和终止位置的素线、曲导线 ABC 以及曲面与水平投影面的交线等，都是曲面的边界线。

3）用粗实线画出曲面对投影面的转向轮廓线的投影。**将曲面向某投影面投射时，切于该曲面的一束投射光线所形成的光柱面（或光平面）与曲面相切的切线，称为对某投影面的转向轮廓线（简称转向线）。** 图 8-14 所示的曲面是由圆弧（R）回转面与圆柱面组成的，将它们向 V 面投射时，切于两曲面的投射光线分别形成了圆柱面 A 和平面 B，其与曲面的切线（对 V 面的转向线）必为 R 圆弧和一段铅垂线。此切线在 V 面上的投影也是 R 圆弧和直线段，可视为圆柱面 A 及平面 B 与 V 面的交线。

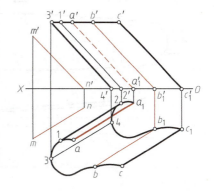

图 8-13　曲面的表示法

画图时，对某个投影面的转向线，只需在该投影面上画出它的投影，其他投影不必画出。图 8-13 中柱面素线ⅢⅣ是对 V 面的转向线，故只画出它的 V 面投影 3'4'（如需表示 34 时，可用细实线绘出）。

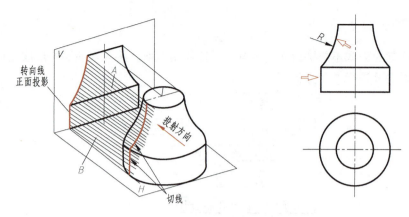

图 8-14　转向线的形成及其投影

转向线一般是曲面上的一条素线，故其投影便是该素线的投影，如图 8-13 和图 8-14 均系如此。但有些曲面（如下面所讲的斜螺旋面等）的转向线投影则是由若干素线的投影包络而成的。

此外，对于复杂的曲面，为了更清楚地表示出曲面的几何性质和形状，还应画出曲面上其他一些几何要素的投影，如图 8-15 中用细实线画出了若干素线的投影。在实际工程图样中，还常用若干平面（或柱面）截切曲面所得的型线图来表示曲面的复杂形状，如图 8-15 所示。

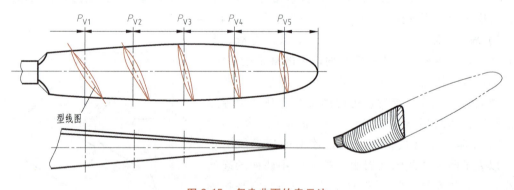

图 8-15　复杂曲面的表示法

8.4　常见曲面的形成及其投影画法

8.4.1　柱面及柱状面

1. 柱面

（1）形成　一直母线沿曲导线移动且始终平行于另一直导线形成柱面，如图 8-13 和图 8-16 所示。图 8-16 中的曲导线是一闭合曲线（直导线是轴线），这样就形成了一个起讫两素线重合的曲面。由于柱面上连续两素线相互平行，所以柱面是可展曲面。

通常把垂直于柱面素线的剖切平面称为正截平面，并以正截平面与柱面的交线（称为截交线）形状来区分各种柱面的形状。截交线为圆的柱面，称为圆柱面，如图 8-16 所示；截交线为椭圆的柱面，称为椭圆柱面，如图 8-17 所示；截交线为不规则形状的柱面，称为一般柱面，如图 8-13 所示。

（2）柱面的投影画法　画柱面时，尽可能使柱面的素线垂直或平行于某投影面，如果素线垂直于投影面，则柱面在这个投影面上的投影具有积聚性，如图 8-16a 和图 8-17a 所示柱面的 H 面投影均具有积聚性。

当柱面素线平行或倾斜于投影面时为了清楚地看出柱面的形状，常画出柱面被正截平面所截的截交线实形，如图 8-16b 和图 8-17b 所示。

在柱面上取点如同在平面上取点一样，只要通过该点在柱面上作一条辅助素线，则该点的各面投影必在所作辅助素线的同面投影上，图 8-16b 和图 8-17b 表示了取点的作图方法，图中 MN 为柱面上过点 K 所作的辅助素线。

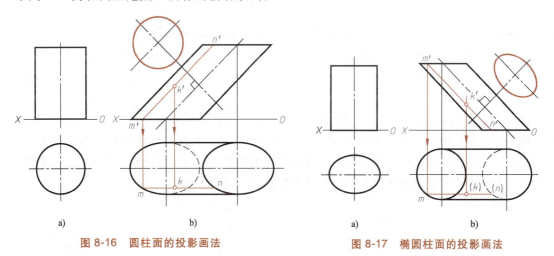

图 8-16　圆柱面的投影画法　　　　图 8-17　椭圆柱面的投影画法

为了判断图 8-16b 中点 K 的 H 面投影 k 可见或不可见，则以柱面对 H 面的转向线为界，将柱面分为上下两部分，由 V 面投影可看到 k' 在该转向线 V 面投影（与轴线重合）上方，则点 K 位于上部柱面，故其 H 面投影 k 为可见。同理可判别图 8-17b 中点 K 的 H 面投影 k 为不可见。

2. 柱状面

柱状面是由一直母线沿两曲导线滑动，且始终平行于一导平面时所得到的曲面，如图 8-18 所示。柱状面的两相邻素线不平行，它是不可展曲面。

图 8-18a、b 中的母线 L 沿两曲导线 L_1 和 L_2 滑动，且平行于导平面 P 时的轨迹为一柱状面。图 8-18c 中 Ⅱ 为柱状面，用来连接两个交角为 φ 的等径管子。两条曲导线都是圆，其导平面为 V 面。

8.4.2　锥面及锥状面

1. 锥面

（1）形成　一直母线沿一曲导线运动，且母线始终通过定点 S，即形成锥面，如图 8-19

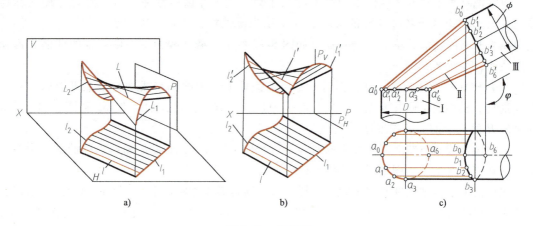

a) b) c)

图 8-18 柱状面

所示。锥面上连续两素线相交于定点（又称为锥顶），故锥面是可展曲面。

对于具有轴线的锥面，通常以垂直于轴线的正截平面与锥面的截交线形状来命名，如截交线为圆者，称为圆锥面，如图 8-20a 所示；截交线为椭圆者称为椭圆锥面，如图 8-20b 所示。

（2）锥面的投影画法　对于具有轴线的锥面，常使它的轴线垂直或平行于某投影面。在正投影中，锥面的投影不可能具有积聚性。具体画图时，常常先画出锥顶（定点）和导曲线的投影，然后再画其他要素的投影，如转向线的投影等。对于轴线斜放的圆锥面或椭圆锥面，最好画出锥面被正截平面所截出的截交线实形，如图 8-20b 所示。

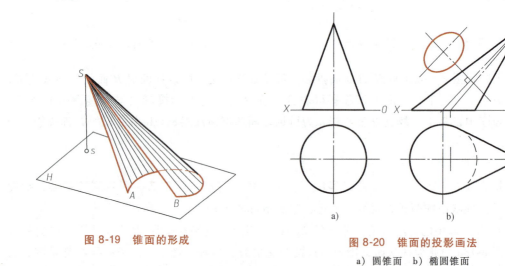

图 8-19 锥面的形成

图 8-20 锥面的投影画法
a）圆锥面　b）椭圆锥面

2. 锥状面

（1）形成　锥状面是直母线沿曲导线 L 和直导线 AB 滑动，且始终平行于导平面 P 时所得的曲面，如图 8-21a 所示。锥状面是不可展曲面。

（2）锥状面的画法　如图 8-21b 所示，画出直导线与曲导线的投影，导平面 P 为铅垂面，画出其水平投影 P_H，则各素线的水平投影平行于 P_H。

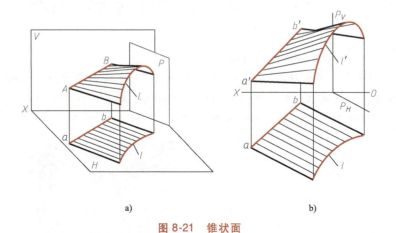

图 8-21 锥状面

8.4.3 一般回转面

1. 回转面的形成

母线（曲线或直线）围绕某一固定轴（直导线）旋转所形成的曲面称为回转面。该固定轴称为回转轴。例如，常见的由直母线形成的圆柱面、圆锥面及由曲母线形成的球面、环面等均为回转面。回转面母线上每一个点在回转时所形成的轨迹都是一个圆，其圆心在回转轴上，且该圆与回转轴垂直。

图 8-22a 所示为曲母线 ABCD 绕回转轴 OO 做旋转运动而形成的回转面。通常把通过回转轴的平面与回转面的交线称为子午线，而把平行于投影面的子午线称为主子午线。回转面上垂直于回转轴的圆称为纬圆。

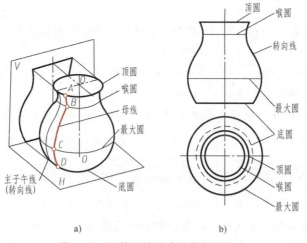

图 8-22 回转面的形成及其投影画法

2. 回转面的投影画法

画回转面时应尽可能使回转轴垂直于某一投影面，如图 8-22b 中的回转轴垂直于 H 面。V 面投影中的曲线是回转面对 V 面转向线（主子午线）的投影。而两水平线是回转面的上下边界线（顶圆和底圆）的投影。在 H 面投影中，除画出顶圆和底圆的投影外，还画出了喉圆（最小圆）和最大圆的投影，这两个圆都属于回转面对 H 面转向线的投影。

例 8-3 画单叶双曲回转面的投影。

图 8-23 所示为一单叶双曲回转面，它由一直母线 AB 绕一与母线交叉的轴线 OO 旋转形成。因其子午线是双曲线，故这种曲面又可视为由双曲线绕 OO 轴旋转而成。火力发电厂中冷却塔的表面就是一个单叶双曲回转面，如图 8-24 所示。

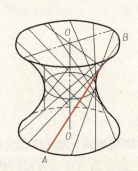

图 8-23　单叶双曲回转面的形成

图 8-24　发电厂双曲面冷却塔

单叶双曲回转面连续两直素线是交叉两直线，所以它是不可展曲面。

画单叶双曲回转面的投影，一般给出直母线 AB 的长度及其与回转轴线之间的相对位置，如距离 S、交角 θ 等，然后按照它的形成方法来画图。下面介绍两种画法。

如图 8-25a 所示，画出母线 AB 绕轴 OO 回转一周中若干位置上素线的投影，从而得到该曲面的投影：

1) 画出 OO 轴及 AB 平行于 V 面位置的两投影，$a'b' = AB$、$a'b'$ 与 $o'o'$ 交角为 θ；ab // X 轴，ab 与 o 的垂直距离为 s（喉圆半径）。

2) 画出 A、B 两点的轨迹圆，其 H 面投影为圆，V 面投影为水平线。

3) 画出 AB 在各位置上的水平投影 a_1b_1、a_2b_2、…，各投影最好画在圆周等分位置上。

4) 画出与 a_1b_1、a_2b_2、…相应的 V 面投影 $a_1'b_1'$、$a_2'b_2'$、…。

5) 在 V 面投影中作各素线的包络线，即为曲面对 V 面的转向线投影（必为双曲线），在 H 面投影中作各素线的包络线，即为喉圆投影。

如图 8-25b 所示，画出母线 AB 上各点回转轨迹圆的投影，而得曲面投影。作图时先在 H 面投影 ab 上取 a、1、2、3、…、b 各点，画出各点轨迹圆，再在 V 面投影中画出各圆的投影（为一组水平线），然后在 V 面投影中顺次圆滑连接各圆投影的端点，得两条双曲线，即为曲面的转向线投影。

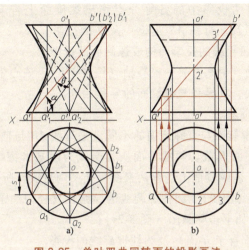

图 8-25 单叶双曲回转面的投影画法
a) 素线投影包络线法　b) 母线上各点回转轨迹圆法

8.4.4 螺旋面

1. 直螺旋面（又称为正螺旋面）的形成及画法

如图 8-26 所示，**一直母线 AB 沿圆柱螺旋线（曲导线）及螺旋线轴线（直导线）运动，且始终与轴线正交，即形成直螺旋面。**由于直螺旋面连续两素线交叉，故不可展。

画直螺旋面时，一般需知母线长度、螺旋线导圆柱直径 D、导程 L 和旋向，并按以下步骤作图（图 8-27）：

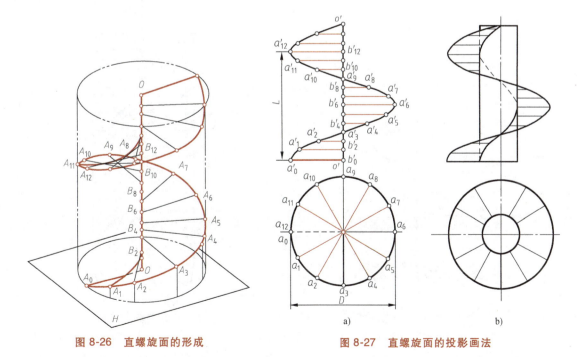

图 8-26 直螺旋面的形成　　　图 8-27 直螺旋面的投影画法

1) 画出轴线 OO（OO 垂直于 H 面）和圆柱螺旋线的投影。

2）利用画螺旋线时两投影中的各等分点作出螺旋面上若干素线的 H 面投影 a_0b_0、a_1b_1、…（通过圆心 O 且反映母线 AB 实长）及 V 面投影 $a_0'b_0'$、$a_1'b_1'$、…（均垂直于 $o'o'$），由这些素线及上述两导线的投影即构成螺旋面的投影。

实际应用中的螺旋面，中间总有一根心轴（图 8-27b），该心轴表面（圆柱面）与螺旋面的交线亦为一条螺旋线，其导程与螺旋面的导程相等。

2. 斜螺旋面的形成及画法

如图 8-28 所示，斜螺旋面与直螺旋面的不同点是母线 AB 与轴线 OO 斜交（即交角 $\theta \neq 90°$）。用垂直于轴线的平面 P 截切斜螺旋面所得交线为阿基米德螺旋线，这是斜螺旋面的一个重要几何特性。由于斜螺旋面上连续两素线为交叉两直线，所以它也是不可展曲面。

根据给出的导线 OO（轴线）、圆柱螺旋线的导圆柱直径 D、导程 L、旋向及母线 AB 与轴线的交角 θ，就可以按如下步骤画图（图 8-29）：

1）画出轴线 OO（垂直于 H 面）及圆柱螺旋线的投影。

2）按 θ 角大小画出正平线 A_0B_0 的两投影 $a_0'b_0'$（与轴线的交角为 θ 角）和 a_0b_0（平行于 X 轴）。

3）在 $o'o'$ 上由 b_0' 向上依次截取 $b_0'b_1' = b_1'b_2' = b_2'b_3' = \cdots = L/n$（图中 $n = 12$）。

4）依次连接 $a_1'b_1'$、$a_2'b_2'$、…，得斜螺旋面上各素线的 V 面投影；在 H 面投影中连接 oa_1、oa_2、oa_3、…，即得各素线的 H 面投影。

5）画出各素线 V 面投影的包络线。

6）画出顶端阿基米德螺旋线的投影，该螺旋线是斜螺旋面上若干素线与截平面 P 的交点（图中 Ⅰ、Ⅱ、Ⅲ 等）连接而成。

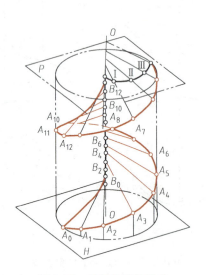

图 8-28 斜螺旋面的形成

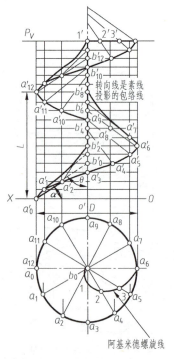

图 8-29 斜螺旋面的投影画法

第 9 章

立体的视图

由若干个面围成的具有一定几何形状和大小的空间形体称为立体。 立体可分为平面立体和曲面立体两类。如果立体表面全部由平面所围成，则称为平面立体。最基本的平面立体有棱柱和棱锥，如图 9-1a、b 所示。如果立体表面全部由曲面或由曲面与平面所围成，则称为曲面立体，最基本的曲面立体有圆柱、圆锥、圆球、圆环及一般回转体等，如图 9-1c~f 所示。这两类最基本的立体称为基本体。

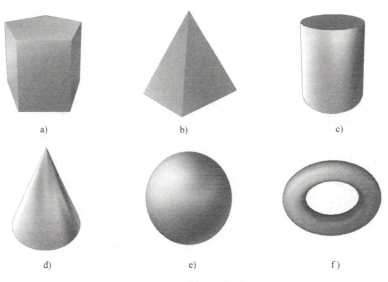

图 9-1 基本体

立体被截平面切割后形成切割体，包括平面切割平面立体（简称平面切割体）（图 9-2a、b），和平面切割曲面立体（简称曲面切割体）（图 9-2c、d）。

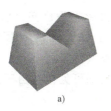   

a)　　　　　　b)　　　　　　c)　　　　　　d)

图 9-2 切割体

9.1 平面立体

9.1.1 棱柱

1. 棱柱的三视图

棱柱是由棱面和上、下底面围成的平面立体，相邻棱面的交线称为棱线，各棱线相互平行。如图 9-3a 所示为正六棱柱，棱线垂直于 H 面，顶、底两面平行于 H 面，前、后两棱面平行于 V 面。

正六棱柱三视图画图步骤如下（图 9-3b~e）：

1）用点画线画出作图基准线。其中主视图与左视图的作图基准线是正六棱柱的轴线，俯视图的作图基准线是底面正六边形外接圆的中心线（图 9-3b）。

2）画正六棱柱的俯视图（正六边形各边为棱面的积聚性投影），并按棱柱高度在主视图和左视图上确定顶、底两个面的投影（图 9-3c）。

3）根据投影关系完成各棱线、棱面的主、左视图（图 9-3d）。

4）按图线要求描深各图线（图 9-3e）。

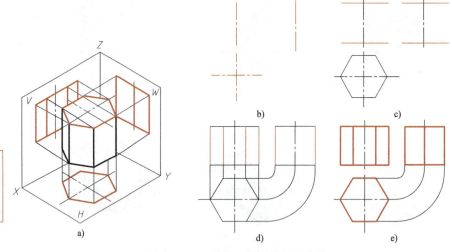

图 9-3 正六棱柱三视图的画图步骤

2. 棱柱表面上点、线的投影

平面立体表面上取点实际就是在平面上取点。线是点的集合，先作出线上若干点的投影，再依次光滑连接这些点的同面投影，就得到线的各面投影。

如图 9-4 所示，在三棱柱的棱面 ABB_1A_1 上有一点 K，其 V 面投影 k' 为已知，求作点 K 的 H 面和 W 面投影 k、k''。作图过程：先过 k' 向下作投影连线，与 ABB_1A_1 的 H 面投影相交，交点就是 k；再过 k' 向右作投影连线，并在投影连线上截取一点，此点到 $a''a_1''$ 的距离等于水平投影 k 到 ac 的距离，则该点即为所求的侧面投影 k''；最后判别可见性，由于点 K 在左棱面上，它相对 V、W 面都是可见的。

如图 9-5 所示，已知三棱柱面上的折线 MKN 的正面投影 $m'k'n'$，求该线的 H、W 面投影。作图过程：先作出铅垂面 ABB_1A_1 上点 M 的水平投影 m，再由 m' 和 m 求作 m''。同理，由 n' 作 n，再作出 n''。因为分界点 K 在棱线上，所以直接求出 (k) 和 k''，而后连接各点的同名投影，注意 (n'') k'' 不可见，画细虚线。

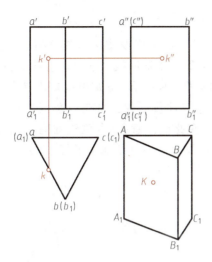

图 9-4 棱柱表面上点的投影

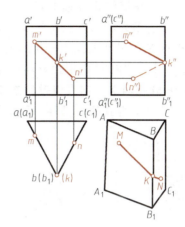

图 9-5 棱柱表面上线的投影

9.1.2 棱锥

1. 棱锥的三视图

棱锥是由多个棱面和一个底面围成的，各棱面都是三角形，相邻棱面的交线是棱线，各棱线汇交于一点（锥顶点），底面是多边形。如图 9-6a 所示，四棱锥底面平行于 H 面，四条汇交的棱线是投影面的倾斜线。

四棱锥三视图画图步骤如下（图 9-6b～e）：

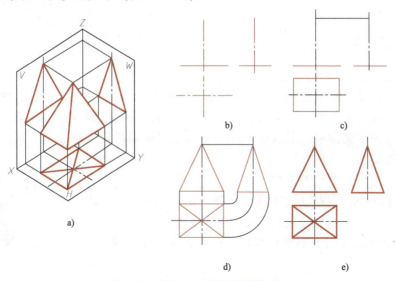

图 9-6 四棱锥三视图的画图步骤

1) 画出作图基准线（图 9-6b）。
2) 确定锥顶的 V、W 面投影，并画出底面（矩形）的 H 面投影图（9-6c）。
3) 根据投影关系完成各棱线、锥面的主、俯和左视图（图 9-6d）。
4) 按图线要求描深各图线（图 9-6e）。

2. 棱锥表面上点的投影

例如，三棱锥的 SAB 面上有一点 K（图 9-7a），已知其 V 面投影 k′（图 9-7b），求其余两面投影。解题的出发点是先过点 K 在锥面 SAB 上作一条辅助线，求出该直线的投影，然后求得点 K 的另两面投影。作图过程：在棱面 SAB 的 V 面投影 s′a′b′ 中过 k′ 任意作一辅助线 e′f′，由 e′f′ 向 W 面引投影连线得 e″f″，然后根据三面投影的关系在 H 面投影中画出 ef。再由 k′ 分别向下、向右引投影连线即得 k 及 k″。在此应注意，f 点位置的确定是自 W 面投影中量取 Y 得到的。另外一种作图方法是过点 K 作水平辅助线 MN 平行于 AB（图 9-7c）。

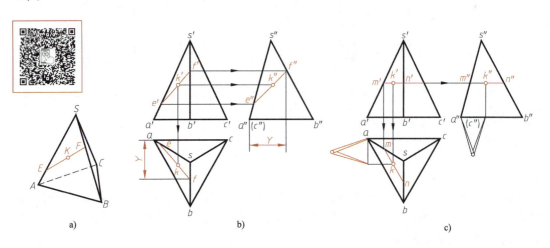

图 9-7 棱锥表面上点的投影

9.1.3 平面切割体

1. 平面切割体

平面立体被截平面切割后形成的形体称为平面切割体（图 9-8），在它的外形上出现了一些新的表面（截断面）和交线（截交线），这些交线是截平面与立体表面的共有线，由于平面立体由平面围成，所以截平面与平面立体表面的截交线均为直线并围成封闭的多边形。

2. 平面切割体三视图的画法

绘制平面切割体三视图时，应先做如下分析：
1) 切割体被切割前的平面体是棱柱还是棱锥。
2) 截平面相对于投影面的位置以及是在立体的哪个部位上切割的。
3) 被切割后立体表面上产生了哪些新的表面和交线。

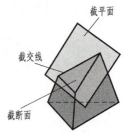

图 9-8 平面切割体形成

4）所产生的表面和交线相对于投影面的位置和它们的投影特点是怎样的。

在以上分析的基础上进行具体画图，其步骤是先画基本体的三视图，再分别在视图上确定截平面位置，逐步画出切割产生的截平面和截交线的投影。

例 9-1　补全图 9-9a 所示切割体的三视图。

分析　如图 9-9a 所示，切割体的基本体是正六棱柱，它的左上角被正垂面切去。截平面与棱柱六个侧面和上顶面相交，形成由七条截交线围成的七边形。

作图　具体画图步骤如图 9-9b、c、d 所示。

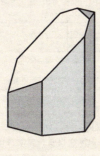

a)

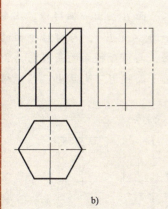

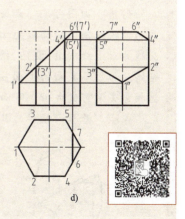

图 9-9　平面切割体画法示例（一）
a）立体图　b）画基本体　c）根据投影关系确定在俯、左视图交
线的端点投影　d）连接各端点，判定轮廓可见性，描深

例 9-2　画出如图 9-10a 所示切割体的三视图。

分析　如图 9-10a 所示，切割体的基本体是长方体，前上方被侧垂面 A 切去一角，在前面中间用两个侧平面 B 和一个正平面 C 上下开一个通槽。侧垂面 A 与长方体的上面和前面的交线皆为侧垂线，与左右两侧面的交线为侧平线，交线的 W 面投影与侧垂面 A 的 W 面投影积聚在一起。通槽的左右侧平面 B 与侧垂面 A 的交线为侧平线，正平面 C 与侧平面 A 的交线为侧垂线，交线的 H 面投影分别与平面 B、C 的 H 面投影积聚在一起，交线的 W 面投影与侧垂面 A 的 W 面投影积聚在一起，根据投影关系便可画出通槽的 V 面投影。

作图　画图步骤如图 9-10b、c、d、e 所示。

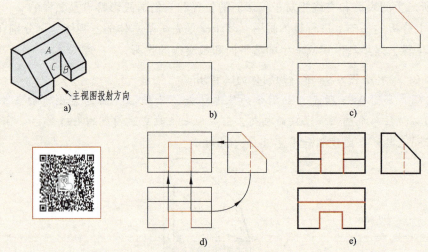

图 9-10 平面切割体画法示例（二）
a）立体图 b）画基本体（长方体）的三视图 c）用侧垂面切去前上角，根据投影关系在主、俯视图中增加交线的投影 d）在俯视图中画出通槽的积聚性投影，根据投影关系画出通槽的 W、V 面投影 e）描深

例 9-3　画出如图 9-11a 所示开槽六棱柱三视图。

分析　由图可见，六棱柱上部被左右两个正垂面 A 和水平面 B 切出一梯形槽。正垂面与六棱柱顶面的交线为正垂线，与左右棱面的交线为倾斜线（ⅠⅡ），与前后棱面的交线为正平线（ⅡⅢ）；槽底水平面 B 从前棱面切到后棱面，与前后棱面的交线均为侧垂线。由于各截面的 V 面投影均积聚为一直线，故梯形槽的 V 面投影可先画出，然后根据投影关系可完成 H、W 面投影。

作图　开槽六棱柱的具体画图步骤如图 9-11b、c、d、e 所示。

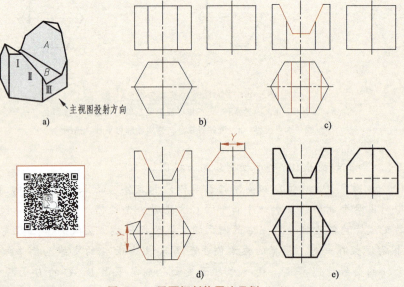

图 9-11 平面切割体画法示例（三）
a）立体图 b）画出六棱柱三视图 c）在主视图中画出梯形槽的积聚性投影，按投影关系画出梯形槽的 H 面投影 d）由主俯视图画出左视图。槽底 B 的 W 面投影积聚为一不可见直线 e）描深

例 9-4 完成四棱台俯、左两视图所缺的图线，如图 9-12a 所示。

分析 图 9-12a 中所示的四棱台其上部左右对称地被平面切去一块，切去后棱台的主视图已画完整，俯、左两视图只画出其外轮廓，要求补全俯、左两视图中所缺的图线。

由图 9-12a 可知，四棱台是被水平面 P 和侧平面 Q 切割的，水平面 P 与棱面的交线（AB）为水平线，侧平面 Q 与棱面的交线（CB）为侧平线。

作图 具体作图步骤如图 9-12b、c、d 所示，请自行分析。

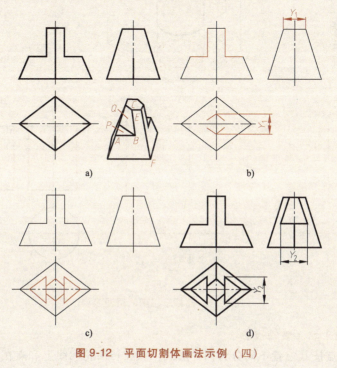

图 9-12 平面切割体画法示例（四）

9.2 曲面立体

9.2.1 圆柱

1. 圆柱的三视图

圆柱是由圆柱面和上、下两端面围成的，圆柱面是由直母线 Ⅰ-Ⅰ 绕和它平行的轴线 OO 回转而成的，轴线 OO 称为回转轴，在圆柱面上任意位置的母线称为素线，如图 9-13 所示。

图 9-14a 所示为圆柱三视图的形成，圆柱三视图的画图步骤如下：

1) 用细点画线画作图基准线（图 9-14b）。其中，主视图和左视图的作图基准线为圆柱的轴线，俯视图的作图基准线为圆柱底面圆的中心线。

2) 从投影为圆的视图开始作图。先画俯视图（圆柱面的积聚性投影为

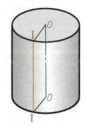

图 9-13 圆柱的形成

圆），并确定上、下两端面在 V 面、W 面中的投影位置（图 9-14c）。

3）画出圆柱面对 V、W 面转向轮廓线的投影，最后描深（图 9-14d）。

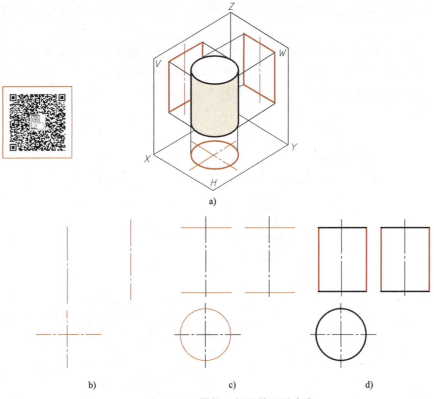

图 9-14　圆柱三视图的画图步骤

2. 圆柱表面上点、线的投影

圆柱面上的点按其位置不同分为两种形式：点在转向轮廓线上和点在具有积聚性的圆柱面上，可根据"三等"规律直接求解。例如，点 N 是在圆柱面的最右素线上，也就是对 V 面的转向轮廓线上，它的 W 面投影 n'' 重影在该圆柱轴线的 W 面投影上，因不可见，加括号 (n'')。如图 9-15 中 m 点，由于圆柱面的水平投影积聚，因此点 M 的 H 面投影 m 在圆周上，然后利用 m 和 m' 求出 W 面投影 m''。

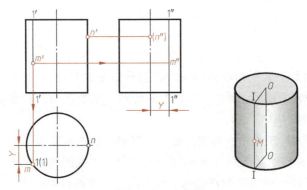

图 9-15　圆柱表面上点的投影

曲面立体表面上线的投影是通过求线上点的投影，然后依次光滑连线得到的，作图的一般过程为：

1）求出线上特殊点的投影。特殊点包括确定线的空间范围的点、位于曲面转向轮廓线上的点以及线的可见部分与不可见部分的分界点。

2）求若干个一般点的投影。

3）依次光滑连接各个点的同面投影，即为线的相应投影（可见点的连线画粗实线，不可见点的连线画虚线）。

例 9-5 如图 9-16 所示，已知圆柱面上曲线的 V 面投影，求作该线的 H、W 面投影。

作图 先在该曲线的 V 面投影上标出端点 a'、e' 及 W 面投影可见部分与不可见部分的分界点 c' 和一般点 b'、d'；再在圆柱面的积聚性水平投影圆上作出这些点的水平投影 a、b、c、d、e，按点的三面投影规律求作 a''、b''、c''、(d'') 和 (e'')，最后依次连接各点的 W 面投影。

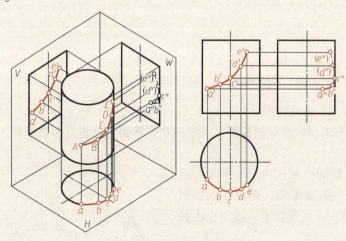

图 9-16 圆柱表面上线的投影

9.2.2 圆锥

1. 圆锥的三视图

圆锥是由圆锥面和底面围成的。如图 9-17 所示，圆锥面是由直母线 SA 绕与它相交的轴线 SO 回转而成的。圆锥面上通过顶点 S 的任一直线称为圆锥面的素线。

圆锥三视图的画图步骤如下（图 9-18）：

1）画作图基准线（图 9-18b）。主视图与左视图的作图基准线都是圆锥的轴线，俯视图的作图基准线是底面圆的中心线。

2）从投影为圆的视图开始作图。画出俯视图，并确定圆锥底面及锥顶点在 V、W 面上的投影位置（图 9-18c）。

3）根据投影规律画出锥面对 V、W 面的转向轮廓线投影。最后描

图 9-17 圆锥的形成

深（图 9-18d）。

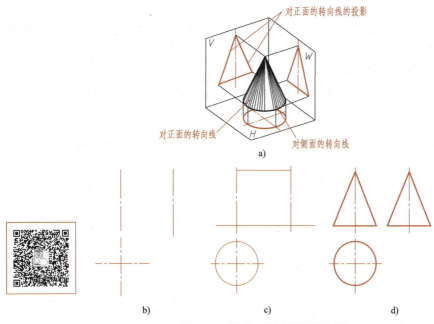

图 9-18 圆锥三视图的画图步骤

2. 圆锥表面点、线的投影

要在圆锥面上求作一个点的投影，需要先在圆锥面上过该点作辅助线，有两种作辅助线的方法：

（1）辅助素线法　如图 9-19a 所示，过点 K 和锥顶 S 作一条素线 SA，则点 K 的各面投影必定落在素线 SA 的投影上，投影作图如图 9-19b 所示。

（2）辅助圆法　如图 9-19a 所示，过点 K 在锥面上作垂直于圆锥轴线的辅助圆 R，则点 K 的各面投影必定落在该辅助圆的同面投影上。在作图时应注意，辅助圆的直径在 V 面投影上量取，即 $1'$、$2'$ 两点的连线长度（图 9-19b）。

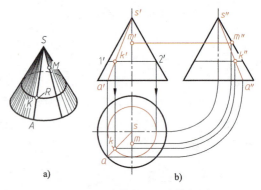

图 9-19 圆锥表面上点的投影

图 9-19a 中，点 M 位于锥面的最前素线上，它的 W 面投影 m'' 落在侧面的转向轮廓线上，V 面投影 m' 重影在轴线的 V 面投影上，H 面投影 m 落在中心线上。

如图 9-20a 所示，已知圆锥面上曲线的 V 面投影，求作该线的 H、W 面投影。作图过程：先在曲线的 V 面投影上标出端点 a'、e' 及 W 面投影可见部分与不可见部分的分界点 c' 和一般点。点 C 在转向轮廓线上可直接求得 c''，再求出 c。圆锥面上其余各点的投影应采用辅助线法求出。

图 9-20b 采用的是辅助素线法求解作图，图 9-20c 则是采用辅助圆法求解作图。

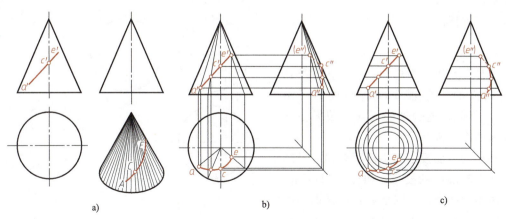

图 9-20　圆锥表面上线的投影

9.2.3　圆球

1. 圆球的三视图

圆球是由球面围成的。球面是以圆为母线,以该圆上任一直径为回转轴旋转而成的(图 9-21a)。圆球的三个视图分别是球对 V、H、W 面的三个转向轮廓线圆的投影(图 9-21b),图 9-21c 所示为圆球的三视图。

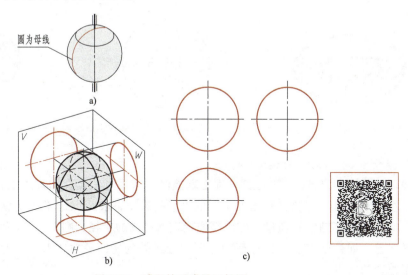

图 9-21　球面的形成及三视图

2. 球表面上点的投影

由于球面是回转面,故在球面上作点的投影,需过该点在球面上作平行于某一投影面的辅助圆,然后在该圆的投影上取点。已知球面上点 K 的 V 面投影 k',求作其水平投影 k 和侧面投影 k''。作图步骤:如图 9-22a 所示,过 k' 作水平线 $c'd'$,以 $c'd'$ 为直径画出水平辅助圆的水平投影,自 k' 向下引线与该圆相交得到 k。由 k'、k 即可求得 k''。

又如图 9-22b 所示,点 A 位于球面上最大的正平圆上,读者可自行分析该点各面投影的位置特点。

9.2.4 圆环

1. 圆环的三视图

圆环面是以圆为母线，围绕在圆外且与圆共面的一条轴线回转而成的（图9-23）。因此，通过轴线的任一截平面与圆环面的交线都是圆。

圆环的三面投影都是环面对相应投影面的转向轮廓线的投影，如图9-24所示，俯视图中的两个同心圆是环面对 H 面的两条转向轮廓线的投影。这两条转向轮廓线是环面上垂直于回转轴的最大圆和最小圆，也是上半环与下半环的分界线。主视图中，两个素线圆是前半环与后半环分界处的转向轮廓线的投影，上下两条水平直线是外环面与内环面分界处的转向轮廓线的投影。试分析左视图各线的含义。

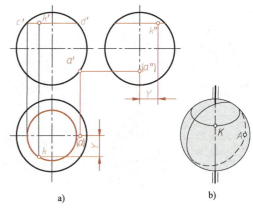

图 9-22　球表面上点的投影

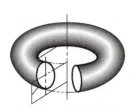

图 9-23　圆环的形成

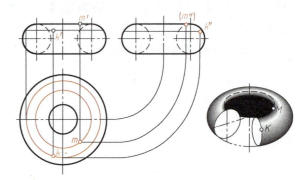

图 9-24　圆环的三视图及表面上点的投影

2. 圆环表面上的点的投影

圆环面是一个回转面，故在圆环面上取点时，可用过该点在圆环面上作辅助圆的方法。例如，在图9-24中，已知圆环面上点 K 的 V 面投影 k'，求 k、k''。作图方法：过 K 作水平辅助圆（垂直于圆环轴线）即过 k' 作水平线确定水平圆的直径，则 k、k'' 分别落在该辅助圆的同面投影上。如果点 M 位于内环面和外环面分界处的转向轮廓线上，读者可试分析该点各面投影位置的特点。

9.2.5 平面切割曲面立体

1. 曲面切割体

曲面立体被平面切去部分后的形体称为曲面切割体。平面切割曲面立体，在立体表面产生了一些交线，这些交线称为截交线，此平面又称为截平面，如图9-25所示。截平面与曲面立体表面相交，交线有直线与曲线之分。无论截交线的形状有何不同，它们具有以下两个基本性质：

1）截交线是截平面和立体表面的共有线，截交线上的点是两相交面的共有点。

2）由于立体是占有一定空间的形体，因此截交线必定组成一个封闭的平面图形。

截交线的求解作图方法：

1）当截平面或曲面立体的某投影有积聚性时，可利用积聚性的投影，直接求出截交线上的点的其他投影。

2）一般情况下采用辅助线法进行表面取点作图。

求截交线的关键是求出截交线上若干点的投影，然后依次光滑连接各点的同名投影或截交线的相应投影。

2. 平面切割圆柱

平面截切圆柱有三种情况，如图 9-26 所示。当截平面垂直于圆柱轴线时，在圆柱表面上所得的交线是与圆柱直径相同的圆。当截平面平行于圆柱轴线切圆柱时，在圆柱面上的交线为直线，在圆柱体上得到一矩形。

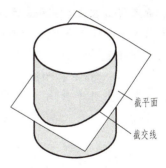

图 9-25　平面切割曲面立体

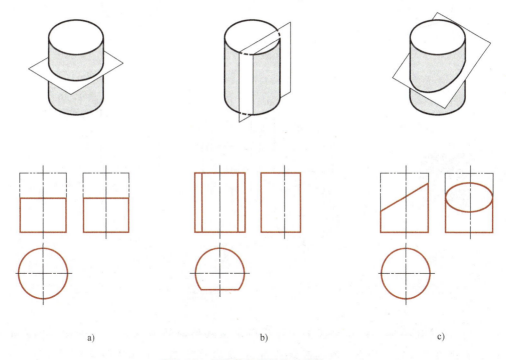

图 9-26　平面截切圆柱的三种情况

a）截平面垂直于圆柱轴线，截交线为圆　b）截平面平行于圆柱轴线，截交线为矩形　c）截平面与圆柱轴线斜交，截交线为椭圆

例 9-6　画出正垂面截切圆柱体的视图，如图 9-27a 所示。

分析　截交线正面投影与正垂面的积聚投影重合，水平投影与圆柱面的积聚投影重合，在正面投影和水平投影上确定一系列点，求出侧面各点的投影，然后圆滑连接各点，即可得到截交线的侧面投影。

作图　具体作图步骤如图 9-27b~e 所示。

1）求特殊点：如图 9-27c 所示，在主视图中，椭圆的 V 面投影积聚成一直线，可得最低点（最左点）1′和最高点（最右点）5′；在俯视图中圆柱面的投影积聚成圆，可得最前点3和最后点7，它们分别位于圆柱面对 V 面和对 W 面的转向轮廓线上，根据投影规律可得 1″、5″、1‴、5‴；3′、7′、3‴、7‴。

2）求一般点：如图 9-27d 所示，在 H 面投影上，将圆等分，得 2、4、6、8 等点，过各点向上作素线与 V 面投影交得 2′（8′）、4′（6′）点，根据投影规律得 2″、4″、6″、8″。

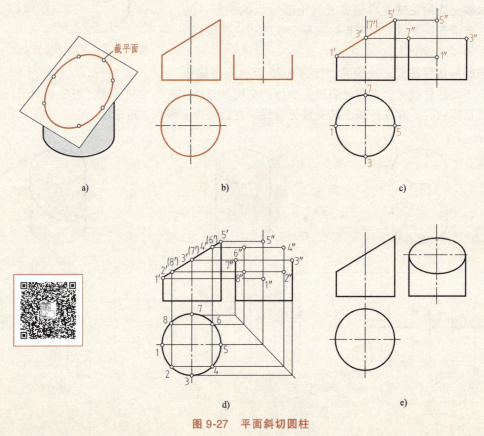

图 9-27 平面斜切圆柱

3）圆滑连接各点的 W 面投影，即为所求交线椭圆的 W 面投影，如图 9-27e 所示。由于圆柱的左上部已切去，所以交线的 W 面投影为可见。用粗实线绘制，注意圆柱对 W 面转向轮廓线画到 3″和 7″点终止。

例 9-7 画出如图 9-28a 所示圆柱切割体的三视图。

分析 该切割体左端中间开一通槽，右端上下对称各切去一块，其截平面分别为水平面和侧平面。水平面平行于圆柱轴线，与圆柱面的交线为矩形，矩形的 V、W 面投影积聚成一直线；其 H 面的投影反映实形，宽度由 W 面投影量取。侧平面垂直于圆柱的轴线，与圆柱面的交线为圆的一部分，其 W 面投影与圆柱的投影重影；V、H 面投影与侧平面的 V、H 面投影（直线）重影。

作图 三视图画图步骤如图 9-28b～e 所示。

第9章　立体的视图

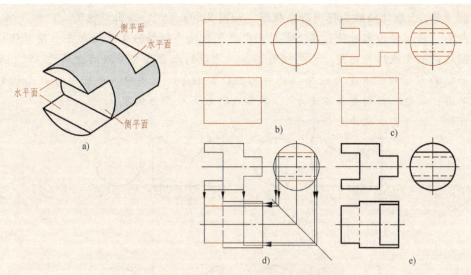

图 9-28　圆柱切割体三视图画图步骤
a) 立体图　b) 画圆柱的三视图　c) 画左端通槽及右槽上下切口的 V、W 面投影　d) 按投影关系完成左右端的 H 面投影　e) 描深

例 9-8　画出如图 9-29a 所示开槽圆柱筒的三视图。

分析　由图 9-29a 可见，圆柱筒的上方中间用与其轴线平行的两个侧平面和一个水平面对称地切出一通槽。侧平面的 V、H 面投影具有积聚性，它的 W 面投影反映实形。由于两侧平面相对于轴线左右对称，所以它们的 W 面投影重合。侧平面既与外圆柱面相交，又与内圆柱面相交，交线皆为直线，根据投影规律可得交线的 W 面投影。在左视图中外圆柱面上交线可见，内圆柱面上交线不可见。

作图　读者可根据图 9-29b～e 画图步骤进行分析。

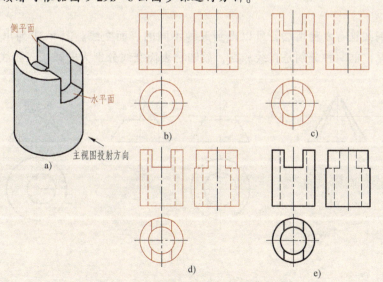

图 9-29　开槽圆柱筒三视图画图步骤
a) 立体图　b) 画圆柱筒的三视图　c) 画通槽的 V、H 面投影
d) 按投影关系画交线和水平面的 W 面投影　e) 描深

例 9-9 已知销轴的主视图和左视图，如图 9-30a 所示，画出俯视图。

分析 该销轴为圆柱体，其上部用两个与圆柱轴线倾斜的正垂面切去一块，两正垂面与圆柱面的交线均为椭圆。由主视图可知，左边的正垂面与轴线的夹角为 45°，此时椭圆长轴的 H 面投影长度与短轴（圆柱的直径）相等，则图中半个椭圆的 H 面投影恰好为半圆；右边正垂面夹角不是 45°，其交线的 H 面投影为椭圆。

作图 其作图步骤请自行分析。

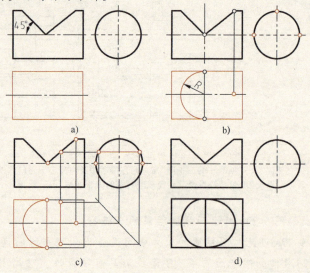

图 9-30 画销轴俯视图的作图步骤

a）画圆柱的俯视图 b）画左边截交线的 H 面投影，并确定右边截交线特殊点的 H 面投影
c）求右边截交线一般点的 H 面投影 d）在俯视图中圆滑地连接各点并描深

3. 平面切割圆锥

平面切割圆锥有六种切法，可以得到五种不同的表面交线。图 9-31 列出了圆锥表面交线的六种情况，前两种分别是直线和圆，后四种表面交线分别为椭圆、双曲线和抛物线。

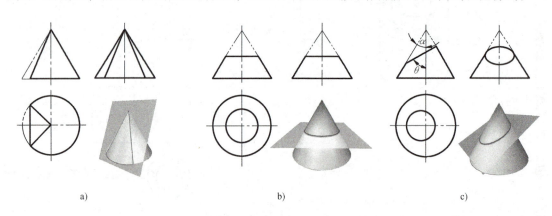

图 9-31 圆锥交线的六种情况

a）截平面过锥顶，截交线是三角形 b）截平面垂直于轴线（$\theta = 90°$），截交线是圆 c）截平面与轴线倾斜（$\theta > \alpha$），截交线是椭圆

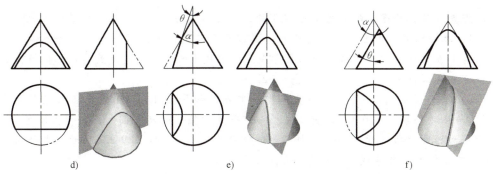

图 9-31 圆锥交线的六种情况（续）

d) 截平面平行于轴线（$\theta=0°$），截交线是双曲线　e) 截平面与轴线倾斜（$\theta<\alpha$），
截交线是双曲线　f) 截平面与轴线倾斜（$\theta=\alpha$），截交线是抛物线

例 9-10 如图 9-32a 所示为圆锥被平行于圆锥轴线的平面截切，已知主视图和俯视图，补全左视图中所缺交线的投影。

分析 截平面平行于圆锥轴线截切圆锥，其表面交线为双曲线，由主俯视图可知截平面为侧平面，它的 V 面投影和 H 面投影皆积聚为一条直线。根据这两个投影，利用在圆锥面上作辅助直线或辅助圆的方法，可确定双曲线上各点的 W 面投影，从而可画出左视图中双曲线的投影。

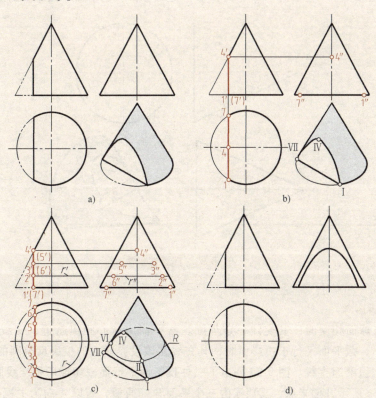

图 9-32 圆锥截交线的画法

a) 已知主、俯视图，补全左视图中所缺截交线的投影　b) 求特殊点的投影
c) 求一般点的投影　d) 左视图中圆滑连接各点的投影

作图　具体作图步骤如图 9-32b~d 所示。

1) 求特殊点：由主、俯视图可知，圆锥底圆与截平面的交点Ⅰ、Ⅶ为最低点；圆锥面对 V 面转向轮廓线与截平面的交点Ⅳ是双曲线上的顶点，也是最高点。根据投影规律，可直接求得 1′、7′ 和 4′，如图 9-32b 所示。

2) 求一般点：在Ⅰ、Ⅶ与Ⅳ之间取一般点，如Ⅱ、Ⅵ。作图时先在主视图中的 1′(7′) 与 4′ 之间取 2′(6′)，并过 2′(6′) 作垂直于轴线的辅助圆 r′，在俯视图中画圆 r 交侧平面的 H 面投影于 2、6，根据投影规律可得 2″、6″，如图 9-32c 所示。也可通过 2′(6′) 在圆锥面上作素线，然后得到 2、6，2″、6″。

3) 圆滑连接各点的 W 面投影：由于双曲线在左半圆锥面上，所以双曲线的 W 面投影均为可见，用粗实线绘制，如图 9-32d 所示。

例 9-11　作如图 9-33 所示圆锥切割体上的截平面和截交线。

分析　由主、左两视图可知，该圆锥轴线为侧垂线。圆锥上的截平面有三个，它们分别是水平面 P、侧平面 Q 和正垂面 R。水平面 P 过锥顶且通过轴线切圆锥，因此与圆锥面交线的 H 面投影恰是圆锥对 H 面转向轮廓线的投影。侧平面 Q 垂直于圆锥轴线切圆锥，与圆锥面的交线为圆的一部分，其 W 面投影反映实形。正垂面 R 倾斜于圆锥轴线，与圆锥面的交线为椭圆，A、B、C 三点是椭圆上的特殊点，其中 A、C 两点既在正垂面（椭圆上），也在侧平面（圆）上，是正垂面、侧平面和圆锥面的共有点。

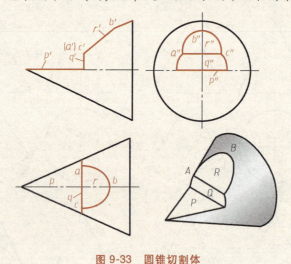

图 9-33　圆锥切割体

4. 平面切割球

当平面与球面相交时，其交线一定为圆。截平面离球心距离越近，交线圆的直径就越大；反之越小。截平面平行于投影面时，其交线在该投影面上的投影反映圆的实形。在另外两个投影面上积聚为直线。图 9-34 列出了三种投影面平行面截切球所得交线圆的投影画法。

如图 9-35a 所示开槽半球，其顶端由三个平面开一通槽，若以 A 向为主视图的投射方向，那么槽的左、右两侧面为侧平面，与球面相交，交线圆的 W 面投影反映圆的实形，槽底为水平面，与球面相交，交线圆的 H 面投影反映圆的实形。具体画图步骤如图 9-35b、c 所示。

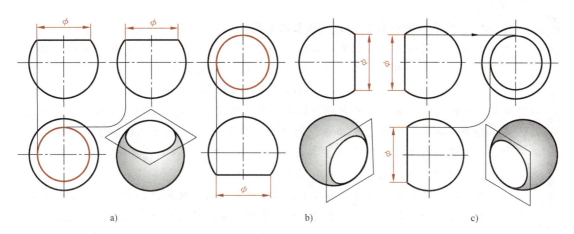

图 9-34 投影面平行面切球交线圆的画法

a）水平面切球　b）正平面切球　c）侧平面切球

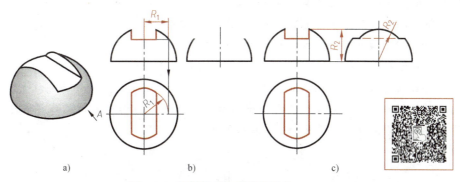

图 9-35 开槽半球三视图的画法

a）开槽半球　b）画水平面　c）画侧平面

5. 综合举例

例 9-12 求如图 9-36 所示台阶轴的表面交线。

台阶轴由同轴的大小两个圆柱组成，其轴线垂直于 H 面，两圆柱面的 H 面投影皆积聚为圆。截平面 P 为正平面，平行于台阶轴的轴线，与小圆柱相交得小矩形，与大圆柱相交得大矩形；水平面 Q 垂直于大圆柱轴线，与大圆柱面相交的交线为一部分圆。

因为正平面 P 的 H、W 面投影皆积聚成一直线，其 V 面投影反映实形，所以作图时由 H 面投影可直接求得两矩形的 V 面投影。由于两个矩形属于同一个平面 P，因此其 V 面投影应为一个封闭线框，主视图中两矩形之间不应该有轮廓线，图中的虚线表示大圆柱顶面后半部分的投影。水平面 Q 截大圆柱所得圆的 H 面投影反映实形，V、W 面投影皆积聚成一条直线。

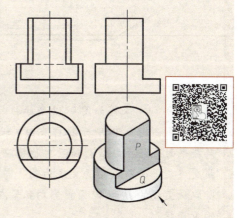

图 9-36 台阶轴表面交线的画法

例 9-13 求作如图 9-37 所示顶尖的表面交线。

顶尖由同轴的圆锥和圆柱组成，其轴线垂直于 W 面。它的左上部被一个水平面 P 和一个正垂面 Q 切去一部分，在它的表面上共出现三组截交线和一条由 P 和 Q 平面相交的交线。由于截平面 P 平行于轴线，所以它与圆锥面的交线为双曲线，与圆柱面的交线为两条直素线。因为截平面 Q 与圆柱轴线斜交，所以它与圆柱面的交线为一段椭圆曲线。截平面 P 和圆柱面都垂直于 W 面，所以三组截交线在 W 面上的投影分别积聚在截平面 P 和圆柱面的投影上，它们的 V 面投影分别积聚在 P、Q 两平面的 V 面投影（直线）上，因此只需求作三组截交线的 H 面投影。

由于截交线共有三组，因此作图时应先求出相邻两组交线的结合点，图中 I、V 两点在圆锥面与圆柱面的分界线上，是双曲线和平行两素线的结合点。VI、X 两点是平行两素线与椭圆曲线的结合点，位于 P、Q 两截平面的交线上。点 III 是双曲线上的顶点，它位于圆锥面对 V 面的转向轮廓线上。点 VIII 是椭圆曲线上的最右点，它位于圆柱面对 V 面的转向轮廓线上。上述各点均为特殊点。

利用在圆锥面上作辅助圆的方法，求一般点 II、IV（$2''$、$4''$，2、4）；利用圆柱面在 W 面上的积聚性投影，求一般点 VII、IX（$7''$、$9''$，7、9）。

在俯视图中，把 1、2、3、4、5 顺序连接即得双曲线的 H 面投影；把 6、7、8、9、10 顺序连接得椭圆曲线的 H 面投影；1-10，5-6 分别为直线，此即为圆柱面上平行两素线的 H 面投影。由于被 P、Q 两个平面所截，其交线为两个封闭的线框。除截交线之外，尚应注意圆锥面和圆柱面分界线的画法。

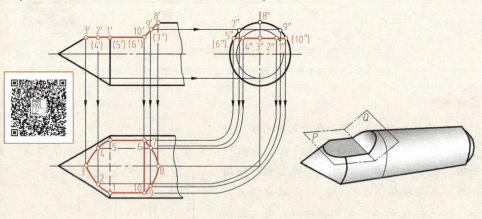

图 9-37 顶尖表面交线的画法

例 9-14 求作如图 9-38 所示拉杆头的表面交线。

分析 图 9-38 所示拉杆头由同轴的球、圆锥台、圆柱组成，其中球与圆锥台相切。两截平面平行于轴线，前后对称将球、锥台切去一部分，在拉杆头的表面上产生了两组截交线：平面与球面的交线为圆，与圆锥表面的交线为双曲线。由于截平面为正平面，所以截交线的 H 和 W 面投影均积聚在截平面的投影（直线）上，本例只需求作截交线的 V 面投影。

作图 其作图步骤如图 9-38 所示。

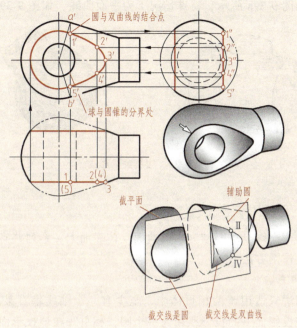

图 9-38 拉杆头表面交线画法

1) 画球的截交线圆并确定结合点 Ⅰ、Ⅴ。在俯视图中，由截平面的 H 面投影可直接量取截交线圆半径，然后在主视图中画圆。由于 Ⅰ、Ⅴ 两点既在球面上又在圆锥面上，因此必在球和圆锥的相切圆（分界线）上，此切线圆的 V 面投影由两切点 a'、b' 相连而成。两切点 a'、b' 是向圆锥面的转向轮廓线作垂线而得到。球面与圆锥面的 V 面投影以 a'、b' 两点连线分界，故截交线也由此分界，左边为交线圆投影，右边为双曲线的投影。a'、b' 与交线圆的交点 $1'$、$5'$ 即为结合点 Ⅰ、Ⅴ 的 V 面投影。

2) 求圆锥面上双曲线的投影。由圆锥对 H 面转向线的投影与截平面积聚性投影的交点 3 向上引投影连线，可得双曲线的顶点 Ⅲ 的 V 面投影 $3'$。然后利用在圆锥面上作辅助圆的方法可作出截交线上一般点 Ⅱ、Ⅳ 的 V 面投影 $2'$、$4'$。顺次光滑连接 $1'$、$2'$、$3'$、$4'$、$5'$ 即得双曲线的 V 面投影。

9.3 相贯线

9.3.1 相贯线概述

两曲面立体相交，也称为相贯，它们的表面交线称为相贯线。相贯线具有以下性质：

1) 相贯线是两相交曲面立体表面的共有线，也是两曲面立体表面的分界线。相贯线上的点是两曲面立体表面的共有点。

2) 两曲面立体的相贯线，在一般情况下是一条闭合的空间曲线。

3) 相贯线的形状取决于两相交曲面立体的形状、大小及轴线之间的相对位置。一般情况下是空间曲线，如图 9-39a 所示，特殊情况下为平面曲线，如图 9-39b 所示。

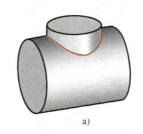

图 9-39　相贯线的形式

9.3.2　相贯线的作图方法

求两曲面立体表面交线，可归结为求两曲面立体表面上一系列共有点的问题，下面介绍两种最常用的相贯线作图方法。

1. 利用积聚性作图法

利用积聚性作图法只适用于两相贯体中，至少有一个轴线垂直某一投影面的圆柱的情况，这样圆柱面在该投影面上的投影积聚为一个圆，相贯线在该投影面上的投影也一定积聚在圆柱面的投影上，相贯线的其他投影可根据表面取点的方法作出。

例 9-15　如图 9-40a 所示，两圆柱体正交，求相贯线。

分析　两圆柱体正交，一个是直立圆柱，轴线垂直于水平投影面，水平投影积聚为一圆，则相贯线的水平投影积聚在这个圆上。另一个是水平圆柱，轴线垂直于侧投影面，侧面投影也积聚为一圆，则相贯线的侧面投影积聚在直立圆柱外形轮廓线之间的水平圆柱投影（圆）上，已知相贯线的两个投影，即可求出它的正面投影。

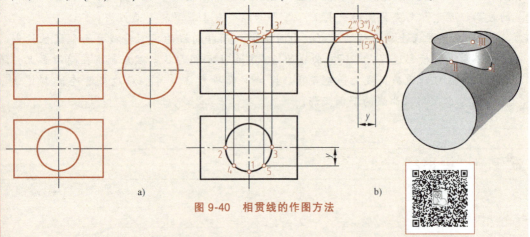

图 9-40　相贯线的作图方法

作图　其作图步骤如图 9-40b 所示。

1) 求特殊点：点 Ⅰ 是直立圆柱最前素线与水平圆柱面的交点，它是相贯线上最前点，也是相贯线上最低点，由 1、1″可求得 1′。点 Ⅱ、Ⅲ 为直立圆柱最左和最右素线与水平圆柱的交点，是相贯线上最左和最右点，也是相贯线上的最高点，在正面投影上是两圆柱外形轮廓线的交点 2′、3′，可直接作出。

2) 求一般点：在水平投影上，由直立圆柱水平投影的圆上选取 4、5 两点，由 4、5 作出 4″、5″，根据点的投影性质，由 4、5 和 4″、5″求得 4′、5′。

3) 依次连接 2′、4′、1′、5′、3′点，即为相贯线的正面投影。

提示：因为两圆柱正交，其相贯线前后对称，所以后半部分与前半部分重影，不需再求。

两圆柱相交有三种情况：

- 两外圆柱面相交，如图 9-41a 所示。
- 外圆柱面与内圆柱面（圆孔）相交，如图 9-41b 所示。
- 两内圆柱面（孔与孔）相交，如图 9-41c 所示。

这三种相贯线形式虽然不同，但其性质、形状和求法基本相同。

图 9-41 两圆柱相交的三种情况

2. 辅助平面法

用辅助平面法求相贯线的投影是一种较普遍的方法。采用辅助平面法的关键是选取合适的辅助平面，辅助平面选择的一般原则是：使辅助平面与两相交曲面立体产生的截交线的投影为最简单的线条（简单易画、便于绘制），如直线或圆等。

例 9-16 如图 9-42a 所示为一圆柱与圆台相交，使用辅助平面法求相贯线。

分析 如图 9-42c 所示，相交的圆柱面与圆锥面，其轴线正交，圆柱的轴线为侧垂线，故相贯线的侧面投影积聚在水平圆柱的侧面投影（圆）上。选择与圆柱轴线平行（与圆锥轴线垂直）的水平面 P 为辅助平面，平面 P 与圆柱面的截交线为两条平行直线，平面 P 与圆锥面的截交线为圆，两组截交线的交点即为圆柱面与圆锥面上共有的点，**即为相贯线上的点**。

作图 其作图步骤如图 9-42b 所示。

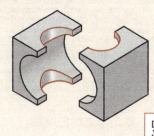

图 9-42 圆柱面与圆锥面相贯线的作图方法

1) **求作特殊点**：由侧面投影可以看出，相贯线上Ⅰ、Ⅱ两点是最高点和最低点，其正面投影是圆柱面和圆锥面正面投影外形轮廓线的交点，可直接求出1′和2′点，由1′、2′点可求得水平投影1和2。过圆柱的轴线作水平面Q，则与圆柱面的交线为最前和最后两条素线，与圆锥面的交线为圆，其水平投影的交点为3、4两点，3、4为相贯线的水平投影可见部分与不可见部分的分界点，也是相贯线上的最前点Ⅲ和最后点Ⅳ的水平投影，其正面投影为3′、4′。

2) **求作一般点**：作水平面P为辅助平面，它与圆柱面的交线为两平行直线，与圆锥面的交线为圆，两平行直线与圆的水平投影的交点5、6即为相贯线上Ⅴ、Ⅵ两点的水平投影。由此可作出正面投影5′、6′，5′、6′两点重影。同理，可作出其他一般点，如点Ⅶ、Ⅷ。

3) **判别可见性，圆滑连接各点**：在正面投影中，因圆柱面和圆锥面具有公共的前后对称面，相贯线的前后部分投影重合，顺序连接1′、5′、3′、7′、2′。在水平投影中，Ⅲ、Ⅶ、Ⅱ、Ⅷ、Ⅳ在下半圆柱为不可见部分，用虚线光滑连接3、7、2、8、4，其余部分为可见，用粗实线画出。

3. 常见相贯线的类型

相交两曲面立体的几何形状、大小及相对位置不同，得到的相贯线形状也就不同。相交两曲面立体常见相贯线的类型如下：

1) 在一般情况下，两个二次曲面的相贯线是空间四次曲线，即它与平面相交时至多可以有四个交点，如图9-40b所示。

2) 当两个二次曲面具有公共对称面时，则相贯线在平行于公共对称面的投影面上的投影重影为一条二次曲线，如图9-40b正面投影所示。

3) **当两个二次曲面均与同一球面相切时，则这两个二次曲面的相贯线分解为两条二次曲线（或称平面曲线）**，如图9-43所示。

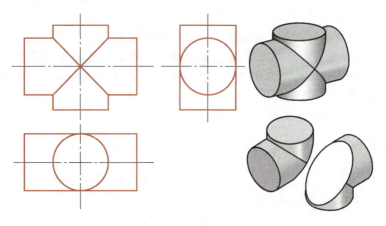

图9-43 相贯线为平面曲线

a) 圆柱与圆柱相贯线为平面曲线—椭圆

第9章 立体的视图

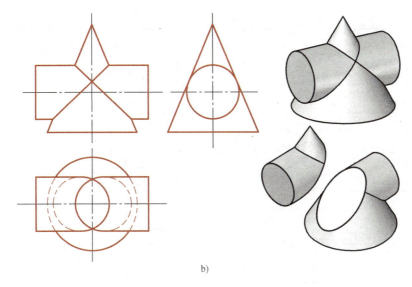

b)

图 9-43 相贯线为平面曲线（续）

b) 圆柱与圆锥相贯线为平面曲线—椭圆

4) 两个同轴线回转面的相贯线是与轴线垂直的圆，如图 9-44 所示。

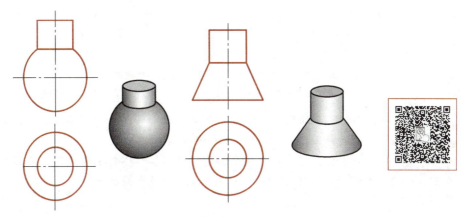

图 9-44 同轴线回转面相贯

9.3.3 相贯线作图举例

例 9-17 求轴线交叉垂直两圆柱的相贯线，如图 9-45a 所示。

分析 由于两圆柱轴线交叉垂直，所以相贯线前后不对称，其 V 面投影不重合，这一点与两圆柱正交时是不同的，但相贯线的求作方法与正交基本相同。

作图 其作图步骤如图 9-45b~d 所示。

1) **求特殊点**：小圆柱 V 面转向轮廓线上的点Ⅰ、Ⅴ在 V 面投影 $1'$、$5'$，由 $1''$、$5''$ 向左作投影连线得到；大圆柱对 V 面转向轮廓线上的点Ⅵ、Ⅷ的 V 面投影 $(6')$、$(8')$，由 6、8 向上作投影连线得到；由左视图中小圆柱转向轮廓线上的点 $3''$、$7''$ 向左作投影连线得 $3'$、$(7')$。点Ⅰ、Ⅴ为最左、最右点；点Ⅲ、Ⅶ为最前、最后点；点Ⅵ、Ⅷ为最高点；点Ⅲ为最低点，如图 9-45b 所示。

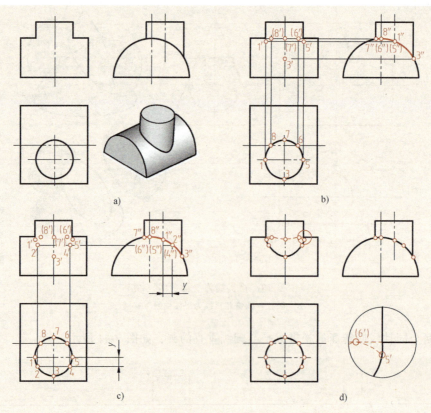

图 9-45 轴线交叉垂直两圆柱体相贯线的画图步骤
a) 已知条件 b) 求特殊点 c) 求一般点 d) 圆滑连点并描深

2) 求一般点：在俯视图中，由小圆柱的投影圆确定一般点 Ⅱ、Ⅳ，根据投影规律可求得 2″、(4″) 和 2′、4′，如图 9-45c 所示。

3) 判别可见性，并光滑连接各点：曲线 1′-2′-3′-4′-5′ 为可见，画成粗实线；曲线 5′、(6′) 相连、(8′) 与 1′ 相连，如图 9-45d 中放大图所示。

例 9-18 求作圆锥台与半圆球相交的相贯线，如图 9-46a 所示。

分析 圆锥台的轴线垂直于 H 面，且位于半圆球左边的前后对称平面上，其相贯线为前后对称的封闭空间曲线。由于圆锥面和球面的各面投影都没有积聚性，所以求作它们的相贯线需要辅助平面法。

作图 具体作图步骤如图 9-46b~d 所示。

1) 求特殊点：如图 9-46b 所示，Ⅰ、Ⅳ 两点分别是相贯线上的最低点和最高点，它们同时位于圆锥面和球面对 V 面的转向轮廓线上，因此其 V 面投影为两立体转向轮廓线的交点 1′、4′。由 1′、4′ 分别向下和向右引投影连线，直接作出其 H 面投影 1、4 与 W 面投影 1″、(4″)。

位于圆锥台对 W 面转向轮廓线上的点 Ⅲ、Ⅴ，是区分相贯线 W 面投影中可见与不可见部分的分界点，这两个点的各面投影要借助于通过圆锥轴线的辅助侧平面 Q 求出。侧平面 Q 与圆锥台的交线即是圆锥面对 W 面的两条转向轮廓线；而与半圆球的交线为

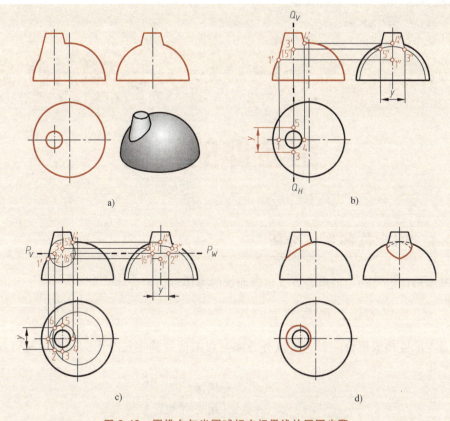

图 9-46 圆锥台与半圆球相交相贯线的画图步骤
a) 已知条件 b) 求特殊点 c) 求一般点 d) 圆滑连点并描深

半圆,它的半径 R 可从 V 面和 H 面投影中直接量取。上述两条转向轮廓线与半圆的 W 面投影的交点 $3''$、$5''$ 即为点Ⅲ、Ⅴ的 W 面投影,根据投影规律可求出 $3'$、$(5')$ 和 3、5。

2) **求一般点**:在 V 面投影 $1'$ 和 $3'$ 之间作辅助水平面 P 分别与圆锥台和半圆球相交,如图 9-46c 所示,在 H 面投影中分别画该截平面与圆锥台和半圆球的截面交线圆,它们的交点 2、6 即为相贯线与平面 P 的交点Ⅱ、Ⅵ的水平投影,由 2、6 向上作投影连线与 P_V 相交,即得Ⅱ、Ⅵ两点的 V 面投影 $2'$、$(6')$。由 2、6 及 $2'$、$(6')$ 便可求出 W 面投影 $2''$、$6''$。用同样方法在Ⅲ、Ⅴ两点和点Ⅳ之间再求一次一般点(图中未示出)。

3) **判断可见性及光滑连接各点**:相贯线的 V、H 面投影均可见,用粗实线连接。在 W 面投影中,$3''$-$1''$-$5''$ 段在左半圆锥面上为可见,用粗实线绘制;$3''$-$(4'')$-$5''$ 段在右半圆锥面上为不可见,用细虚线连接,如图 9-46d 所示。

第 10 章

组合体的视图

🔖 10.1 组合体的形体分析

由基本形体经过一定的组合方式组合而成的形体称为组合体。

10.1.1 组合体的组合形式

由基本形体构成组合体时，可以有叠加与切割两种基本组合形式，叠加又可细分为**相接、相交和相切三种，即**

$$\text{组合体}\begin{cases}\text{叠加}\begin{cases}\text{相接}\\\text{相交（相贯）}\\\text{相切}\end{cases}\\\text{切割（截交）}\end{cases}$$

如图 10-1 所示，轴承座为叠加体，由凸台Ⅰ、轴承Ⅱ、支承板Ⅲ、肋板Ⅳ、底板Ⅴ叠加而成。Ⅰ和Ⅱ之间是相交，Ⅱ和Ⅲ之间是相切，Ⅱ和Ⅳ之间是相交，Ⅲ、Ⅳ和Ⅴ之间是相接（相接即两个平面简单地叠合在一起）。如图 10-2 所示的镶块为切割体，可看作由长圆体上切割去六个部分而形成。通常比较多见的往往是叠加、切割的混合体。

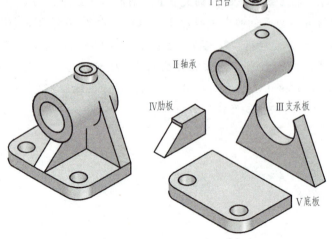

图 10-1 轴承座及其形体分析

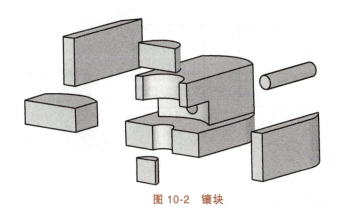

图 10-2 镶块

10.1.2 组合体各组合形式的投影分析

1. 相接

相接可分为表面平齐和表面不平齐两种。 当两个形体相接表面不平齐时，其两个形体的投影之间有分界线，如图 10-3a 所示；当两个形体相接表面平齐时，其两个形体的投影之间没有分界线，如图 10-3b 所示。

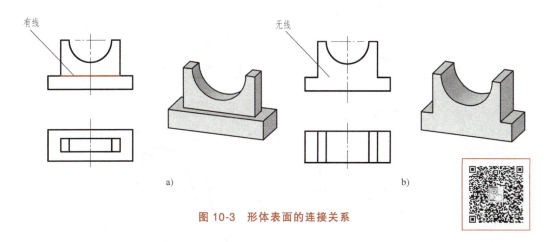

图 10-3 形体表面的连接关系

2. 相切

当两形体表面相切时，在相切处不应画分界线， 如图 10-4 所示。有一种特殊情况需注意，如图 10-5 中的两个压铁所示，当两圆柱面相切时，若它们的公共切平面倾斜或平行于投影面时，不画出相切素线在该投影面上的投影，即两圆柱面不画分界线，如图 10-5a 所示；而当两圆柱面的公共切平面垂直于某个投影面时，在该投影面上应画出相切处的分界线，如图 10-5b 中的俯视图所示。

3. 相交

当两形体表面相交时，在相交处应画出交线的投影， 如图 10-6 所示。在机械制图中，当不需要精确画出相贯线时，可用近似画法简化，如图 10-7 所示。两圆柱垂直相交是机件中遇到最多的相贯情况，当它们直径相差较大，且都平行于投影面时，相贯线在该投影面上的投影常用由大圆柱半径所作的圆弧来代替。

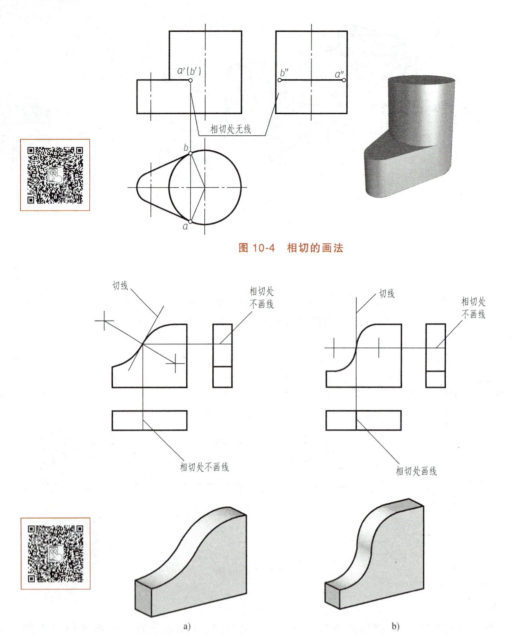

图 10-4 相切的画法

图 10-5 压铁上相切处的画法

4. 切割和穿孔

基本体被切割、穿孔时,会产生不同形状的截交线或相贯线,此时,需求截交线和相贯线的投影。如图 10-8 所示为切割体的画法。如图 10-9 所示为穿孔的画法。

10.1.3 组合体的形体分析

通过上述分析可知,任何复杂的组合体都可看成是由基本形体经过一定的组合形式组合而成的,所以**组合体的形体分析法就是假想把组合体分解为若干基本形体,并确定它们的组合形式以及相邻表面间的相互位置的方法。**

第10章 组合体的视图

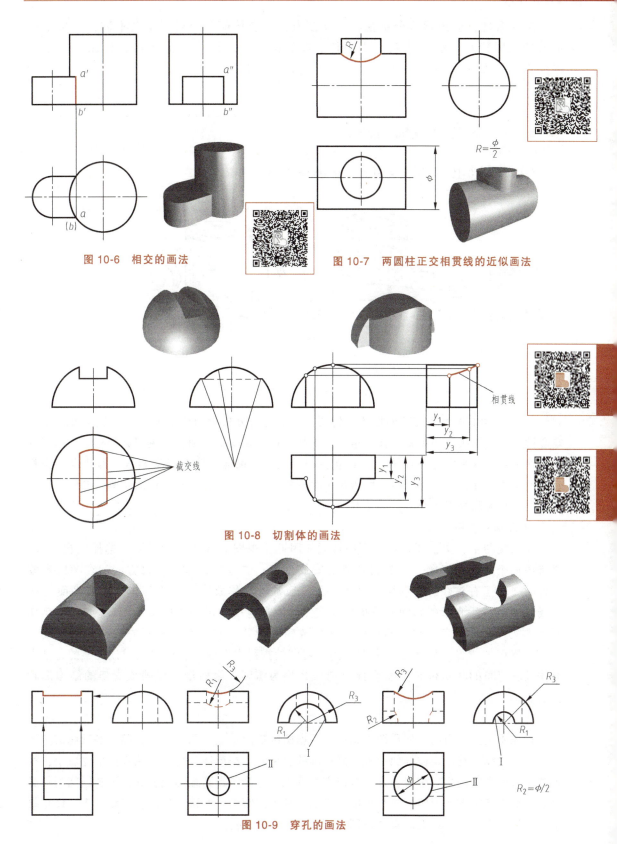

图 10-6 相交的画法

图 10-7 两圆柱正交相贯线的近似画法

图 10-8 切割体的画法

图 10-9 穿孔的画法

在画图时，运用形体分析法，可将复杂的组合体简化成若干个基本体，并按组合形式的投影特点，清楚地表达出形体。在看图时，运用形体分析法，就能从简单基本体着手，看懂复杂的形体。所以，形体分析法是学习画图、看图和标注尺寸的最基本的方法。

10.2 组合体视图的画法

现以如图 10-10a 所示支架为例，说明组合体视图的画法。

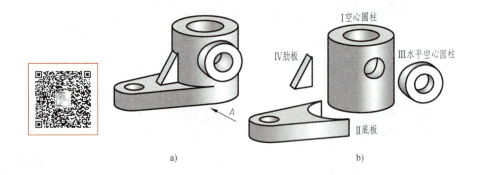

图 10-10 支架及其形体分析

如图 10-10b 所示为支架的形体分析图。该零件可分析为由空心圆柱Ⅰ、底板Ⅱ、水平空心圆柱Ⅲ、肋板Ⅳ四个基本体所组成。底板Ⅱ位于直立空心圆柱左侧与圆柱相切，两者的下底面平齐；水平空心圆柱Ⅲ位于直立空心圆柱Ⅰ的前方，两者正交相贯，两孔也正交相贯，产生两圆柱正交的相贯线；肋板Ⅳ位于底板的上面，直立空心圆柱的左侧，与底板上表面相接，与大圆柱面相交而产生交线。

1. 选择主视图

在三视图中，主视图是最主要的视图，因此主视图的选择甚为重要。选择主视图时，要考虑两个方面的问题：一是组合体的安放位置；二是组合体的投射方向。在考虑安放位置时，为了有较好的度量性和易于作图，通常将物体放正，即使物体的主要平面（或轴线）平行或垂直于投影面。投射方向应尽可能多地反映出物体的形状特征。如图 10-10 所示支架，通常将直立空心圆柱的轴线放成铅垂位置，并把肋、底板的对称平面放成平行于投影面的位置。显然选 A 方向作为主视图的投射方向最好，此时组成该支架的各基本形体及它们间的相对位置关系在此方向表达最为清晰，因而最能反映该支架的结构形状特征。

2. 画图步骤

首先要选择适当的比例和图纸幅面，根据图纸幅面布置视图的位置，确定各视图的主中心线、轴线或其他定位线的位置。画视图的底稿时，按形体分析法，从主要形体着手，按各基本形体之间的相对位置，逐个画出它们的视图。为了提高绘图速度和保证视图间的投影关系，对于各个基本形体，应尽可能做到三个视图同时画。底稿完成后，仔细检查，修正错误，然后按规定加深线型。具体作图步骤如图 10-11 所示。

第10章 组合体的视图

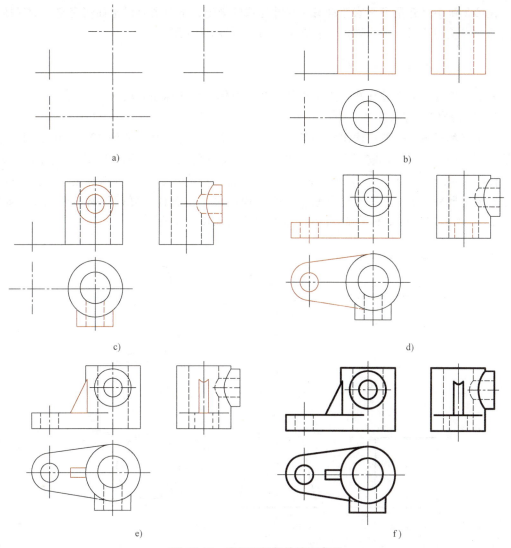

图 10-11 支架三视图的绘图步骤
a）画出各视图的主要中心线或定位线 b）画主要实体直立空心圆柱 c）画出水平空心圆柱
d）画底板 e）画肋 f）擦去多余的线，加深

10.3 组合体的尺寸标注

视图主要用来表达物体的形状，而物体的真实大小则是根据图上所标注的尺寸来确定的，加工机件时也是按照图上标注的尺寸来制造的。因此，标注尺寸应做到以下几点：

(1) 正确 尺寸标注要符合国家标准《技术制图》《机械制图》中有关尺寸注法的规定。

(2) 完整 尺寸必须完全确定物体的形状、大小及各部分之间的位置，做到不遗漏，不重复，不多余。

(3) 清晰 尺寸的注写布局要整齐、清晰，便于看图。

(4) 合理 尺寸标注应尽量考虑到设计与工艺上的要求。

在第 2 章中已介绍了国家标准有关尺寸注法的规定，本节主要讨论如何完整、清晰地标注尺寸。有关标注尺寸的合理性，将在第 14 章零件图中介绍。

10.3.1 基本形体的尺寸标注

要掌握组合体的尺寸注法，必须先了解基本形体的尺寸标注方法。

1. 基本形体的标注方法

对于基本形体，一般应注出它的长、宽、高三个方向的尺寸，如图 10-12a 中的四棱柱。但是并不是每一个立体都需要在形式上注全这三个方向的尺寸。如图 10-12b 中的正六棱柱，只需标注对边（或对角）距离和柱高尺寸，正六棱柱的大小就完全可以确定。圆柱和圆锥在注出径向尺寸"φ"后，不仅可减少一个方向的尺寸，而且还可以省略一个视图，如图 10-12d、e 中的圆柱和圆锥，因为尺寸"φ"具有双向尺寸功能。

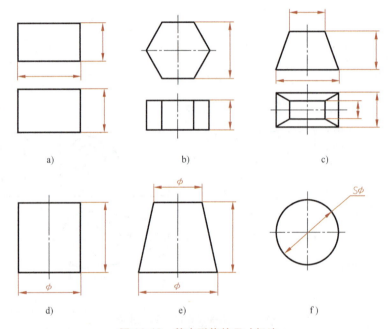

图 10-12 基本形体的尺寸标注

2. 基本形体上切割、开槽及相贯的标注

当在基本形体上遇到切割、开槽及相贯时，除标注出其基本形体的尺寸外，对切割与开槽，还应标注出截平面位置的尺寸；对相贯的两回体，应以其轴线为基准标注两形体的相对位置尺寸，如图 10-13 所示。根据上述尺寸，截交线及相贯线便自然形成，因此不应在这些线（截交线和相贯线）上标注尺寸。

10.3.2 组合体的尺寸注法

1. 尺寸标注要完整

要使尺寸标注完整，最有效的方法是对组合体进行形体分析。然后分别标注出定形、定位和总体三类尺寸。

（1）定形尺寸　用于确定各基本形体的形状大小。

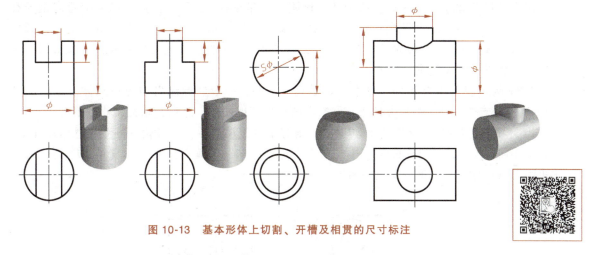

图 10-13 基本形体上切割、开槽及相贯的尺寸标注

（2）定位尺寸 用于确定各基本形体之间的相互位置。

（3）总体尺寸 用于确定组合体的总长、总宽和总高。

标注定位尺寸时，必须在长、宽、高三个方向分别选出尺寸基准。所谓尺寸基准，即标注尺寸的起点。每个方向至少有一个尺寸基准，以便确定各基本形体在各方向上的相对位置。通常可选择组合体的底面、重要端面、对称平面以及回转体的轴线等作为尺寸基准。下面仍以支架为例，说明标注组合体尺寸的方法。

1）逐个注出各基本形体的定形尺寸。如图 10-14 所示，将支架分成四个基本形体，分别注出其定形尺寸。每个形体一般只有少数几个定形尺寸。

2）标注出确定各基本形体之间相对位置的定位尺寸。如图 10-15 所示，以直立空心圆柱的轴线为长度方向尺寸基准，注出定位尺寸 80、56；以直立空心圆柱、底板及肋板前、后的公共对称平面为宽度方向尺寸基准，注出定位尺寸 48；以上顶面为高度方向尺寸基准，

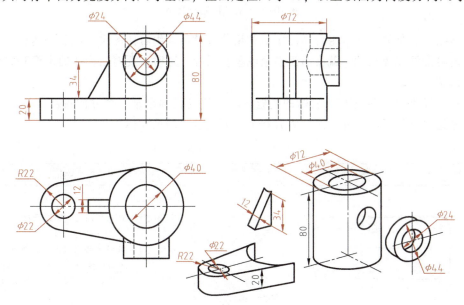

图 10-14 支架的定形尺寸

注出定位尺寸 28。一般来说，两个基本形体之间在左右、上下、前后方向均应考虑是否有定位尺寸。但当形体之间处于叠加（如肋与底板上下表面的结合）、平齐（如直立空心圆柱与底板下表面平齐）、对称（如直立空心圆柱与水平空心圆柱左右方向对称）的位置时，这些方向就不再需要定位尺寸了。

3) 为了表示组合体外形的总长、总宽、总高，一般应标注出相应的总体尺寸。如图10-14 所示支架，其总高尺寸即为直立空心圆柱的高度尺寸，总长、总宽尺寸也不需要标出，因为，习惯上当物体的端部为回转面时，则有了定位尺寸后，一般就不再注其总体尺寸了。如图 10-16 所示，支架在长度方向上有了定位尺寸 80、圆弧半径 $R22$ 及直径 $\phi72$ 后，就不再注总长尺寸了；宽度方向也是如此。

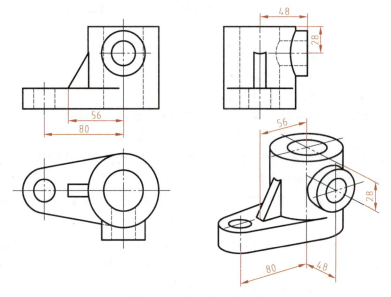

图 10-15　支架的定位尺寸

应该指出，如果标注了组合体的定形和定位尺寸后，组合体的尺寸就已经达到了完整的要求，若再加注总体尺寸，就会出现多余或重复尺寸，这时就要对已标注的定形和定位尺寸做适当调整。

工程上经常会碰到表 10-1 所示的底板、法兰盘（仅画出某一个方向视图）这一类结构件，熟悉这些结构件的尺寸注法，将有利于掌握组合体的尺寸标注。

表 10-1　常见标注

图　形	说　明
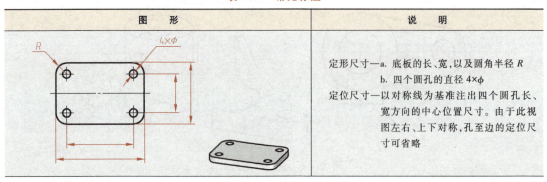	定形尺寸—a. 底板的长、宽，以及圆角半径 R 　　　　　 b. 四个圆孔的直径 $4×\phi$ 定位尺寸—以对称线为基准注出四个圆孔长、宽方向的中心位置尺寸。由于此视图左右、上下对称，孔至边的定位尺寸可省略

（续）

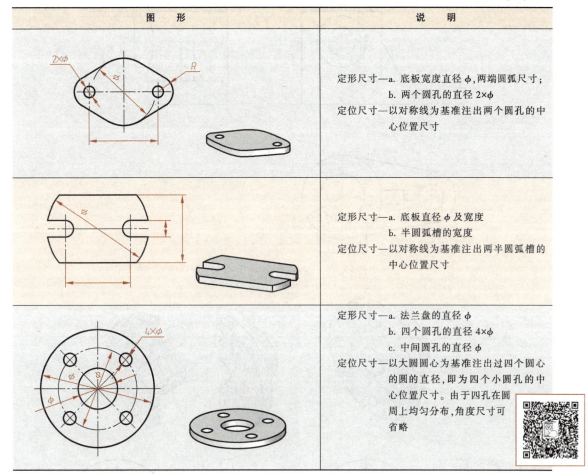

图　形	说　明
	定形尺寸—a. 底板宽度直径 φ，两端圆弧尺寸； b. 两个圆孔的直径 2×φ 定位尺寸—以对称线为基准注出两个圆孔的中心位置尺寸
	定形尺寸—a. 底板直径 φ 及宽度 b. 半圆弧槽的宽度 定位尺寸—以对称线为基准注出两半圆弧槽的中心位置尺寸
	定形尺寸—a. 法兰盘的直径 φ b. 四个圆孔的直径 4×φ c. 中间圆孔的直径 φ 定位尺寸—以大圆圆心为基准注出过四个圆心的圆的直径，即为四个小圆孔的中心位置尺寸。由于四孔在圆周上均匀分布，角度尺寸可省略

2. 尺寸安排要清晰

标注尺寸时，除了要求完整外，为了便于看图，还要求标注得清晰，通常需要考虑以下几个方面：

1）尺寸应尽量标注在表示形体特征最明显的视图上。如图 10-16 所示，肋的高度尺寸 34 注在主视图上比注在左视图上要好；水平空心圆柱的定位尺寸 28 注在左视图上比注在主视图上要好。

2）同一形体的尺寸应尽量集中标注。如图 10-16 所示，水平空心圆柱的定形尺寸 φ24、φ44 及定位尺寸 28、48 全部集中在一起，便于看图时查找尺寸。

3）半径尺寸一定要注在投影为圆弧的视图上。如图 10-16 所示，底板半径尺寸 R22 注在俯视图上。

4）直径尺寸最好注在非圆视图上，小于等于半圆注半径，大于半圆注直径。特别是同心圆较多时，不宜集中标注在投影为圆的视图上，避免注成辐射形式，如图 10-17 所示。

5）尺寸线平行排列时，应使小尺寸在内（靠近视图），大尺寸在外，以避免尺寸线与尺寸界线相交，如图 10-17a 中 φ10、φ14、φ20 等。

6）同一方向内外结构的尺寸，最好分开加以标注，以便于看图寻找尺寸。如图 10-17a

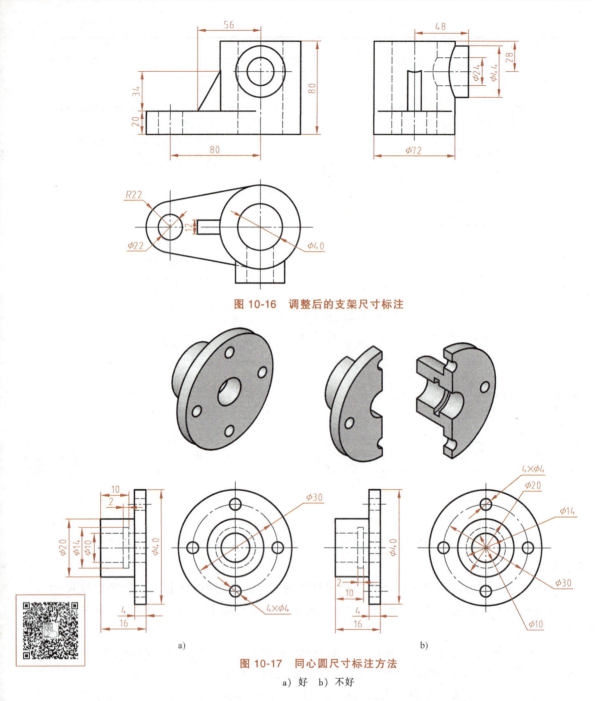

图 10-16 调整后的支架尺寸标注

图 10-17 同心圆尺寸标注方法
a) 好 b) 不好

所示，主视图外结构尺寸 16、4 注在下方，内结构尺寸 2、10 注在上方等。

7) 尺寸尽量避免注在虚线上。如图 10-16 所示，直立孔 φ40 注在俯视图上较好。

8) 尺寸应尽量注在视图外面，以保持视图清晰。为了避免尺寸标注零乱，同一方向连续的几个尺寸尽量放在一条线上。如图 10-16 所示，主视图中 20、34 尺寸标注显得较为整齐。

以上各要求有时会出现不能完全兼顾的情况，应在保证尺寸正确、完整、清晰的前提下，根据具体情况，统筹安排，合理布局。

10.4 看组合体视图

画图和看图是本课程的两个主要任务。画图是把空间的物体用正投影方法表达在平面上，而看图则是运用正投影理论，根据平面图形想象出空间物体形状的过程。要能正确、迅速地看懂视图，必须掌握看图的基本要领和基本方法，通过不断地看图实践，逐步提高空间想象能力和构思能力，从而提高看图能力。

10.4.1 看图的基本要领

1. 将各个视图联系起来阅读

一个视图只反映组合体一个方向的形状，所以一个视图或两个视图通常不能确定组合体的形状。

如图 10-18 所示，给出的三视图，若仅看一个主视图，则可以构思出多个组合体形状。假设原始形状是长方体，则左上角或者是被挖切掉的，或者是凸出的，这两种情况又分别可得出许多投影。这里仅仅举出被挖切中的四例，它们都满足主视图的形状，如图 10-18a、b、c、d 所示。若把主、左视图联系起来看，则组合体形状被缩小在图 10-18a、b、c 所示三种可能的范围内，但仍无法确定是哪一个。只有再进一步联系俯视图，才能完全确定组合体的形状。

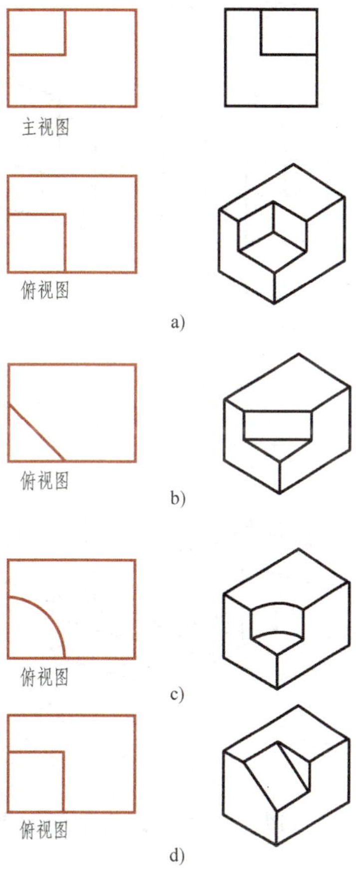

图 10-18 几个视图联系起来读图

由此可见，在看图时，一般需要将各个视图联系起来阅读、分析、构思，才能想象出这组视图所表示的物体的形状。

2. 明确视图中线框和图线的含义

1) 视图中每个封闭线框，通常都是物体上一个表面（平面或曲面）或孔的投影。

① 平面。如图 10-19e、f 所示，封闭线框 A 表示物体上与正投影面平行的平面的投影；如图 10-19b、c 所示，封闭线框 A 表示物体上与正投影面倾斜的平面的投影。

② 曲面。如图 10-19d 所示，封闭线框 A 表示圆柱面的投影。

③ 曲面及其切平面。如图 10-19d、e 所示，封闭线框 D 表示圆柱面及其切平面的投影。

④ 通孔的投影。如图 10-16 所示底板上圆孔 $\phi22$ 的投影。

2) 视图上的每条图线可以是物体上下列要素的投影。

① 两表面的交线。如图 10-19c 所示，图线 l 表示两平面交线的投影；如图 10-19e 所示，l 表示平面与曲面交线的投影。

② 垂直面的投影。如图 10-19b 所示，直线 l 和 m 表示侧平面 L 和 M 的投影。

③ 曲面的转向轮廓线。如图 10-19d 所示,直线 *m* 表示物体上圆柱面转向轮廓线的投影。

3) 视图中任何相邻的封闭线框,一定表示组合体上相交的或相错的两个面的投影。如图 10-19c、d、e 所示,线框 *B* 和 *C* 表示相交的两个面;如图 10-19b、c 所示,线框 *B* 和 *D* 表示有前后关系(相错)的两个面。

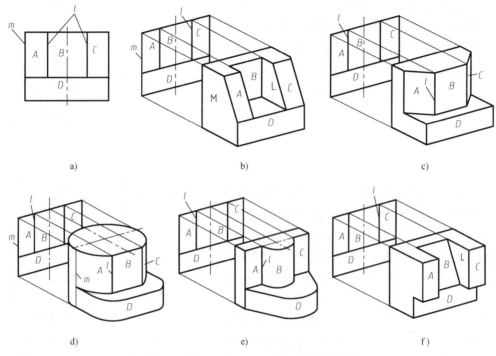

图 10-19 根据一个视图构思物体的各种可能形状

提示: 以上性质可以帮助学习者提高空间构思能力。

10.4.2 看图的基本方法

1. 形体分析法

形体分析法是看图的最基本方法。通常是从反映物体形状特征的主视图着手,对照其他视图,初步分析该物体由哪些基本形体所组成以及它们的组合形式,然后运用投影规律,逐个找出每个形体在其他视图上的投影,确定各基本体的形状及各基本体之间的相对位置,最后综合想象物体的总体形状。

例 10-1 如图 10-20 所示为一支承的主、左视图,想象出支承的整体形状,并补画俯视图。

作图 如图 10-21 所示。

(1) 看视图,分线框 结合主、左视图粗略看,把主视图中标出的 1、2、3 三个封闭的实线线框,看作组成这个支承的三个部分,1 是下部倒凹字形线框,2 是上部矩形线框,3 是圆形线框。

(2) 对投影,定形体

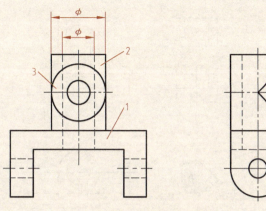

图 10-20　支承的两视图

1）如图 10-21a 所示，主视图上封闭线框 1，由主、左视图对照投影后，可看出它是一块长方形平板，左右两侧是下部为半圆形和上部为长方体的耳板，耳板上各有一个圆柱形通孔，画出俯视图。

2）如图 10-21b 所示，主视图上封闭线框 2，因为其上注有直径符号 φ，对照左视图看，它是一个处于铅垂位置的圆柱体，与底板上下相接，圆柱体的直径与底板的宽度相等，前后面相切，两者左右对称，中间有穿通底板的圆柱孔，画出俯视图。

3）如图 10-21c 所示，主视图上封闭线框 3，对照左视图看，它是处于正垂位置的圆柱体，其直径与圆柱体 2 直径相等，轴线垂直相交，且都平行于侧面，中间有一处于正垂位置的圆柱孔，直径小于铅垂的圆柱孔，画出俯视图。因为圆柱体 3 位置高于底板，所以在俯视图范围内，将底板前表面被圆柱体 3 挡住的投影改为虚线。

（3）综合起来想整体　根据上述分析，可以想象出这个支承的整体形状，如图 10-21d 所示。

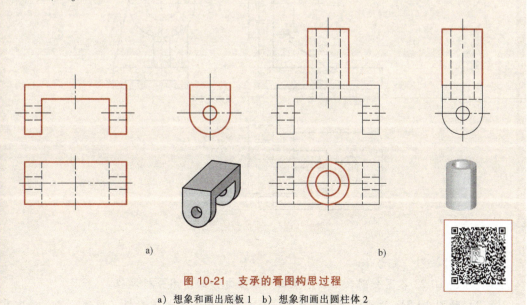

a)　　　　　　　　　　　　　　　b)

图 10-21　支承的看图构思过程
a）想象和画出底板 1　b）想象和画出圆柱体 2

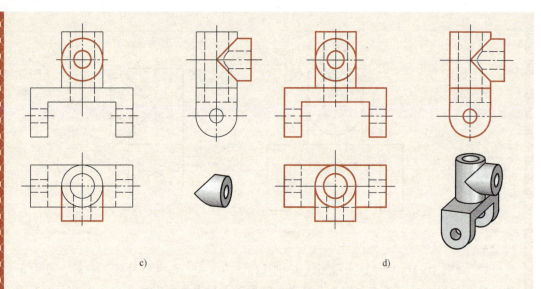

图 10-21 支承的看图构思过程（续）

a) 想象和画出圆柱体 3　d) 想象支承整体形状，校核加深

例 10-2　如图 10-22 所示为一轴承座的三视图，要求看懂该图形，想象出轴承座的立体形状。

作图　如图 10-23 所示。

（1）看视图，分线框　先结合三个视图粗略看，根据视图之间的投影关系可以大体上看出整个立体的组成情况。然后把主视图按图 10-22 所示分为四个线框，分别看作组成这个轴承座的四个部分。1 是底板，2 是空心圆柱，3 是竖板，4 是肋板。

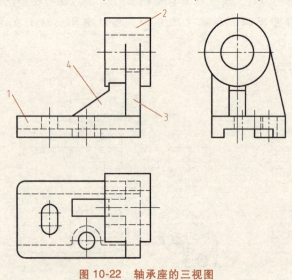

图 10-22 轴承座的三视图

（2）对投影，定形体

1）图 10-23 各图分别表示轴承座四个组成部分的看图分析过程。

2）如图 10-23a 所示，下部底板是一个左端带圆角的长方形板，底部开槽，槽中有一个半圆形搭子,中间有一个圆孔;板的左边还有一个长圆形孔。

3) 如图10-23b所示,右上方是一个空心圆柱,从俯、左视图可看出它位于底板的右后方。

4) 如图10-23c所示,在底板和空心圆柱之间加进一个竖板,由于它们结合成一整体,在图中用箭头表明了连接处原有线条的消失以及相切和相交处的画法与投影关系。

5) 如图10-23d所示,在空心圆柱、竖板和底板间增加一块肋板,图中也用箭头表明了连接成整体后原有线段的消失以及肋板与空心圆柱间产生的交线。

(3) 综合起来想整体 根据以上逐个分析形体,最后综合起来想象出整个立体形状,如图10-23d所示。

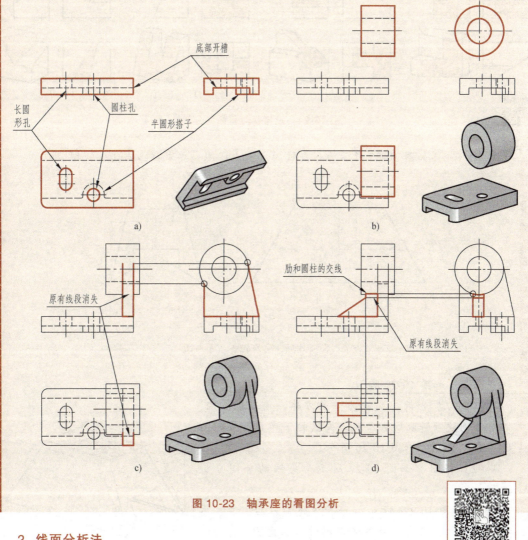

图 10-23 轴承座的看图分析

2. 线面分析法

看图时,在采用形体分析法的基础上,对局部较难看懂的地方,还要经常运用线面分析法来帮助想象和看懂这些局部的形状。所谓线面分析法就是应用前面讲过的线、面投影特性和投影规律,来分析视图上线框和线条的含义,现举例说明。

(1) 分析面的形状　当平面图形平行于投影面时，它的投影反映实形；当倾斜于投影面时，它在该投影面上的投影一定是空间图形的类似形。如图 10-24 所示，四个物体上带填充平面的投影均反映此特性。如图 10-24a、b、c 所示，带填充平面除在一个视图上重影为直线外，其他两个视图都相应地反映 L、凸和凹形的特征。如图 10-24d 所示，填充平面为一个梯形的倾斜面，它的三个投影均为梯形。

注意：平面图形在与它倾斜的平面上的正投影，具有射影几何学中所讲述的仿射性，即几边形仍为几边形，椭圆（包括圆在内）仍为椭圆，抛物线仍为抛物线，双曲线仍为双曲线等，在这里称为类似形。

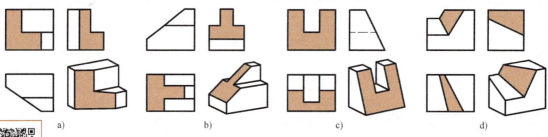

图 10-24　投影面倾斜面的分析

例 10-3　如图 10-25 所示为一夹铁的主、左视图，要求补画出其俯视图。

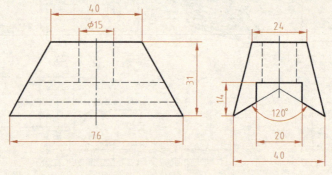

图 10-25　夹铁的主、左视图

作图　如图 10-27 所示。

（1）初步分析　夹铁为一长方体，前、后、左、右对称地被倾斜地切去四块。夹铁的下部开有带斜面的"∏"形槽，如图 10-26 所示。

（2）补图　如图 10-27 所示为夹铁的补图分析过程。

1) 如图 10-27a 所示为一长方体前、后、左、右被倾斜地切去四块。补画俯视图时，注意 P、Q 面均为梯形，倾斜投影面时投影为类似形。

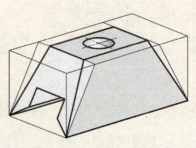

图 10-26　夹铁的立体图

2) 如图 10-27b 所示，夹铁下部开有带斜面的"∏"形槽，这时 P 面在侧面和水平面的投影应仍为类似形，根据左、主视图找出俯视图上的 5、6、7、8 点，从而作出带斜

第10章 组合体的视图

线的"∏"形正垂面 P 的水平投影。

3) 如图 10-27c 所示,补上带斜面的"∏"形槽在主、俯视图上产生的虚线以及 φ15 圆孔的投影,从而补出了整个夹铁的俯视图。

4) 通过分析斜面的投影为类似形而想象出该物体的形状如图 10-26 所示。

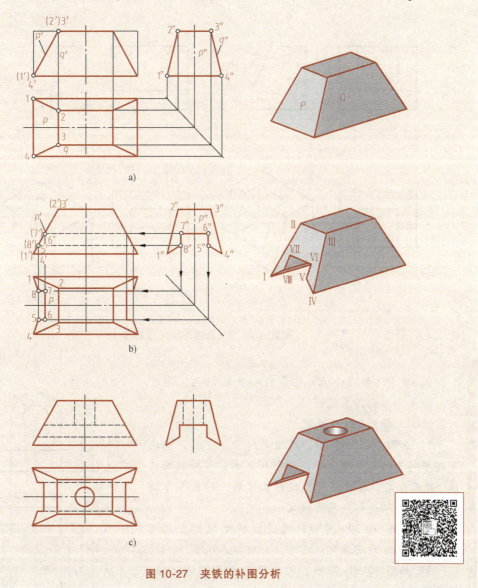

图 10-27 夹铁的补图分析

（2）分析面的相对位置　前面已分析过任何相邻的封闭线框必定是物体上相交的或有前、后位置关系的两个面的投影,要判断这两个面的相对位置,必须根据其他视图来分析。

如图 10-28a 所示对于图中的主视图,要判断 A、B、C 和 D 的相对位置,需看俯视图和左视图,由于俯视图上都是实线,故只可能是 D 面凸出在前,A、B、C 面凹进在后,由于左视图上出现虚线,故只可能 A、C 面在前,B 面凹进在后,且 A、C 面为侧垂面,B 面为正平面。弄清面的相对位置后，即可想象出该物体的形状。

如图 10-28b 所示，由于俯视图左、右出现虚线，中间为实线，故可断定 A、C 面相对 D 面来说是向前凸出，B 面处在 D 面的后面。由于左视图上出现一条斜的虚线，可知凹进的 B 面是一斜面（侧垂面），并与正平面 D 相交。下面举例说明这种方法在看图中的应用。

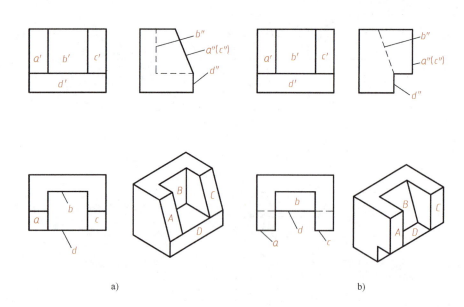

图 10-28 分析面的相对位置关系

例 10-4 如图 10-29 所示为一垫块的主、俯视图，要求补画出其左视图。

作图 如图 10-30 所示。

1) 如图 10-30a 所示，经过形体分析可知，垫块下部中间为一长方块，分析 A 面和 B 面，可知 B 面在前，A 面在后，故它是一个凹形长方块。补出长方块的左视图，凹进部分用虚线表示。

2) 如图 10-30b 所示，通过分析主视图上的 C 面，可知长方块前面有一凸块，补出其左视图。

3) 如图 10-30c 所示，长方块上面带孔的竖板，因箭头所指处没有轮廓线，可知竖板前面与 A 面平齐，在左视图上补画出竖板。

4) 如图 10-30d 所示，由俯视图上可知垫块后部有一凸块，由于主视图上没有虚线，可知后凸块与前凸块的长度和高度相同，补出后凸块的左视图，即完成整个垫块的左视图。

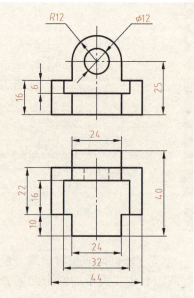

图 10-29 垫块的主、俯视图

图 10-30 垫块的补图分析

（3）分析面与面的交线　当视图上出现较多面与面的交线，尤其是曲面的交线时，会给看图带来一定困难。这时应运用画法几何方法，对交线的性质作投影分析，从而看懂视图。下面举例说明怎样运用画法几何方法来分析交线的投影。

例 10-5　如图 10-31 所示，已知底座的主、俯视图，试画出其左视图。

作图　对照主、俯视图分析，可知底座主体为一圆柱体。如图 10-32 所示为底座的补图分析过程。

1) 如图 10-32a 所示，首先补出圆柱体的左视图。

2) 如图 10-32b 所示，从俯视图中可见圆柱体顶面有三个封闭线框，即所标出的三个面 A、B 和 C，同时找到其主视图中的对应投影，从主、俯视图可看出，A 面最低，B 面其次，C 面最高，即圆柱体上部的中间被截切一部分，截切后产生截交线，如Ⅰ Ⅱ，应按求截交线的方法补出其左视图的投影。

3) 如图10-32c所示，由主、俯视图可以确定圆孔及其穿通的位置。在 B 面的形体上为半圆孔，它与圆柱面的相贯线为Ⅲ Ⅳ Ⅴ，圆孔与 C 面的形体在平面上的交线为过Ⅵ、Ⅶ、Ⅷ、Ⅸ的圆。其他交线请读者自行分析。按正投影法补出其左视图。

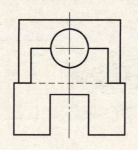

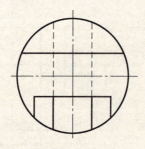

图 10-31　底座的主、俯视图

4) 如图10-32d所示，从主、俯视图可以看出，底部有一前后穿通的长槽，应注意截交线的作法。综合起来想象整体，并完成左视图。

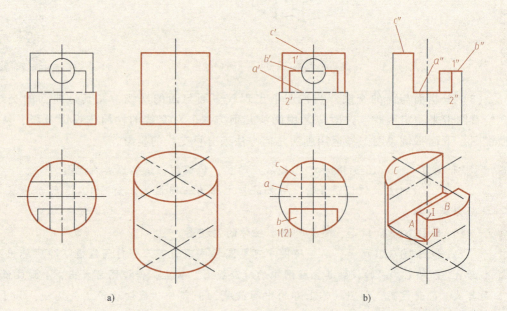

图 10-32　底座的补图分析

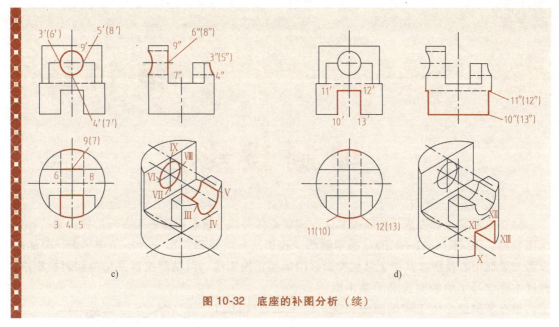

图 10-32 底座的补图分析（续）

从以上分析可看出，在整个看图过程中，一般以形体分析法为主，局部细节可结合线面分析法，边分析，边想象，边作图，这样有利于较快地看懂视图。

10.4.3 看视图步骤小结

归纳以上的看图例子，可总结出看视图的步骤如下：

1. 初步了解

根据物体的视图和尺寸，初步了解它的大概形状和大小，并按形体分析法分析它由哪几个主要部分组成。一般可从较多地反映零件形状特征的主视图着手。

2. 逐个分析

采用上述看图的各种分析方法，对物体各组成部分的形状和线面逐个进行分析。

3. 综合想象

通过形体分析和线面分析了解各部分形状后，确定各组成部分的相对位置以及相互间的关系，从而想象出整个物体的形状。

第 11 章

轴 测 投 影

轴测投影是单面投影，按照投影法原理将物体向单一投影面投影所得到的投影图，称为单面投影。GB/T 14692—2008《技术制图　投影法》将单面投影分为单面正投影、单面斜投影和单面中心投影。其中正轴测投影采用单面正投影法，斜轴测投影采用单面斜投影法。

通过本章学习了解轴测投影的基本概念，重点掌握组合体正等轴测图和斜二等轴测图的画法，了解轴测剖视图的画法。

物体的三视图具有良好的度量性，但立体感差。工程实际中，常利用轴测投影来表达物体的立体效果。如图 11-1a 所示为物体的三视图，图 11-1b、c 所示分别是物体的正等轴测图和斜二等轴测图。

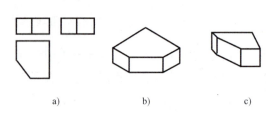

图 11-1　不同投影图的比较

a）三视图　b）正等轴测图　c）斜二等轴测图

11.1　轴测投影的基本知识

1. 轴测投影的形成

轴测投影是根据平行投影法将物体向单一投影面进行投射所得到的具有立体感的投影图。如图 11-2a 所示，用正投影法把正方体向投影面 P 投影，所得到的投影图称为正轴测

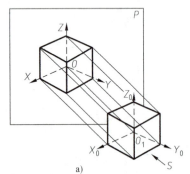 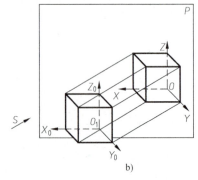

图 11-2　轴测投影的形成

a）正轴测图　b）斜轴测图

图；如图 11-2b 所示，用斜投影法把正方体向投影面 P 投影，所得到的投影图称为斜轴测图。

2. 轴测投影基本概念

如图 11-3 所示，轴测投影中投影面 P 为轴测投影面，坐标轴 OX、OY、OZ 称为轴测投影轴（简称轴测轴），轴测轴之间的夹角 $\angle XOY$、$\angle YOZ$、$\angle XOZ$ 称为轴间角，轴测轴上的单位长度与相应投影轴上的单位长度的比值称为轴向伸缩系数。OX 轴、OY 轴、OZ 轴的轴向伸缩系数分别用 p_1、q_1 和 r_1 表示，$p_1 = OA/O_1A_1$、$q_1 = OB/O_1B_1$、$r_1 = OC/O_1C_1$。

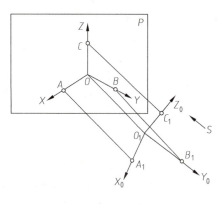

图 11-3 轴测投影基本概念

3. 轴测投影的特性

轴测投影是由平行投影法得到的，因此它具有以下特性：

（1）平行性 物体上空间相互平行的线段，其轴测投影仍互相平行。

（2）定比性 物体上线段的轴测投影与实长比值恒定。

（3）度量性 与直角坐标轴平行的线段，其轴测投影平行于相应的轴测轴，且伸缩系数与相应轴测轴的伸缩系数相同。

4. 轴测投影图的分类

轴测图按投射方向和轴测投影面的位置不同可分为：

1）正轴测图。轴测投射线方向垂直于轴测投影面。

2）斜轴测图。轴测投射线方向倾斜于轴测投影面。

根据不同的轴向伸缩系数，正（或斜）轴测图又可分为：

1）正（或斜）等轴测图，即 $p=q=r$。

2）正（或斜）二轴测图，即 $p=r\neq q$。

3）正（或斜）三轴测图，即 $p\neq q\neq r$。

选择轴测投影类型时，既要使表达形体的立体感强，又要便于绘图，因此工程上常用的轴测图有正等轴测图和斜二轴测图。

11.2 正等轴测图

11.2.1 轴间角和轴向伸缩系数

如图 11-4a 所示，当空间三维坐标轴与轴测投影面夹角都是 35°16′时，形成的三个轴测轴轴间角都等于 120°。如图 11-4b 所示，轴向伸缩系数 $p_1=q_1=r_1=\cos 35°16′\approx 0.82$，这时形成的就是正等轴测图。为了作图方便，**常将轴向伸缩系数简化为 1（即 $p=q=r=1$）**，将 OZ 轴画成竖直方向，画出的轴测图比原轴测图沿各轴向分别放大了约 1.22 倍，如图 11-4c 所示。

11.2.2 正等轴测图的画法

1. 平面立体正等轴测图的画法

（1）坐标法 绘制平面立体正等轴测图的基本方法是坐标法。它是根据物体的形状特

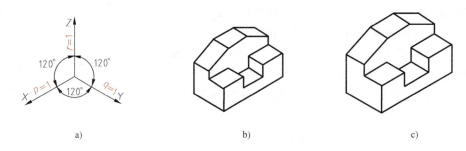

图 11-4 正等轴测图的轴间角和轴向伸缩系数

a) 轴间角和轴向伸缩系数 b) $p_1 = q_1 = r_1 = 0.82$ c) $p = q = r = 1$

点,选定合适的直角坐标系,画出轴测轴,然后按物体上各点的坐标关系画出其轴测投影,并连接各点形成物体轴测图的方法。

例 11-1 如图 11-5a 所示,依据六棱柱两视图,采用简化伸缩系数,用坐标法画出其正等轴测图。

解 选定直角坐标系,为了避免作出不可见的作图线,一般选择顶面的中心为坐标原点,然后依次选择坐标轴,如图 11-5a 所示。画轴测轴,并根据尺寸 D、S 在轴测轴上画出点 Ⅰ、Ⅳ、A、B,如图 11-5b 所示。过点 A、B 分别作直线平行于 OX 轴,并在 A、B 的两边各取 $L/2$ 画出点 Ⅱ、Ⅲ、Ⅴ、Ⅵ,然后依次连接各顶点得六棱柱顶面轴测图,如图 11-5c 所示。过各顶点沿 OZ 轴负方向画侧棱线,量取高度尺寸 H,依次连接各点得底面轴测图(轴测图上不可见轮廓细虚线不画),如图 11-5d 所示。

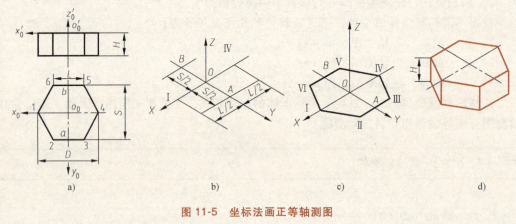

图 11-5 坐标法画正等轴测图

(2) 切割法 对于挖切形成的物体,可以先画出完整物体的轴测投影,再按物体的挖切过程逐一画出被切去部分,这种方法称为切割法。

例 11-2 如图 11-6a 所示,已知物体三视图,用切割法画出其正等轴测图。

解 物体是由四棱柱切割成的。在三视图上建立坐标系,如图 11-6a 所示。先用坐标法画出四棱柱的轴测投影,在轴测图上定出点 Ⅰ、Ⅱ,用侧垂面切角,如图 11-6b 所示。定点 Ⅲ、Ⅳ,用正垂面切角,如图 11-6c 所示。擦去作图线,加粗可见部分,得切割体的正等轴测投影,如图 11-6d 所示。

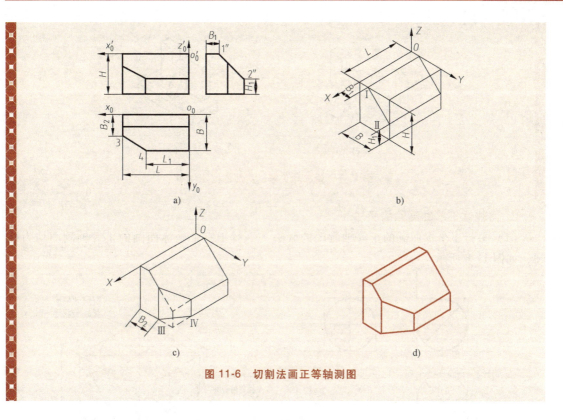

图 11-6 切割法画正等轴测图

(3) **组合法** 对于叠加体,可用形体分析法将其分解成若干个基本体,然后按各基本体的相对位置关系画出轴测图,这种方法称为组合法。

例 11-3 如图 11-7a 所示,用组合法画出其正等轴测图。

解 此叠加体可分解为三部分,按照它们的相对位置关系分别画出每一部分的轴测图,再用切割法切去多余部分,即得叠加体的轴测图。画底板的正等轴测图,如图 11-7b 所示。画开槽四棱柱板的正等轴测图,如图 11-7c 所示。检查、加粗可见轮廓线,得叠加体正等轴测图,如图 11-7d 所示。

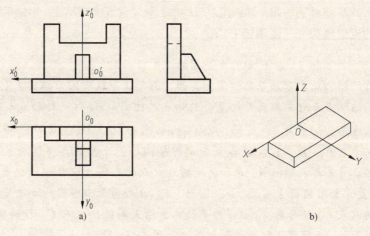

图 11-7 叠加体正等轴测图的画法

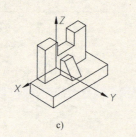

图 11-7 叠加体正等轴测图的画法（续）

2. 回转体正等轴测图的画法

（1）平行于坐标面圆的正等轴测图的画法　平行于三个坐标面圆的正等轴测图均为椭圆，如图 11-8 所示。

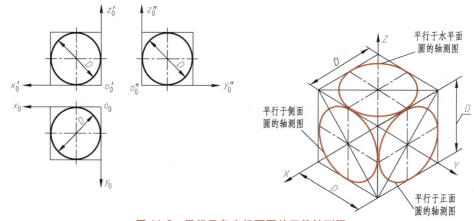

图 11-8 平行于各坐标面圆的正等轴测图

1）椭圆长短轴方向的确定。

① 平行于 XOY 坐标面的圆：轴测图对应的椭圆长轴垂直于 OZ 轴，短轴平行于 OZ 轴。

② 平行于 XOZ 坐标面的圆：轴测图对应的椭圆长轴垂直于 OY 轴，短轴平行于 OY 轴。

③ 平行于 YOZ 坐标面的圆：轴测图对应的椭圆长轴垂直于 OX 轴，短轴平行于 OX 轴。

2）椭圆的近似画法——菱形四心法。

例 11-4　画出图 11-9a 所示的水平圆的正等轴测图。

解　圆的外切正方形正等轴测图为菱形，圆的正等轴测图为椭圆，它用四段圆弧近似绘制，弧的端点正好是椭圆外切菱形的切点。过圆心 o_0 作坐标轴 o_0x_0 和 o_0y_0，再作圆的外切正方形，切点为 1、2、3、4。画出轴测轴 OX、OY。从 O 点沿轴向量圆的半径，得切点Ⅰ、Ⅱ、Ⅲ、Ⅳ。过各点分别作轴测轴的平行线，得圆外切正方形的轴测图——菱形。作菱形两顶点 A、B 和其两对边中点的连线（这些连线就是各菱形边的中垂线），交菱形长对角线于点 C、D，A、B、C、D 即为近似椭圆的 4 个圆心，如图 11-9b 所示。分别以点 A、B 为圆心，AⅣ为半径画出两大圆弧；以点 C、D 为圆心，CⅠ为半径画出两个圆弧。4 段圆弧组成近似椭圆，如图 11-9c 所示。

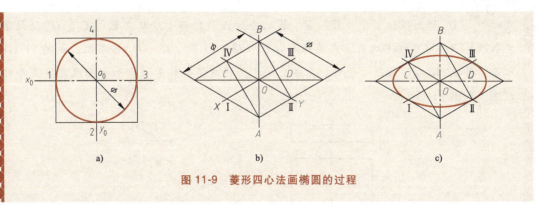

图 11-9 菱形四心法画椭圆的过程

思考： 正平圆和侧平圆的正等轴测图如何画？

（2）圆柱正等轴测图的画法

例 11-5 如图 11-10a 所示，画出圆柱的正等轴测图。

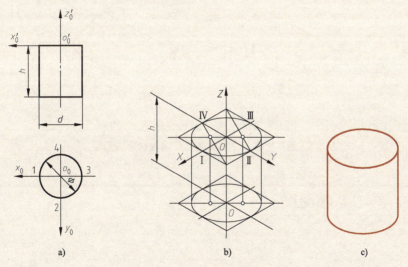

图 11-10 圆柱正等轴测图画法

解 如图 11-10a 所示，选取圆柱顶圆圆心为坐标原点，画出坐标轴。画轴测轴，定上下底的中心，画出上下底的菱形，用菱形四心法画出上下椭圆，作出左右公切线，如图 11-10b 所示。擦去多余线和不可见部分并加粗图线，如图 11-10c 所示。

（3）带圆角底板正等轴测图的画法

例 11-6 如图 11-11a 所示，画出带圆角底板的正等轴测投影。

解 如图 11-11a 所示，底板上有两个圆角，这两个圆角在轴测图上可看作两个 1/4 圆柱。如图 11-11b 所示，以各角顶点为圆心，R 为半径，定出外切菱形上切点位置，过切点作垂线，其交点即为圆角轴测投影椭圆弧的圆心，再画出两垂足间的圆弧即可。

作图时，先画出底板的正等轴测图，并根据半径 R 得到上端面的四个切点Ⅰ、Ⅱ、Ⅲ、Ⅳ，过四个切点分别作相应边的垂线，得底板上端面圆角圆心 O_1、O_2，如图 11-11b所示。过

圆心 O_1、O_2 作圆弧切于Ⅰ、Ⅱ、Ⅲ、Ⅳ四个切点，用移心法从两圆心 O_1、O_2 处向下量取板厚 H，得底板下端面圆角的两圆心 O_3、O_4。过圆心 O_3、O_4 作圆弧，如图 11-11c 所示。作以 O_2、O_4 为圆心的对应圆弧公切线，擦去多余作图线，加粗图线完成正等轴测图，如图 11-11d 所示。

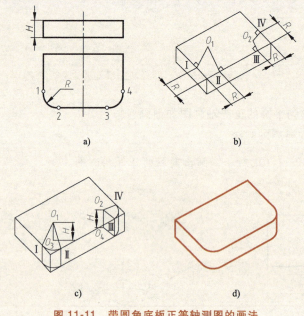

图 11-11　带圆角底板正等轴测图的画法

11.3　斜二等轴测图

11.3.1　斜二等轴测图的轴间角和轴向伸缩系数

常用斜二等轴测图的轴间角 $\angle XOZ=90°$、$\angle XOY=135°$（或 45°），轴向伸缩系数 $p_1=r_1=1$，$q_1=0.5$，如图 11-12 所示。

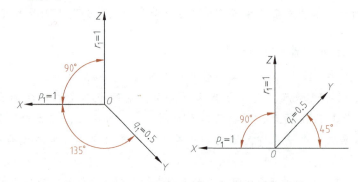

图 11-12　斜二等轴测图轴间角和轴向伸缩系数

画斜二等轴测图时,平行于 XOZ 坐标面的平面在轴测图中反映实形,因此物体若在平行于 XOZ 坐标平面上有圆时,画轴测投影采用斜二等轴测投影可避免画椭圆。

注意: 凡平行于 OY 轴的线段长度为原线段长度的 1/2。

11.3.2 斜二等轴测图的画法

例 11-7 如图 11-13a 所示,画出组合体的斜二等轴测图。

解 如图 11-13a 所示,选择坐标系。画轴测轴,运用形体分析法将组合体分解为上、下两部分,先画下底座前面的图形,反映实形,沿 OY 轴从原点 O 向后移 $L/2$ 距离,画出底座的后端面可见轮廓线,底座的斜二轴测图,如图 11-13b 所示。把原点 O 向上移动距离 H,再沿 O_1Y_1 轴向后移动 $L_1/2$ 距离,得新的斜二等轴测投影坐标系 $OX_1Y_1Z_1$,画出组合体上部实形。沿 O_1Y_1 轴向后移 $(L-L_1)/2$ 距离,画出组合体上部后端可见部分实形,作圆弧公切线,擦去多余的作图线,检查加粗图线,如图 11-13c 所示。

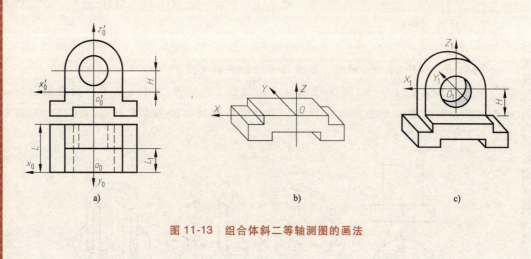

图 11-13 组合体斜二等轴测图的画法

11.4 轴测剖视图的画法

在轴测图中,为了表达物体的内部结构,可以假想用剖切平面将物体的一部分剖开,这种剖切后的轴测图称为轴测剖视图。为了使物体的内外结构都表达清楚,一般用两个平行于坐标面的相交平面剖开物体。

11.4.1 轴测图上剖面线的画法

正投影剖视图中金属材料剖面线用与水平线成 45°的细实线表示,轴测投影中也要符合这个关系。由于 45°角的两直角边是 1∶1 的比例关系,所以可以在轴测轴上按各个轴的简化系数取相等的长度画出剖面线的方向。如图 11-14a 所示,在 OX 轴和 OZ 轴上各取 1 长度单位,连直线,即为 XOZ 平面上 45°线的方向。凡平行于 XOZ 平面的剖面上,剖面线都应该与此线平行。对正等轴测图来说，该线与水平线成60°角。

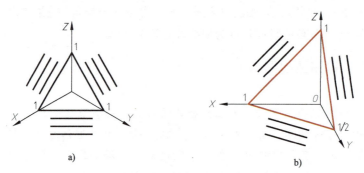

图 11-14 常用轴测剖视图剖面线的方向
a) 正等轴测图　b) 斜二等轴测图

常用轴测剖视图的剖面线的方向，如图 11-14a、b 所示。

11.4.2　轴测剖视图的画法

1. 先画外形再剖切

例 11-8　如图 11-15a 所示，绘制物体的轴测剖视图。

解　先画完整的外形，并定出剖切平面的位置，如图 11-15b 所示，然后画出剖切平面与物体的交线，如图 11-15c 所示，最后加粗图线，擦去多余线条，按规定画剖面线，如图 11-15d 所示。

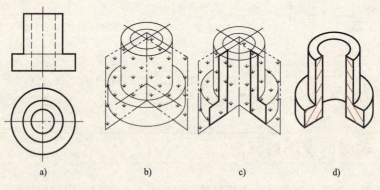

图 11-15　正等轴测图的剖切画法（一）

2. 先画断面后画外形

例 11-9　如图 11-16a 所示，画物体的轴测剖视图。

解　先定出剖切平面的位置，画出断面形状（按规定绘制剖面线），如图 11-16b 所示，然后画出断面后可见部分的投影并加粗图线，如图 11-16c 所示。这种方法可以少画切去部分的图线。

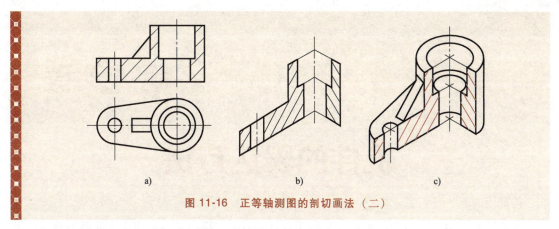

图 11-16　正等轴测图的剖切画法（二）

画轴测剖视图时，若剖切平面通过肋或薄壁结构的对称面时，则这些结构要素按规定不画剖面符号，用粗实线把它和连接部分隔开。

第 12 章

机件的表达方法

在生产实际中，当机件的形状和结构比较复杂时，如果仍采用前面介绍的两个或三个视图，就难于将机件的内、外形状正确、完整、清晰地表达出来。因此，国家标准规定了各种画法，如视图、剖视图、断面图、局部放大图等，可根据机件的结构特点及其复杂程度，采用不同的表达方法。本章着重介绍一些常用的表达方法。

12.1 视图

技术图样应采用正投影法绘制，并优先采用第一角画法。绘制图样时，根据机件的结构特点，选择适当的表达方法，在完整、清晰表达物体形状的前提下，力求制图简便。在图中应用粗实线画出机件的可见轮廓，必要时用虚线画出机件的不可见轮廓。

视图通常有基本视图、向视图、局部视图和斜视图四种。

12.1.1 基本视图

在原有三个投影面的基础上，再增设三个投影面组成一个正六面体，如图 12-1 所示。国家标准将正六面体的六个面规定为基本投影面。把机件放置在正六面体系中，分别向六个基本投影面投射所得的六个视图称为基本视图。即在原有的主、俯、左三个视图的基础上，还有：由右向左投射所得的右视图，由下向上投射所得的仰视图，由后向前投射所得的后视图，如图 12-2 所示。

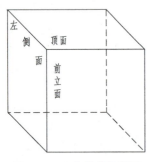

图 12-1 六个基本投影面

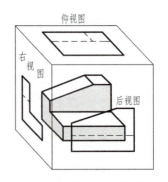

图 12-2 右、仰、后视图的形成

六个基本投影面按图 12-3 所示展开成同一个平面。国家标准规定：六个基本视图按展

开的位置配置时，不必标注视图的名称，如图 12-4 所示。六个基本视图之间仍然符合"三等"规律，即

主、俯、仰、后四个视图长度相等；
主、左、右、后四个视图高度平齐；
俯、仰、左、右四个视图宽度一致。

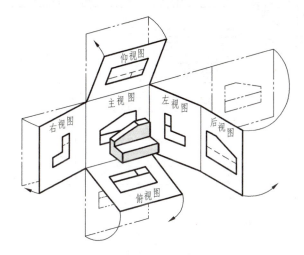

图 12-3　六个基本投影面的展开

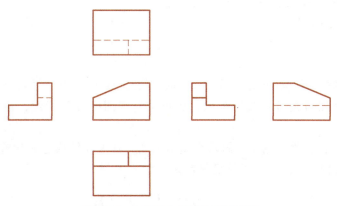

图 12-4　六个基本视图的展开位置

绘制机件的图样时，在完整、清晰地表达机件形状的前提下，应使视图的数量最少。也就是说表达机件的图样时，不必六个基本视图都画，应根据机件的结构特点按需要选择其中的几个视图，选择的原则是：

1）选择表达物体信息量最多的那个视图作为主视图，通常是物体的工作位置、加工位置、安装位置以及反映特征的方向。

2）在物体表达清楚的前提下，应使视图（包括剖视图和断面图）的数量为最少。

3）视图中一般只画机件的可见部分，必要时才用细虚线表达物体的不可见轮廓。

4）避免不必要的重复表达。

如图 12-5 所示，选用主、俯、左三个视图后又选用一个后视图，以表达清楚后板面的形状构成，并避免了视图上出现过多的虚线。

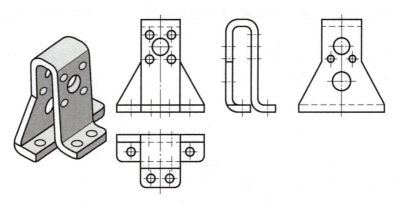

图 12-5　基本视图选择示例

12.1.2　向视图

向视图是可自由配置的视图,即机件的基本视图不按基本视图的规定配置。向视图应进行视图的标注,即在向视图的上方标出视图的名称——大写拉丁字母,在相应的视图附近用箭头指明投射方向,并标注相同的字母,如图 12-6 所示。

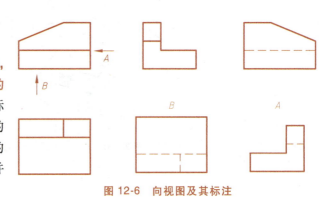

图 12-6　向视图及其标注

12.1.3　局部视图

局部视图是将机件的某一部分结构向基本投影面投射所得到的视图,常用来表达机件的局部外形。局部视图可按基本视图配置,还可按向视图配置并标注,还可按第三角画法配置。

如图 12-7 所示的机件,用主、俯两个基本视图,其主要结构已表达清楚,左、右两个凸台的形状采用 A 向、B 向两个局部视图表达。

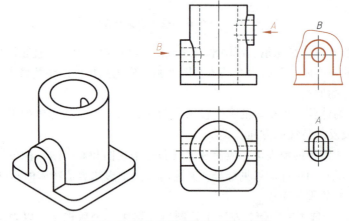

图 12-7　机件的基本视图和局部视图

局部视图以波浪线（或双折线）表示断裂的边界线（图 12-7）。当所表达的局部结构具有完整、封闭的外轮廓线时，以其外轮廓画出，波浪线省略不画，如图 12-7 中的 A 局部视图。局部视图画在符合投影关系的位置，中间又无其他图形隔开时，不需标注，如图 12-7 中的 B 局部视图中的标注可省略不画，否则必须标注，其标注方法同向视图。

12.1.4 斜视图

当机件上某些倾斜结构不平行于任何基本投影面时，投影不能反映实形，给画图和看图带来了不便。可以设立一个平行于倾斜结构的辅助投影面，并将倾斜结构向该投影面进行投射（正投影），即可得到倾斜部分的实形。这种将机件的倾斜部分向不平行于任何基本投影面的平面投射所得到的视图，称为斜视图，如图 12-8 所示。当机件倾斜结构投射后，必须将辅助投影面按基本投影面展开，如图 12-9 所示。

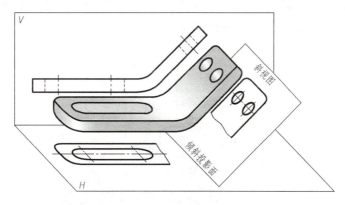

图 12-8 斜视图的形成

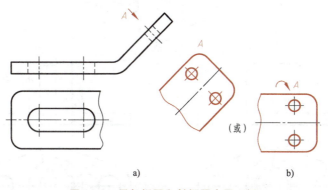

图 12-9 局部视图和斜视图应用示例

斜视图仅表示机件的倾斜结构的实形，故机件的其他部分在斜视图中可以断去不画，并用波浪线（或双折线）表示断裂的边界线，如图 12-9a 中的 A 向斜视图。斜视图可画在符合投影关系的位置，也可以旋正画出（图 12-9b）。无论采用哪种画法，都应进行标注。其标注方法与向视图相似，只是当把斜视图旋正画出时，要在斜视图上方名称（大写拉丁字母）附近画出旋转符号，字母应靠近箭头一端，也允许将旋转角度标注在字母之后。角度值是实际旋转角的大小，箭头方向表示旋转的实际方向。

12.2 剖视图

12.2.1 剖视的基本概念

剖视图主要表达机件被剖开后原来看不见的结构形状。当视图中存在虚线而难以用视图表达机件的不可见部分的形状时，常用剖视图表达。如图 12-10b 所示，压盖的主视图出现了一些表达内部结构的虚线，为清楚地表达机件的内部形状，**假想用剖切面将机件切开，将处在观察者和剖切面之间的部分移去，而将其余部分向投影面投射所得的图形，称为剖视图。**

如图 12-10 所示，将视图与剖视图相比较，由于图 12-10c 中主视图采用了剖视的表达方法，在视图中不可见部分的轮廓线变为可见，图中原有的细虚线改画成粗实线，再加上剖面线的作用，使图形更为清晰。由于主视图中左、右两孔的形状（加上直径尺寸 ϕ）已经表达清楚，故俯视图上所对应的细虚线圆可以省略不画出。

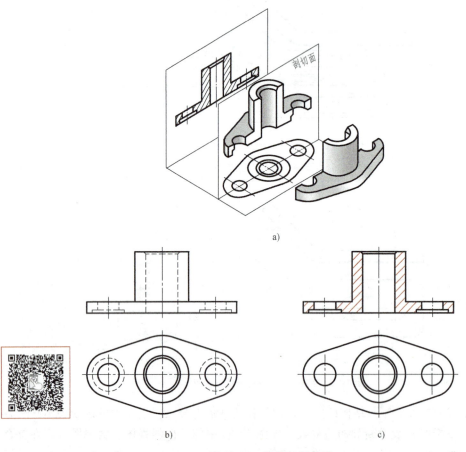

图 12-10 视图与剖视图
a) 剖视图的形成　b) 视图　c) 剖视图

下面以图 12-10 所示的压盖为例，说明画剖视图的步骤：
1) 确定剖切面的位置。如图 12-10a 所示，选取平行于正面的对称面作为剖切面。

2）画剖视图。如图 12-10c 所示，将剖开的压盖移去前半部分，并将剖切面截切压盖所得断面及压盖后半部分向正面投射，画出剖视图。由于剖视图是假想剖开物体后画出的，当物体的一个视图画成剖视后，其他视图不受影响，仍完整画出。

3）画剖面符号。剖切面与机件内、外表面的交线所围成的图形，称为剖断面（又称为剖面区域），其剖面区域的轮廓线即为截交线。在剖面区域上应画出剖面符号，表 12-1 列出了部分不同材料的剖面符号。机械工程中的机件多为金属材料制造而成，其剖面符号应画成间隔相等、方向相同且一般与剖面区域的主要轮廓或对称线成 45°的平行线。

表 12-1 材料的剖面符号（GB/T 4457.5—2013）

金属材料（已有规定剖面符号者除外）	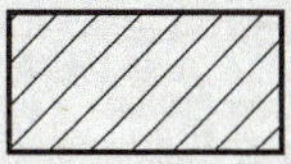	木质胶合板（不分层数）	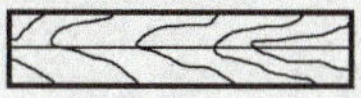
线圈绕组元件	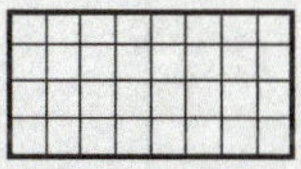	基础周围的泥土	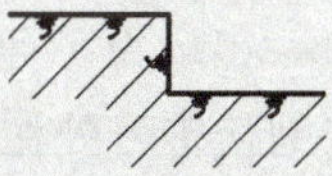
转子、电枢、变压器和电抗器等的叠钢片	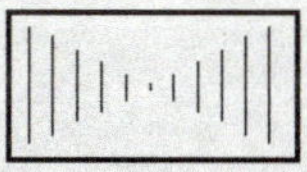	混凝土	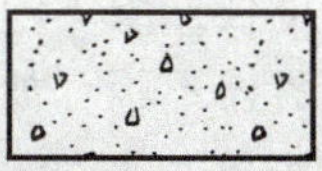
非金属材料（已有规定剖面符号者除外）	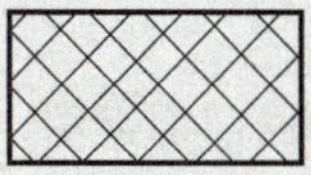	钢筋混凝土	
型砂、填砂、粉末冶金、砂轮、陶瓷刀片、硬质合金刀片等	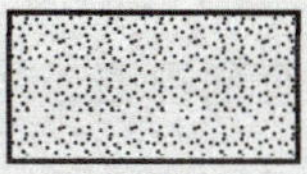	砖	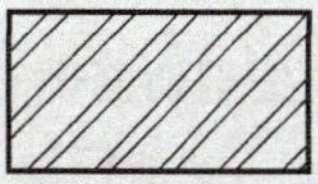
玻璃及供观察用的其他透明材料	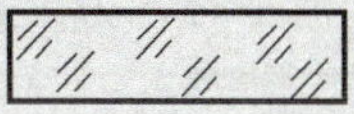	格网（筛网、过滤网等）	
木材	纵断面	液体	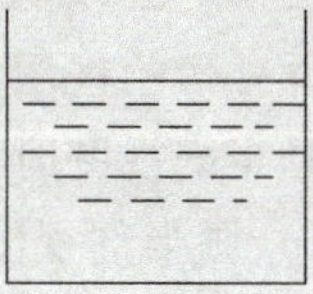
	横断面		

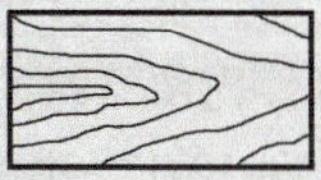

注：1. 剖面符号仅表示材料的类型，材料的名称和代号另行注明。
　　2. 叠钢片的剖面线方向，应与束装中叠钢片的方向一致。
　　3. 液面用细实线绘制。

通常称为剖面线。对于同一机件，无论在哪个剖面区域上，剖面线的方向和间隔都应一致，不可反向。

在国家标准 GB/T 17453—2005《技术制图 图样画法剖面区域的表示法》中规定，当不需要表示材料类别时，可采用通用剖面线来表示剖面区域。所谓通用剖面线，即国家标准 GB/T 4457.5—2013《机械制图 剖面区域的表示法》中的金属材料的剖面符号。

4）剖视图的标注。剖视图标注的三要素：

① 剖切线。剖切线是表示剖切面位置的线，用细点画线绘制，也可省略不画。

② 剖切符号。表示剖切面的起、讫和转折位置（用短粗实线绘制）以及表示投射方向（箭头）的符号（箭头与短粗实线垂直）组成了剖切符号。当剖视图按投影关系配置，中间又无其他图形隔开时，可以省略箭头。

③ 字母。在剖视图的上方，用大写拉丁字母注出剖视图的名称"×-×"。为了便于查找和读图，应在剖切符号处注写相同的字母。

剖切符号、剖切线和字母的组合标注如图 12-11 所示。剖切线也可省略不画，如图 12-11b 所示。

当单一剖切面通过机件的对称平面或基本对称平面，并且剖视图按投影关系配置，中间又无其他图形隔开时，可省略全部标注。单一剖切面的局部剖视图一般不标注。

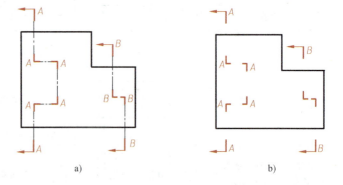

图 12-11 剖视图的标注
a) 有剖切线 b) 省略剖切线

12.2.2 剖视图的种类

按剖切面剖开机件的范围不同，剖视图可分为全剖视图、半剖视图和局部剖视图。

1. 全剖视图

用剖切面将机件全部剖开所得到的剖视图，称为全剖视图。

当机件的外形简单或外形已在其他视图中表达清楚时，为了表达机件的内部结构常采用全剖视图。如图 12-10c 所示的主视图。

2. 半剖视图

当机件具有对称平面，且内外结构都需要表达时，在垂直于对称平面的投影面上投射得到的图形，应以对称中心线为界，一半画成表示机件内部结构的剖视图，而另一半则画成表示机件外形的视图，这种剖视图称为半剖视图，如图 12-12a 中的俯视图和左视图。

画半剖视图时必须注意：

1）画半剖视图是以对称中心线（点画线）为界，一半画外形视图（内腔细虚线不画），一半画内腔剖视图。

2）看图时，画外形视图的一半，其内腔与画内腔剖视图的一半相同（镜像过来）；而画内腔剖视图的一半，其外形与画外形视图的一半相同（镜像过来）。

3）半剖视图中虽然有一半是机件的外形视图，但在标注剖切面的剖切位置时，与全部

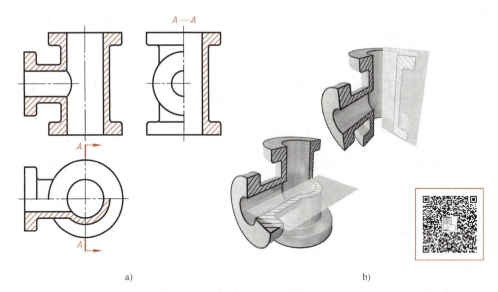

图 12-12 全剖视图和半剖视图

剖开机件的全剖视图的标注方法完全相同,如图 12-12a 所示。

4)对称的机件,在对称中心线上有棱线时,不允许采用半剖视图来表达,这是因为半剖视图是以对称中心线为界来画图的。

3. 局部剖视图

用剖切面将机件局部地剖开所得到的剖视图,称为局部剖视图,如图 12-13 所示。

局部剖视图用于内外结构都需表示,且不对称的机件,以及实心件上的局部结构,如图 12-14 所示;或对称中心线上有棱线,而不宜采用半剖视图的机件,如图 12-15 所示。

国家标准规定,局部剖视图中剖与不剖部分的分界线是波浪线。因此,画图时首先要考虑波浪线画在何处。如图 12-16a 所示,波浪线不允许超出被剖部位的轮廓线,不允许穿通孔而过;如图 12-16b、c 所示,波浪线不允许与任何轮廓线重合,也不可画在轮廓线的延长位置。

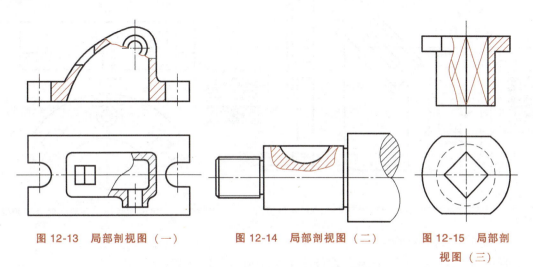

图 12-13 局部剖视图(一)　　图 12-14 局部剖视图(二)　　图 12-15 局部剖视图(三)

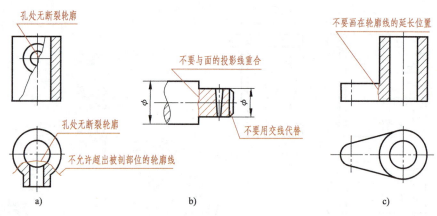

图 12-16 波浪线的错误画法

12.2.3 剖切面的种类

一般用平面剖切机件，也可用柱面剖切机件。国家标准 GB/T 17452—1998《技术制图 图样画法 剖视图和断面图》中将剖切面分为三类，这三类剖切面在三种剖视图中均可采用。

1. 单一剖切面

用一个剖切面剖开机件的方法，如图 12-17 所示。 单一剖切面又分为正剖切面（平行于基本投影面的剖切面）、斜剖切面、剖切柱面。

图 12-12~图 12-15 所示为正剖切面，图 12-17 所示的 A—A 剖视图为用不平行于任何基本投影面的单一斜剖切面剖开机件，经旋转后绘制的局部剖视图。斜剖切面剖开机件的结构，既可按符合投影关系配置，也可旋正画出。当旋正画出时，也要加注旋转符号（图 12-17）。有时根据机件的结构特点，还可采用单一剖切柱面，如图 12-18 所示为采用单一剖切柱面剖开机件的全剖视图。剖切柱面剖得的剖视图，一般采用展开画法，此时，标注名称时应加注"展开"二字（图 12-18）。

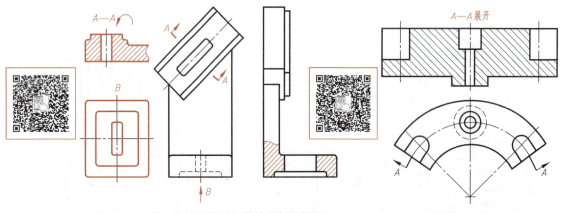

图 12-17 单一剖切面剖开机件的局部剖视图　　图 12-18 用剖切柱面剖开机件的全剖视图

2. 几个平行的剖切面

用两个或两个以上平行的剖切面剖开机件的方法，如图 12-19 所示。

采用几个平行的剖切面画剖视图时,应注意以下几点:

1) 剖切面的转折处不应画线,如图 12-19 所示。

2) 要正确选择剖切面的位置,在剖视图内不应出现不完整要素。如图 12-20b 所示的全剖视图中出现了不完整的肋板,应适当地调配剖切面的位置,如图 12-20a 所示。

3) 当机件上的两个要素在图形上具有公共对称中心线(面)或轴线时,应以对称中心线(面)或轴线为界各画一半,如图 12-21 中的 A—A 全剖视图。

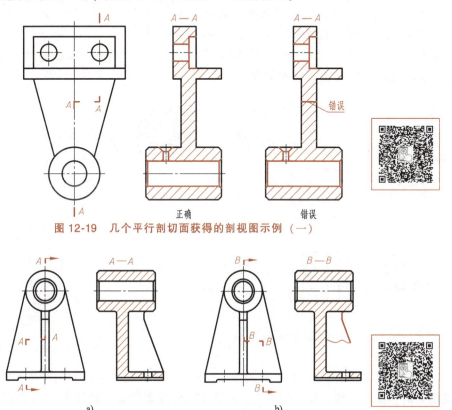

图 12-19 几个平行剖切面获得的剖视图示例(一)

图 12-20 几个平行剖切面获得的剖视图示例(二)
a) 正确 b) 错误

3. 几个相交的剖切面

用两个或两个以上相交的剖切面(其中包括平面和柱面,且剖切面的交线必须垂直于某一投影面)剖开机件,其剖切面的交线是机件的回转轴线,如图 12-22 所示。

采用几个相交的剖切面的方法绘制剖视图时,先假想按剖切位置剖开机件,然后将被斜剖切面剖开的结构及有关部分旋转到与基本投影面平行,再进行投射得到剖视图。

画几个相交剖切面的剖视图时,应注意以下几点:

1) 剖视图与视图之间会出现不符合视图之间投影关系的情况。采用几个相交的剖切面的这种"先剖切后旋转"的方法绘制的剖视图往往有些部分图形会伸长,有些剖视图还要展开绘

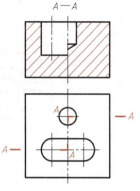

图 12-21 几个平行剖切面获得的剖视图示例(三)

制，如图 12-23、图 12-24 所示。

2）剖切面后未剖到结构的画法。采用几个相交的剖切面的方法绘制剖视图时，剖切面后未剖到的其他结构一般仍按原来的位置投射，如图 12-23 所示的油孔。

3）连接板、肋板等薄板结构的画法。当剖切面沿着连接板、肋板等薄板方向剖开这些结构时，该结构按不剖绘制，即不画剖面线，但要以相邻结构的轮廓线隔开，如图 12-23 中连接板结构的画法。

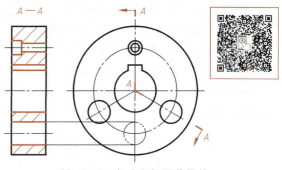

图 12-22 相交剖切面获得的剖视图示例（一）

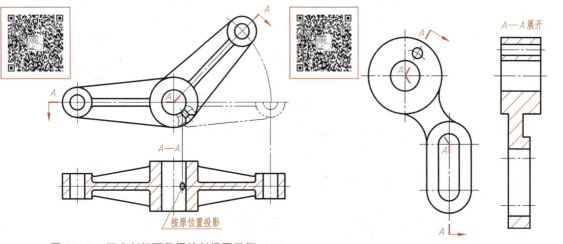

图 12-23 相交剖切面获得的剖视图示例（二）

图 12-24 相交剖切面获得的剖视图示例（三）

4）剖视图中剖到不完整要素的处理。采用几个相交的剖切面剖开机件时，当剖到不完整要素时，应将此部分按不剖绘制，如图 12-25a 中的臂板，而图 12-25b 是错误的画法。

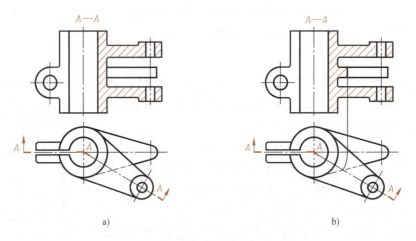

图 12-25 相交剖切面获得的剖视图示例（四）

a）正确　b）错误

12.3 断面图

12.3.1 断面图的概念

假想用剖切面垂直于机件的轮廓线将机件切开，仅画出断面（截交线）的图形，这样的图形称为**断面图**，如图 12-26 所示。在断面图中，机件和剖切面接触的部分称为剖面区域，国家标准规定，在剖面区域内要画上剖面符号。断面图在机械图样中常用来表达机件上某一部分的断面形状，它分为**移出断面图和重合断面图**。

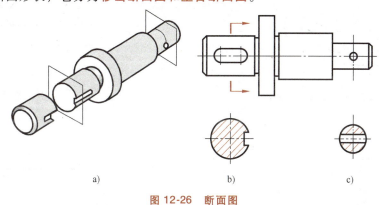

图 12-26 断面图

12.3.2 断面图的种类

1. 移出断面图

画在视图之外的断面图称为移出断面图，移出断面轮廓线用粗实线绘制，如图 12-26、图 12-27 所示。布置图形时，尽量将移出断面图画在剖切位置的延长线上（图 12-26）；当断面图的图形对称时，可将断面图画在视图的中断处，如图 12-27 所示。移出断面图也可配置在其他适当位置，如图 12-28 所示。

移出断面图的特殊情况：当剖切面通过回转曲面构成的孔或凹坑的轴线时，这些结构按剖视绘制，如图 12-28 所示。当剖切面通过非圆孔，会导致出现完全分离的剖面区域时，这些结构也按剖视来绘制，如图 12-29 所示。由两个或多个相交的剖切面剖切得出的移出断面图，中间一般应断开，如图 12-30 所示。

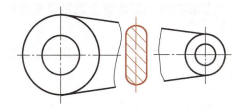

图 12-27 配置在视图中断处的移出断面图

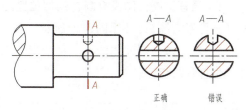

图 12-28 移出断面图示例（一）

2. 重合断面图

画在视图之内的断面图称为重合断面图，其断面轮廓线为细实线。当断面轮廓线与视图中的轮廓线重合时，视图中的轮廓线仍应连续画出，不可断开，如图 12-31 所示。

肋板的重合断面图的画法是轮廓线不封闭，如图 12-32 所示。

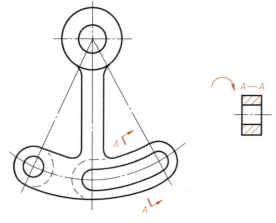

图 12-29　移出断面图示例（二）

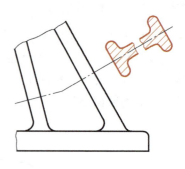

图 12-30　移出断面图示例（三）

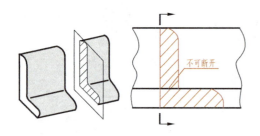

图 12-31　重合断面图示例（一）

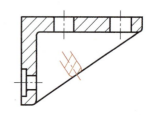

图 12-32　重合断面图示例（二）

12.3.3　断面图的标注

断面图的完整标注同剖视图的标注一样，但断面图的标注与图形的配置和图形的对称性有关，具体如下：

1）当移出断面图画在剖切线的延长线上，且图形对称时可省略标注，如图 12-26c 所示。当移出断面图画在剖切符号的延长线上，且图形不对称，则可省略字母，如图 12-26b 所示。断面图画在视图中断处时，不需标注（图 12-27）。

2）当移出断面图没有画在剖切位置的延长线上，且图形对称或画在符合投影关系的位置时，可省略箭头，如图 12-28 所示。

3）对于重合断面图的不对称图形，只可省略字母，如图 12-31 所示。当不致引起误解时，也可省略标注。

12.4　其他表达方法

国家标准还规定了局部放大图、简化画法和第三角画法等。

12.4.1 局部放大图

将机件的部分结构用大于原图形所采用的比例画出的图形,称为局部放大图,如图 12-33 所示。它用于表达机件上的较小结构,应尽量配置在被放大部位的附近,以便于读图。局部放大图可以画成视图、剖视图、断面图,与原图的表达形式无关;图形所采用的放大比例应根据结构需要来选定,与原图的画图比例无关。

局部放大图的断裂边界,可以采用细实线圆作为边界线,如图 12-34b 所示,也可以采用波浪线(图 12-33a、d)或双折线作为边界线。

局部放大图的标注方式是用细实线圆或长圆圈出被放大部位,在局部放大图的上方写出放大的比例(图 12-34);当多处放大时,要用罗马数字编号并写在指引线上,在放大图的上方用分式标注出相应的罗马数字和采用的比例(图 12-33a、d)。必要时也可采用几个视图表达同一个被放大部位的结构,如图 12-35 所示。

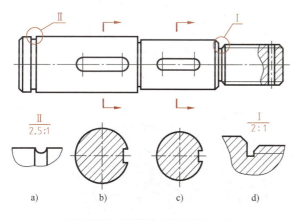

图 12-33 局部放大图示例(一)

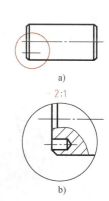

图 12-34 局部放大图示例(二)

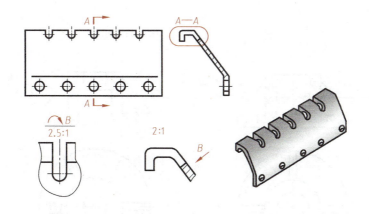

图 12-35 局部放大图示例(三)

12.4.2 简化画法

为了读图和绘图的方便,国家标准中规定了一些简化画法。

1. 肋板、轮辐、实心杆状结构在剖视图中的简化画法

这些结构如沿纵向剖切，都不画剖面符号，而用粗实线（相邻结构的轮廓线）将它与其相邻结构隔开，如图 12-36a 和图 12-37b 所示。从图中可以看出，上述结构被剖切时，只有在反映其厚度的剖视图中才画出剖面符号。

2. 均布在圆周上的孔、肋板、轮辐等结构的简化画法

当这些结构不处在剖切面上时，可以将其结构旋转到剖切面的位置，再按剖开后的对称形状画出，如图 12-38 中的主视图所示。

注意：孔只剖开一个，另一个仅用细点画线示出位置，且是旋转以后的位置，如图 12-38 中的主视图所示。

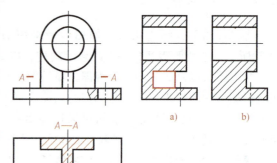

图 12-36 肋板在剖视图中的画法

a) 正确 b) 错误

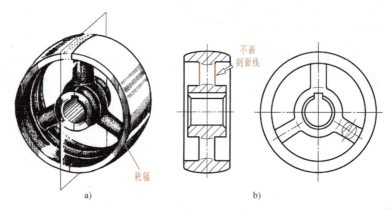

图 12-37 轮辐在剖视图中的画法

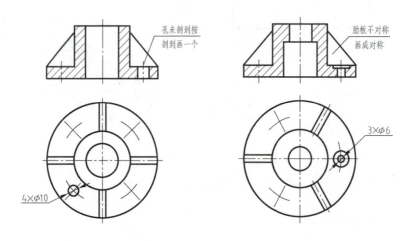

图 12-38 均匀分布的肋板和孔的画法

3. 对称和基本对称机件的简化画法

为了节省绘图时间和图幅，在不致引起误解时，对称机件的视图可以只画出二分之一或四分之一，并在对称中心线的两端画出对称符号（图12-39）。

而对于基本对称的机件，仍可按对称机件的画法绘制，但要对其中不对称的结构加注说明（图12-39b）；也可使图形适当地超过基本对称中心线（画大于一半的图形），此时不再画上对称符号，如图12-39c所示。

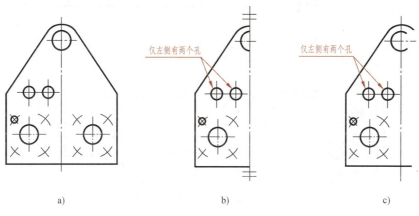

图12-39　基本对称机件的简化画法
a）完整视图　b）对称画法　c）大于一半画出

4. 平面的简要画法

当图形不能充分表示平面时，可用平面符号（相交的细实线）来表示这个平面，如图12-40所示。

5. 较长杆件的简化画法

较长杆件（如轴、杆、型材、连杆等）沿长度方向的形状为一致或按一定的规律变化时，可采用折断后缩近画出，如图12-41所示。但应注意采用这种画法时，尺寸仍按实际长度注出。

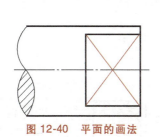

图12-40　平面的画法

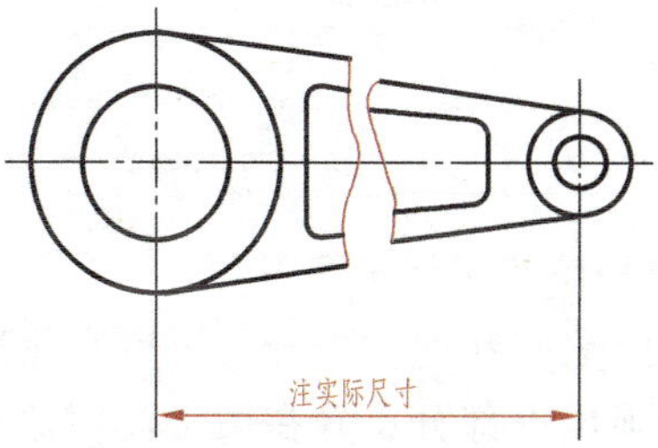

图12-41　折断画法

6. 相同要素的简化画法

机件上的相同结构，如齿、孔（包括柱孔和沉孔）、槽等，按一定规律分布时，可只画出一个或几个完整的结构，其余用细点画线或者"+"（十字线加圆黑点，十字线为细实线）或十字线示出中心位置，但在图中应注明该结构的数量，如图12-42、图12-43所示。当相同结构的孔数量较多，且能确切地说明孔的位置、数量和分布规律时，表示孔的中心位置的细点画线和十字线不需一一画出，如图12-44所示。

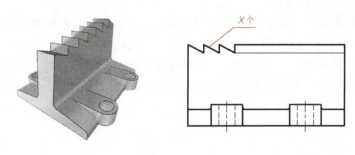

图 12-42　相同要素的简化画法（一）

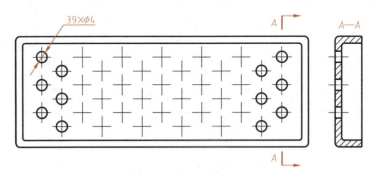

图 12-43　相同要素的简化画法（二）

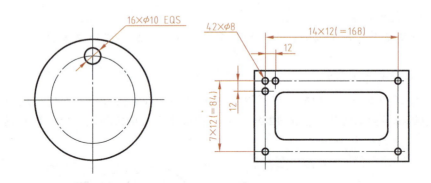

图 12-44　相同要素的简化画法（三）

7. 网纹和滚花的简化画法

机件上的滚花和网纹部分，可以在轮廓线附近用粗实线示意画出一部分，并在图上注明这些结构的具体要求，如图 12-45 所示。

8. 左右手件的简化画法

左右手件（零件或装配件）是指在装配时安装于左右（或上下，或前后）位置的，成对使用的两个零件（或装配件），犹如人的左右手一样。对于左右手零件（或装配件）允许只画出其中一个件的图形，而另一个用文字加以说明，如图 12-46 所示。图中"LH"为左手件，而"RH"为右手件。

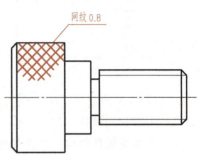

图 12-45　滚花的简化画法

9. 较小结构的简化画法

对于机件上较小的结构，如果已在图形中表达清楚，且又不影响看图时，可不按投影而简化画出或省略，如图 12-47 所示的锥度不大的孔，其圆视图可按两端面圆的直径近似画出，而非圆视图的相贯线按直线画出。

10. 圆柱形法兰盘上均布孔的简化画法

法兰盘端面的形状可以不用局部视图来表达，而仅画出端面上孔的形状及分布情况，如图 12-48 所示。

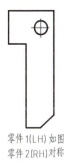

零件1(LH) 如图
零件2(RH) 对称

图 12-46　左右手件的简化画法

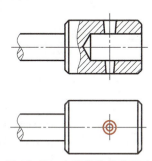

图 12-47　小结构的简化画法

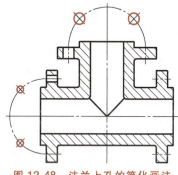

图 12-48　法兰上孔的简化画法

12.4.3　第三角画法

世界各国的技术图样有两种画法：第一角画法和第三角画法。

我国国家标准规定绘制图样时应优先采用第一角画法。美国、日本等国家采用第三角画法。为了适应国际科学技术交流的需要，应学习第三角画法的有关知识。

将三面投影体系中的三个相互垂直的投影面在空间无限延伸，它会将空间分隔成八部分（又称为八个分角），即第一分角、第二分角、…、第八分角，如图 12-49 所示。

第一角画法是将物体置于第一分角内，使其处于观察者与投影面之间，即保持人—物—面的位置关系来得到正投影的方法，如图 12-50a 所示。而第三角画法是将物体置于第三分角内，使投影面处于观察者与物体之间，即保持人—面—物的位置关系来得到正投影的方法，如图 12-51a 所示。

而这两种画法的主要区别如下。

（1）各个视图的配置不同　第三角画法规定，投影面展开时前立投影面不动，顶面向上旋转 90°，侧面向前旋转 90°，后立投影面随着右侧面一起旋转与前立投影面在一个平面上，如图 12-52 所示。各个视图的配置如图 12-53 所示。

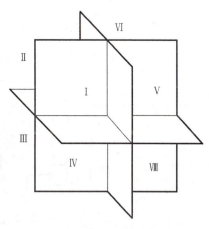

图 12-49　八个分角

（2）里前外后　由于视图的配置位置不同，各视图中表示物体上的方位也不同。

在第一角画法中的俯视图、左视图、仰视图、右视图，其靠近主视图的一边（里边）为物体的后面，即里后外前；而在第三角画法中，则是靠近主视图的一边（里边）为物体的前面，即里前外后，两者正好相反。

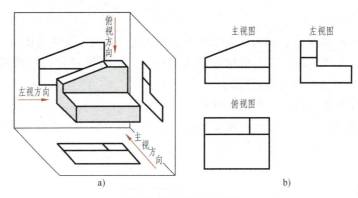

图 12-50 第一角画法

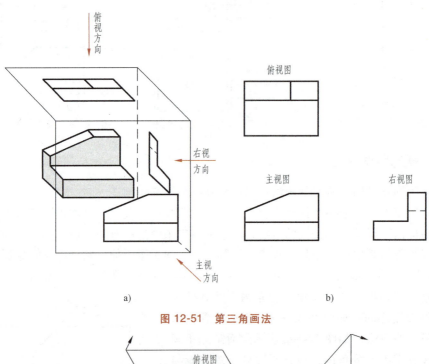

图 12-51 第三角画法

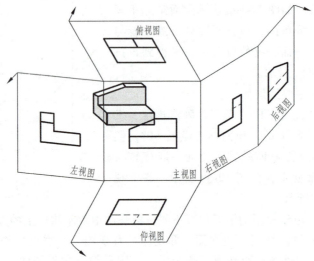

图 12-52 第三角画法投影面的展开

第12章 机件的表达方法

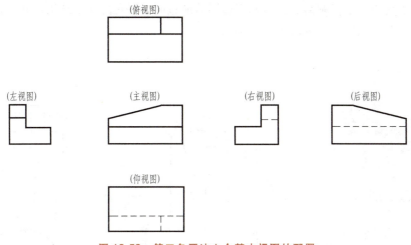

图 12-53 第三角画法六个基本视图的配置

在 ISO 国际标准中规定了第一角画法和第三角画法的识别符号：第一角画法的识别符号，如图 12-54a 所示；而第三角画法的识别符号，如图 12-54b 所示。并且将画法的识别符号画在标题栏附近。

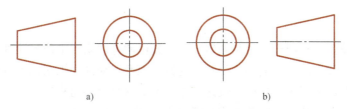

图 12-54 第一角画法和第三角画法的识别符号
a) 第一角画法的识别符号 b) 第三角画法的识别符号

12.5 综合应用和读图举例

12.5.1 综合应用举例

在选择表达方法时，应首先了解机件的组成及结构特点，确定机件上哪些结构需要剖开表示，采用什么样的剖切方法，然后对表达方案进行比较，确定最佳方案。下面以图 12-55 所示的托架为例进行分析。

1. 形体分析

托架是由两个圆筒、十字肋板、长圆形凸台组成的，凸台与上边圆筒相贯后，又加工了两个小孔，下边圆筒前方有两个沉孔。

2. 选择主视图

托架上两个圆筒的轴线交叉垂直，且上边长圆形凸台不平行于任何基本投影面，为了反映托架的形状特征，将托架下方圆筒的轴线水平放置，并以图 12-55 中所示的 S 方向为主视图的投射方向。

图 12-56 所示为托架的表达方案，主视图采用了单一剖切面的剖切方法，画成局部剖视

图，既表达了肋板、上下圆筒、凸台和下边圆筒前边两个沉孔的外部结构形状以及相对位置关系，又表达了下边圆筒内部阶梯孔的形状。

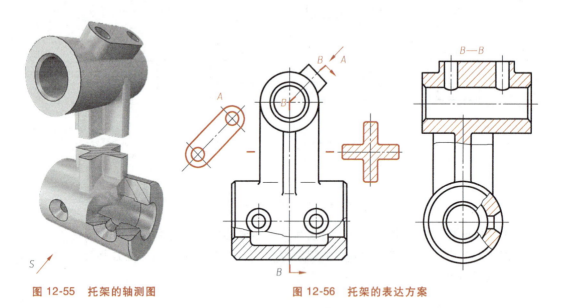

图 12-55　托架的轴测图　　　　　图 12-56　托架的表达方案

3. 确定其他视图

由于上方圆筒上的长圆形凸台是倾斜的，俯视图和左视图都不能反映其实形，而且内部结构也需要表达，故在左视图上部采用相交的剖切面画成局部剖视图，下方圆筒上的沉孔采用单一剖切面的局部剖视图。这样既表达了上下两圆筒与十字肋板的前后关系，又表达了上方圆筒的孔、凸台上的两个小孔和下边圆筒前方两个沉孔的形状。为了表达凸台的实形，采用了 A 斜视图。采用了移出断面图表达十字肋板的断面形状。

12.5.2　读图举例

读图是根据已有的表达方案，分析了解剖切关系以及表达意图，从而想象出机件的内外结构形状，下面以图 12-57 为例进行读图分析。

1. 概括了解

首先了解机件选用了哪些表达方法，即图形的数量、所画的位置、轮廓等，初步了解机件的复杂程度。

2. 仔细分析剖切位置及相互关系

根据剖切符号可知，主视图是用相交剖切面剖开而得到的 B—B 全剖视图；俯视图是用相互平行的剖切面剖开而得到的 A—A 全剖视图；C—C 右视图和 E—E 剖视图都是用单一剖切面剖开而得到的全剖视图；D 局部视图反映了顶部凸缘的形状。

3. 分析机件的结构，想象空间形状

由分析可知，该机件的基本结构是四通管体，主体部分是上下带有凸缘和凹坑的圆筒，上部凸缘是方形棱柱，由于安装需要，凸缘上带有四个圆柱形的安装孔，下方凸缘是圆柱形，也同样带有四个圆柱形的安装孔。主体的左边带有圆柱形凸缘的圆筒与主体相贯，圆柱形凸缘上均布有四个小孔，主体的右边带有菱形凸缘的圆筒与主体相贯，菱形凸缘上有两个

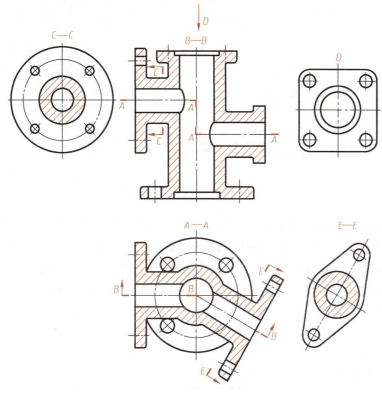

图 12-57　四通管的表达方案

小孔，从俯视图中看出主体左右两边的圆筒轴线不在一条直线上。

通过以上分析，想象出支架的空间形状，如图 12-58 所示。

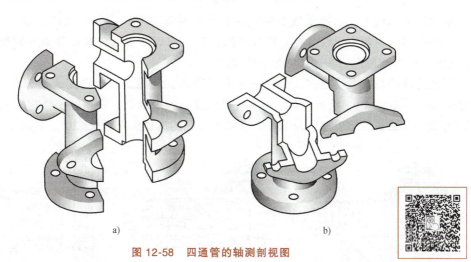

图 12-58　四通管的轴测剖视图
a）图 12-57 中主视图的剖切　b）图 12-57 中俯视图的剖切

第 13 章

标准件与常用件

在机器、仪器或部件的装配和安装中，广泛使用螺纹紧固件及其他联接件；在机械传动、支承等方面，经常用到齿轮、轴承、弹簧等零件。由于这些零件应用广泛，需求量大，为了便于制造和使用，提高生产率，已经将这些零件的结构、形式、画法、尺寸精度等全部或部分地进行了标准化。例如，螺栓、螺钉、螺母、键、销、轴承等，它们的结构、尺寸、画法等各方面全部标准化，称为标准件。还有些零件，如齿轮、弹簧等，它们的部分参数已标准化、系列化，称为常用件。本章主要介绍这些零件的结构、规定画法和标注方法。

13.1 螺纹及螺纹紧固件

13.1.1 螺纹的形成、结构和要素

1. 螺纹的形成

在回转体表面上，沿螺旋线所形成的具有相同剖面形状（如三角形、矩形、梯形等）的连续凸起和沟槽称为螺纹。在圆柱（或圆锥）外表面所形成的螺纹称为外螺纹；在圆柱（或圆锥）内表面所形成的螺纹称为内螺纹。

形成螺纹的加工方法很多，如在车床上车削内、外螺纹，也可用成形刀具（如板牙、丝锥）加工，如图 13-1 所示。对于加工直径比较小的内螺纹，先用钻头钻出光孔，再用丝锥攻螺纹，因钻头的钻尖顶角为 118°，所以不通孔的锥顶角应画成 120°，如图 13-2 所示。

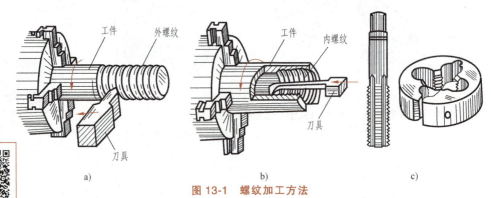

图 13-1 螺纹加工方法

a）车床加工外螺纹　b）车床加工内螺纹　c）丝锥和板牙

车削螺纹时,由于刀具和工件的相对运动而形成圆柱螺旋线,动点的等速运动由车床的主轴带动工件的转动而实现;动点沿圆柱素线方向的等速直线运动由刀尖的移动来实现。

2. 螺纹的结构和要素

螺纹按其截面形状(牙型)分为普通(三角形)螺纹、矩形螺纹、梯形螺纹、锯齿形螺纹及其他特殊形状螺纹,普通螺纹主要用于联接,矩形、梯形和锯齿形螺纹主要用于传动。

螺纹由牙型、直径、线数、螺距和导程、旋向五个要素确定。内、外螺纹一般要成对使用,在内、外螺纹相互旋合时,内、外螺纹的五个要素必须完全相同,否则不能旋合。

(1)牙型 螺纹的牙型是指在通过螺纹轴线的剖切面上螺纹的轮廓形状,螺纹的牙型标志着螺纹的特征。常见的螺纹牙型有三角形、梯形和锯齿形等,如图13-3所示。

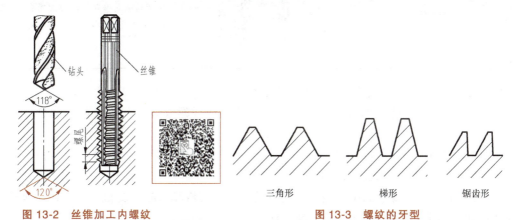

图13-2 丝锥加工内螺纹　　　　图13-3 螺纹的牙型

不同的牙型有不同的用途,见表13-1。

表13-1 常用螺纹的种类、牙型、代号和用途

螺纹分类及特征符号			牙型及牙型角	说明
联接螺纹	普通螺纹	粗牙普通螺纹(M)	60°	用于一般零件的联接,是应用最广泛的联接螺纹
		细牙普通螺纹(M)		对同样的公称直径,细牙螺纹比粗牙螺纹的螺距要小,多用于精密零件、薄壁零件的联接。螺纹代号都用"M"表示
	管螺纹	55°非密封管螺纹(G)	55°	常用于低压管路系统联接的旋塞等管件附件中
		55°密封管螺纹 圆锥外螺纹(R_1、R_2)	55°	用于密封性要求高的水管、油管、煤气管等中、高压管路系统中
		圆锥内螺纹(Rc)		
		圆柱内螺纹(Rp)		

(续)

螺纹分类及特征符号		牙型及牙型角	说明
传动螺纹	梯形螺纹(Tr)	30°	用于承受两个方向轴向力的场合,如各种机床的传动丝杠等
	锯齿形螺纹(B)	3° 30°	用于只承受单向轴向力的场合,如台虎钳、千斤顶的丝杠等

（2）螺纹的直径　螺纹的直径有大径、小径、中径之分,如图 13-4 所示。

1）**螺纹的大径**。螺纹的大径是指与外螺纹牙顶或内螺纹牙底相重合的假想圆柱的直径,又称为公称直径。内螺纹的大径用 D 来表示,外螺纹的大径用 d 来表示。

2）**螺纹的小径**。螺纹的小径是指与外螺纹牙底或内螺纹牙顶相重合的假想圆柱的直径。内螺纹的小径用 D_1 来表示；外螺纹的小径用 d_1 来表示。

3）**螺纹的中径**。螺纹的中径是指素线通过牙型上沟槽和凸起宽度相等处的假想圆柱的直径。内螺纹的中径用 D_2 来表示；外螺纹的中径用 d_2 来表示。

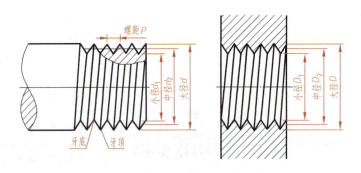

图 13-4　螺纹的直径

（3）线数　螺纹有单线和多线之分。沿一条螺旋线形成的螺纹称为单线螺纹；沿两条或两条以上在轴上等距分布的螺旋线形成的螺纹称为多线螺纹,如图 13-5 所示。螺纹的线数用 n 来表示,图 13-5a 所示为单线螺纹, $n=1$；图 13-5b 所示为多线螺纹, $n=2$。

（4）螺距和导程

1）螺距。相邻两牙在螺纹中径线上对应两点间的轴向距离称为螺距,用 P 表示。

2）导程。同一条螺旋线上相邻两牙在螺纹中径线上对应两点间的轴向距离称为导程,用 P_h 表示。

如图 13-5 所示,对单线螺纹, $P_h = P$；对多线螺纹,导程=螺距×线数,即

$$P_h = Pn$$

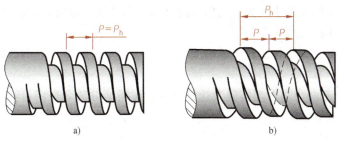

图 13-5 螺纹的线数、导程和螺距
a) 单线 b) 双线

(5) 旋向 螺纹按其形成时的旋向，分为右旋螺纹和左旋螺纹两种（图 13-6），顺时针旋转旋入的螺纹，称为右旋螺纹；逆时针旋转旋入的螺纹，称为左旋螺纹，工程上常用右旋螺纹。

在螺纹五要素中，凡是螺纹牙型、大径和螺距都符合标准的螺纹称为标准螺纹；螺纹牙型符合标准，而大径、螺距不符合标准的称为特殊螺纹；若螺纹牙型不符合标准，则称为非标准螺纹。

13.1.2 螺纹的规定画法

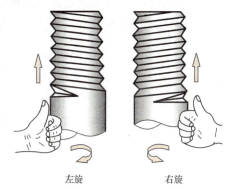

图 13-6 螺纹的旋向

由于螺纹的真实投影比较复杂，为简化作图，提高工作效率，国家标准 GB/T 4459.1—1995《机械制图 螺纹及螺纹紧固件表示法》规定了螺纹及螺纹紧固件在图样中的表示方法。

1. 外螺纹的画法

1) 螺纹的大径和螺纹终止线用粗实线绘制，螺纹的小径用细实线绘制，在平行于螺杆轴线的投影面视图中，螺杆的倒角或倒圆部分也应画出，如图 13-7a 所示。

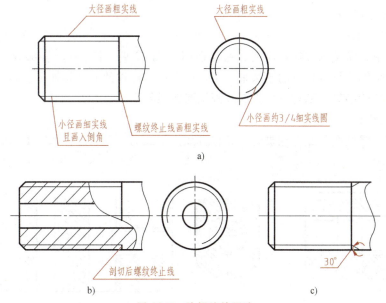

图 13-7 外螺纹的画法

2）在投影为圆的视图中，大径用粗实线画圆，小径通常画成0.85d，用细实线画约3/4圆，倒角圆省略不画，如图13-7a、b所示。

3）在剖视图中，螺纹终止线只画出大径和小径之间的部分，剖面线应画到粗实线处，如图13-7b所示。

螺尾部分一般不必画出，当需要表达螺尾时，螺尾部分的牙底用与轴线成30°的细实线绘制，如图13-7c所示。

2. 内螺纹的画法

1）内螺纹（螺孔）一般用剖视图表示，如图13-8a所示。在剖视图中，内螺纹的大径用细实线来绘制，小径和螺纹终止线用粗实线来绘制，剖面线必须终止于粗实线。在投影为圆的视图中，小径画粗实线圆，大径画细实线圆，只画约3/4圈，倒角圆省略不画。

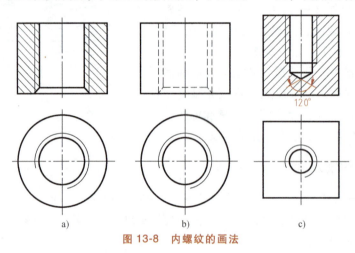

图13-8 内螺纹的画法

2）内螺纹未被剖切时，其大径、小径和螺纹终止线均用虚线来表示，如图13-8b所示。

3）绘制不穿通的螺孔时，一般应将钻孔深度与螺纹部分的深度分别画出，钻孔顶端应画成120°，如图13-8c所示。

3. 螺纹副的画法

当内、外螺纹联接构成螺纹副时，在剖视图（图13-9）中，其旋合部分应按外螺纹的画法绘制，其余部分仍按各自的画法来表示。注意使内螺纹的大径与外螺纹的大径，内螺纹的小径与外螺纹的小径分别对齐，剖面线画至粗实线处。

4. 螺纹孔相贯线的画法

两螺纹孔或螺纹孔与光孔相贯时，其相贯线按螺纹的小径画出，如图13-10所示。

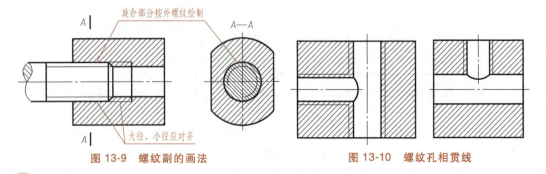

图13-9 螺纹副的画法　　　　　图13-10 螺纹孔相贯线

13.1.3 螺纹的标注

国家标准规定，螺纹在按照规定画法绘制后，为识别螺纹的种类和要素，对螺纹必须按规定格式进行标注。

1. 普通螺纹的标注

普通螺纹的标注格式：

$$\text{螺纹代号-螺纹公差带代号-旋合长度代号-旋向}$$

1）螺纹代号内容及格式如下：螺纹特征代号 M 公称直径×螺距。粗牙普通螺纹的螺距省略标注。

2）螺纹公差带代号包括中径公差带代号与顶径公差带代号。螺纹公差带代号由表示其大小的公差等级数字和基本偏差字母（外螺纹字母用小写，内螺纹字母用大写）组成，如6H、6g 等。中径公差带代号与顶径公差带代号不相同时要分别标注，如 M20-5g6g；若两者相同，则只标注一个代号，如 M20-6g。

有关螺纹公差带的详细情况请查阅相关手册。

3）旋合长度代号。螺纹旋合长度是指两个相互旋合的螺纹，沿螺纹轴线方向相互旋合部分的长度。普通螺纹旋合长度有短（S）、中（N）、长（L）三组。当旋合长度为 N 时，省略标注。必要时，也可用数值注明旋合长度。

4）旋向。当螺纹为左旋时，用"LH"表示，标注在旋合长度代号后面，与旋合长度代号之间应用"-"分开；右旋螺纹，"旋向"省略标注。

> **例 13-1** M20-5g6g-L 表示公称直径为 20mm 的粗牙普通螺纹（外螺纹），右旋，中径公差带代号为 5g，顶径公差带代号为 6g，长旋合长度。

> **例 13-2** M10×1-6H-LH 表示公称直径为 10mm，螺距为 1mm 的细牙普通螺纹（内螺纹），中径和顶径公差带代号都为 6H，中等旋合长度，左旋。

内、外螺纹旋合构成螺纹副时，其标记一般不需标出。如需标注，可注写为如下形式：M20-5H/5g6g-S。内螺纹的公差带在前，外螺纹的公差带在后，两者中间用"/"分开。普通螺纹的标注示例如图 13-11 所示。

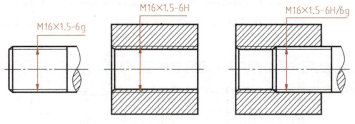

图 13-11 普通螺纹的标注示例

2. 管螺纹的标注

管螺纹的标注格式：

$$\text{螺纹特征代号 尺寸代号 公差等级-旋向}$$

管螺纹的螺纹特征代号见表 13-1。尺寸代号是指管子通径"吋"的数值，不是螺纹大径；对55°非密封的外管螺纹可标注公差等级，公差等级有A、B两种，其他管螺纹的公差等级只有一种，可省略标注；旋向代号中，若为右旋可不标注，若为左旋，用"LH"注明。

例13-3 G1/2-LH 表示用于55°非密封管螺纹，尺寸代号为1/2，左旋。

例13-4 Rc1/2-LH 表示用于55°密封圆锥内螺纹，尺寸代号为1/2，左旋。

注意：

1）在对管螺纹标注时，要用指引线的形式进行标注，指引线应从大径线上引出，且不得与剖面线平行。

2）内、外管螺纹构成的螺纹副仅标注外螺纹的标记符号。

管螺纹各部分尺寸可参阅附表A-3、附表A-4。管螺纹的标注示例如图13-12所示。

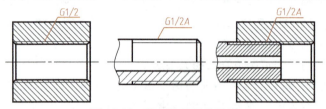

图13-12 管螺纹的标注示例

3. 梯形螺纹的标注

梯形螺纹的标注格式：

螺纹代号-螺纹公差带代号-螺纹旋合长度代号

梯形螺纹的螺纹代号由特征代号Tr和尺寸代号及旋向组成，若为右旋，旋向省略标注，若为左旋，用"LH"注明。单线梯形螺纹尺寸代号用"公称直径×螺距"表示，多线梯形螺纹尺寸代号用"公称直径×导程（P螺距）"表示。梯形螺纹公差带代号只标注中径公差带代号；按尺寸和螺距的大小分为中等旋合长度（N）和长旋合长度（L）。当旋合长度为N时，省略标注；旋合长度根据需要，也可注写旋合长度数值。梯形螺纹的标注示例如图13-13所示。

例13-5 Tr40×7-7H 表示公称直径为40mm，螺距为7mm的单线右旋梯形螺纹（内螺纹），中径公差带代号为7H，中等旋合长度。

例13-6 Tr40×14（P7）LH-8e-L 表示公称直径为40mm，导程为14mm，螺距为7mm的双线左旋梯形螺纹（外螺纹），中径公差带代号为8e，长旋合长度。

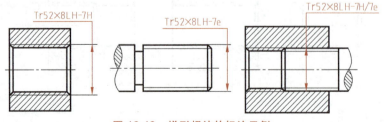

图13-13 梯形螺纹的标注示例

4. 锯齿形螺纹的标注

锯齿形螺纹的标注格式和梯形螺纹基本相同，梯形螺纹各部分尺寸可参阅附表A-2。

例 13-7 B40×14（P7）LH-8e-L 表示公称直径为 40mm，导程为 14mm，螺距为 7mm 的双线左旋锯齿形螺纹（外螺纹），中径公差带代号为 8e，长旋合长度。

梯形螺纹和锯齿形螺纹的螺纹副标记示例：Tr40×7-7H/7e、B40×7-7H/7e。

13.1.4 常用螺纹紧固件及其比例画法

1. 常用螺纹紧固件及其标记

用螺纹起联接和紧固作用的零件称为螺纹紧固件。螺纹紧固件的种类很多，常用的有螺栓、双头螺柱、螺母、螺钉、垫圈等，它们的结构形式及尺寸均已标准化，一般由标准件厂专业生产，使用单位可按需要根据有关标准选用。

在国家标准中，螺纹紧固件均有相应的规定标记，其完整的标记由名称、标准编号、螺纹规格、性能等级或材料等级、热处理方法、表面处理方法组成，一般主要标记前四项。

表 13-2 列出了部分常用螺纹紧固件及其规定标记，螺纹紧固件的详细结构尺寸见附表 A-5～附表 A-13。

2. 常用螺纹紧固件的画法

螺纹紧固件一般有两种画法：

（1）查表画法 根据已知螺纹紧固件的规格尺寸，从相应的附表中查出各部分的具体尺寸。如绘制螺栓 GB/T 5782 M20×60 的图形，可从附表 A-5 中查到各部分尺寸为：

螺栓直径 $d=20$mm　　　螺栓头厚 $k=12.5$mm

螺纹长度 $b=46$mm　　　公称长度 $l=60$mm

六角头对边距 $s=30$mm　　六角头对角距 $e=32.95$mm

根据以上尺寸即可绘制螺栓零件图。

（2）近似画法 在实际画图中常常根据螺纹公称直径 d、D 按比例关系计算出各部分的尺寸，近似画出螺纹紧固件。

表 13-2 常用螺纹紧固件及其标记

名称及标准编号	图例	标记示例及说明
六角头螺栓 GB/T 5782—2016	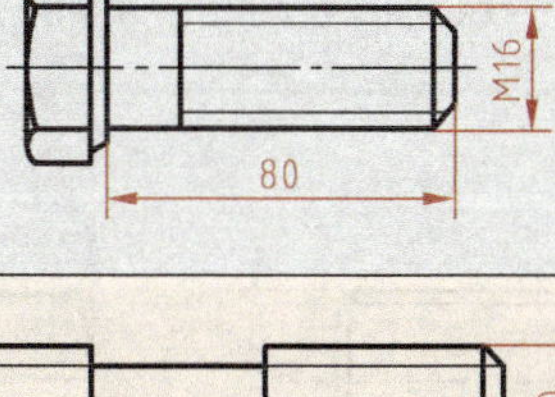	螺栓 GB/T 5782 M16×80 表示 A 级六角头螺栓，螺纹规格 M16，公称长度 80mm
双头螺柱 GB/T 897—1988	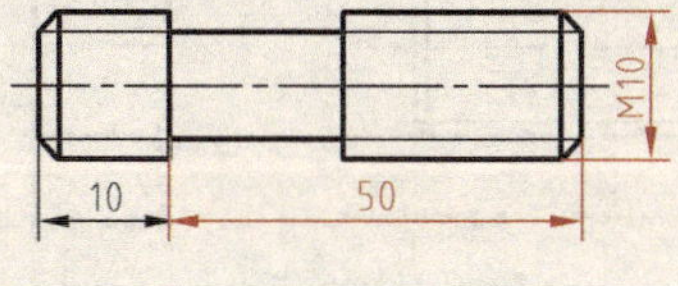	螺柱 GB/T 897 M10×50 表示两端均为粗牙普通螺纹，螺纹规格 M10，公称长度 50mm，B 型、$b_m=d$ 的双头螺柱
开槽沉头螺钉 GB/T 68—2016	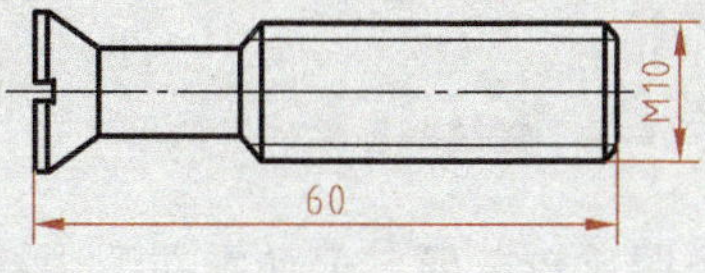	螺钉 GB/T 68 M10×60 表示开槽沉头螺钉，螺纹规格 M10，公称长度 60mm

(续)

名称及标准编号	图例	标记示例及说明
开槽长圆柱端紧定螺钉 GB/T 75—1985		螺钉 GB/T 75 M5×25 表示开槽长圆柱端紧定螺钉,螺纹规格M5,公称长度25mm
1型六角螺母 GB/T 6170—2015		螺母 GB/T 6170 M16 表示A级1型六角螺母,螺纹规格M16
1型六角开槽螺母—A级和B级 GB/T 6178—1986		螺母 GB/T 6178 M16 表示A级1型六角开槽螺母,螺纹规格M16
平垫圈 A级 GB/T 97.1—2002		垫圈 GB/T 97.1 12 表示A级平垫圈,螺纹规格M12,性能等级为140HV级
标准型弹簧垫圈 GB/T 93—1987		垫圈 GB/T 93 20 表示标准型弹簧垫圈,螺纹规格M20

1)六角头螺栓的近似画法如图13-14a所示,d、l 由结构确定,$b=2d$($l\leq 2d$ 时,$b=l$),$e=2d$,$k=0.7d$,$c=0.15d$。

2)六角螺母的近似画法如图13-14b所示,$e=2d$,$m=0.8d$。

3)垫圈的近似画法如图13-14c所示,$d_2=2.2d$,$h=0.15d$,$d_1=1.1d$。

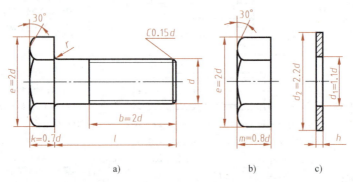

图 13-14 螺纹紧固件的近似画法

用比例关系计算各部分尺寸作图比较方便,但如需在图中标注尺寸,其数值仍需从相应的标准中查得。

螺栓及螺母头部有 30°倒角，因而六棱柱表面产生截交线，其在空间的形状为双曲线，为绘制图形方便，一般用圆弧近似地代替，如图 13-15 所示。

螺钉头部与螺纹直径成比例的近似画法如图 13-16 所示。

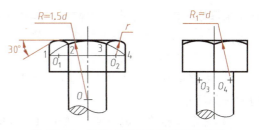

图 13-15　螺栓及螺母头部的近似画法

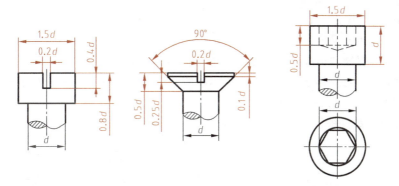

图 13-16　螺钉头部的近似画法

13.1.5　螺纹紧固件联接的画法

螺纹紧固件联接的基本形式有：螺栓联接、双头螺柱联接、螺钉联接，如图 13-17 所示，采用哪种联接按实际需要选定。画装配图时，应遵守下列规定：

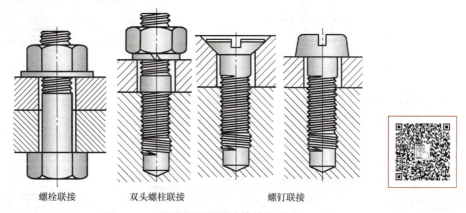

图 13-17　螺纹紧固件联接的基本形式

1）两零件的接触面画一条线，不接触面画两条线。

2）相邻两零件的剖面线应不同（方向相反或间隔不等）。但同一个零件在各视图中的剖面线方向和间隔应一致。

3）在剖视图中，若剖切面通过螺纹紧固件的轴线，则这些紧固件按不剖绘制。

1. 螺栓联接及其装配画法

螺栓联接常用的紧固件有螺栓、螺母、垫圈。它用于被联接件都不太厚，能加工成通孔且要求联接力较大的情况。在被联接零件上预先加工出螺栓孔,孔径 d_0 应大于螺栓直径,一般为 $1.1d$,装配时,将螺栓插入螺栓孔中,垫上垫圈,拧上螺母,完成螺栓联接。

如图 13-18 所示,螺栓联接装配画法按照以下步骤进行绘制:

1) 根据螺纹紧固件螺栓、螺母、垫圈的标记,由附录 A 中查得或按照近似画法确定它们的全部尺寸。

2) 确定螺栓的公称长度 l。如图 13-18 所示,螺栓的公称长度 l 可按下式估算

$$l \geqslant \delta_1 + \delta_2 + h + m + a$$

式中　δ_1、δ_2——两被联接板的厚度;
　　　　h——垫圈厚度;
　　　　m——螺母厚度;
　　　　a——螺栓伸出螺母的长度,a 取 $(0.2 \sim 0.4)d$。

由 l 的初算值,参阅附表 A-5,在螺栓标准的公称系列值中,选取一个与之接近的值。螺栓联接的三视图如图 13-19 所示。

画螺栓联接装配图时,应注意以下问题:

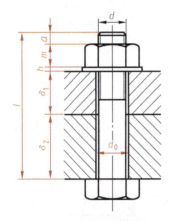

图 13-18　螺栓联接的装配画法

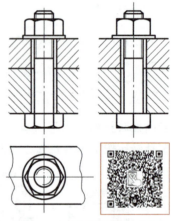

图 13-19　螺栓联接的三视图

1) 被联接件的孔径必须大于螺栓的大径,$d_0 = 1.1d$。

2) 在螺栓联接剖视图中,被联接零件的接触面画到螺栓大径处。

3) 螺母及螺栓的六角头的三个视图应符合投影关系。

4) 螺栓的螺纹终止线必须画到垫圈之下,被联接两零件接触面之上。

2. 双头螺柱联接及其装配画法

双头螺柱联接常用的紧固件有双头螺柱、螺母、垫圈,一般用于被联接件之一较厚,不适合加工成通孔,其上部较薄零件加工成通孔,且要求联接力较大的情况。用螺柱联接零件时,先将螺柱的旋入端旋入一个零件的螺孔中,再将另一个带孔的零件套入螺柱,然后放入垫圈,用螺母旋紧。

双头螺柱联接的装配画法如图 13-20 所示,各部分画图时

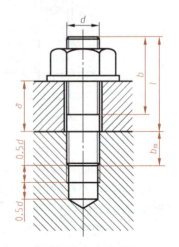

图 13-20　双头螺柱联接的装配画法

参考以下几点：

1）双头螺柱的有效长度可参考螺栓联接按下式估算，即
$$l \geq \delta + h + m + a$$
式中，a 取 $(0.2 \sim 0.4)d$。

然后查附表 A-6，选取相近的标准长度。

2）双头螺柱的旋入端长度 b_m 值与带螺孔的被联接件的材料有关，可参考表 13-3 选取。

表 13-3 双头螺柱旋入深度参考值

被旋入零件的材料	旋入端长度 b_m
钢、青铜	$b_m = d$
铸铁	$b_m = (1.25 \sim 1.5)d$
铝	$b_m = 2d$

3）机件上螺孔的螺纹深度应大于旋入端螺纹长度 b_m，画图时，螺孔的螺纹深度可按 $b_m + 0.5d$ 画出，钻孔深度可按 $b_m + d$ 画出。

4）双头螺柱下部螺纹终止线应与螺孔顶面重合。

3. 螺钉联接及其装配画法

螺钉联接多用于受力不大的零件之间的联接。用螺钉联接两个零件时，螺钉杆部穿过一个零件的通孔并旋入另一个零件的螺孔，将两个零件固定在一起。

螺钉根据头部形状不同有许多形式，可参考附表 A-7～附表 A-10。

螺钉联接的装配画法如图 13-21 所示，画图时应注意以下几点：

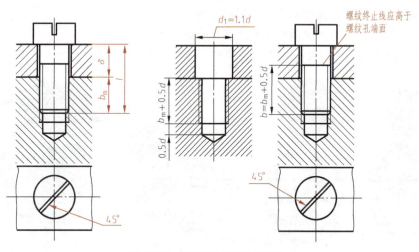

图 13-21 螺钉联接的装配画法

1）螺钉的有效长度 l 可按下式估算，即
$$l = \delta + b_m$$

根据初步算出的 l 值，参考附表 A-7～附表 A-10，在螺钉的标准中，选取与其近似的标准值，作为最后确定的 l。

2）螺钉的旋入端长度与带螺孔的被联接件的材料有关，可参照双头螺柱联接的旋入端长度 b_m 值。

3）为使螺钉联接牢靠，螺钉的螺纹长度和螺孔的螺纹长度都应大于旋入深度 b_m。螺孔的螺纹长度可取 $b_m +0.5d$。被联接件的光孔直径可近似地画成 $1.1d$。

4）为了使螺钉头能压紧被联接零件，螺钉的螺纹终止线应高出螺孔的端面，或在螺杆的全长上都有螺纹。

5）螺钉头部的一字槽，在俯视图上画成与中心线成 $45°$；当槽宽小于或等于 $2mm$ 时，则应涂黑。

4. 螺纹紧固件的简化画法

标准规定，在装配图中，螺纹紧固件的某些结构允许按简化画法绘制，如螺栓、螺柱、螺钉末端的倒角、螺栓头部和螺母的倒角可省略不画，如图 13-22 所示；未钻通的螺孔，可以不画出钻孔深度，仅按螺纹部分的深度（不包括螺尾）画出等。

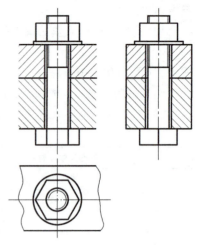

图 13-22　螺纹紧固件的简化画法

13.2　齿轮

齿轮是机器中的重要传动零件，其应用非常广泛。在机器中，齿轮的作用是将主动轴的转动传送到从动轴上，以完成传递动力、改变转速或方向的任务。

如图 13-23 所示，常用的齿轮可分为三大类：

（1）圆柱齿轮　用于传递两平行轴之间的运动。

（2）锥齿轮　用于传递两相交轴之间的运动。

（3）蜗轮蜗杆　用于传递两交叉轴之间的运动。

按齿轮轮齿方向的不同可分为直齿、斜齿、人字齿等。

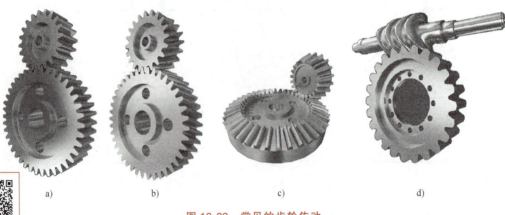

图 13-23　常见的齿轮传动

a）直齿圆柱齿轮　b）斜齿圆柱齿轮　c）锥齿轮　d）蜗轮蜗杆

13.2.1　圆柱齿轮

1. 直齿圆柱齿轮各部分的名称和尺寸关系

直齿圆柱齿轮的齿向与齿轮轴线平行，图 13-24 所示为相互啮合的两直齿圆柱齿轮各部分名称和代号。

（1）齿顶圆直径 d_a　齿顶圆柱面被垂直于其轴线的平面所截的截线称为齿顶圆，其直径用 d_a 表示。

（2）齿根圆直径 d_f　齿根圆柱面被垂直于其轴线的平面所截的截线称为齿根圆，其直径用 d_f 表示。

（3）分度圆直径 d　对于渐开线齿轮，过齿厚弧长 s 与齿槽宽弧长 e 相等处的圆柱面称为分度圆柱面。分度圆柱面与垂直于其轴线的一个平面的交线称为分度圆，其直径用 d 表示。

当一对齿轮啮合安装后，在理想状态下，两个分度圆是相切的，此时的分度圆也称为节圆。

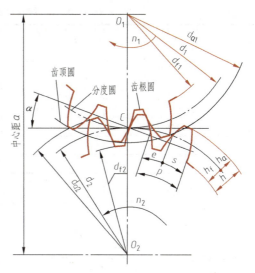

图 13-24　圆柱齿轮各部分名称及代号

（4）齿高 h：齿顶圆与齿根圆之间的径向距离称为齿高，用 h 表示；齿顶高 h_a 是齿顶圆与分度圆之间的径向距离；齿根高 h_f 是齿根圆与分度圆之间的径向距离，$h=h_a+h_f$。

（5）齿距 p　分度圆上相邻两齿的对应点之间的弧长称为齿距，用 p 表示。

（6）压力角 α　两齿轮啮合时，轮齿在分度圆上啮合点 C 处的受力方向和该点的速度方向所夹的锐角，用 α 表示。我国采用的压力角为 20°。

（7）模数 m　若齿轮的齿数用 z 表示，则分度圆的周长为 $\pi d=pz$，即 $d=pz/\pi$，式中 π 为无理数，为了计算和测量方便，令 $m=p/\pi$，称 m 为模数，其单位为 mm。

模数是设计和制造齿轮的一个重要参数。模数越大，轮齿越厚，齿轮的承载能力越大。为了便于设计和加工，国家标准中规定了齿轮模数的标准数值，见表 13-4。

表 13-4　圆柱齿轮的标准模数（摘自 GB/T 1357—2008）　　（单位：mm）

第一系列	1　1.25　1.5　2　2.5　3　4　5　6　8　10　12　16　20　25　32　40　50
第二系列	1.125　1.375　1.75　2.25　2.75　3.5　4.5　5.5　(6.5)　7　9　(11)　14　18　22　28　36　45

注：1. 对斜齿轮是指法向模数。
　　2. 应优先选用第一系列，其次选用第二系列，括号内的模数尽量不用。

（8）传动比 i　主动齿轮转速 n_1(r/min) 与从动齿轮转速 n_2(r/min) 之比称为传动比，即 $i=n_1/n_2$。由于主动齿轮和从动齿轮单位时间里转过的齿数相等，即 $n_1z_1=n_2z_2$，因此，传动比 i 也等于从动齿轮齿数 z_2 与主动齿轮齿数 z_1 之比，即

$$i=\frac{n_1}{n_2}=\frac{z_2}{z_1}$$

（9）中心距 a　两啮合齿轮中心之间的距离。

标准直齿圆柱齿轮各部分的尺寸都与模数有关，设计齿轮时，先确定模数 m 和齿数 z，然后根据表 13-5 中的计算公式计算出各部分尺寸。

只有模数和压力角都相同的齿轮才能相互啮合。

表 13-5　直齿圆柱齿轮各基本尺寸的计算公式

名　称	代　号	计算公式
分度圆直径	d	$d = mz$
齿顶圆直径	d_a	$d_a = m(z+2)$
齿根圆直径	d_f	$d_f = m(z-2.5)$
齿高	h	$h = h_a + h_f = 2.25m$
齿顶高	h_a	$h_a = m$
齿根高	h_f	$h_f = 1.25m$
齿距	p	$p = \pi m$
中心距	a	$a = \dfrac{1}{2}(d_1 + d_2) = \dfrac{1}{2}m(z_1 + z_2)$
传动比	i	$i = \dfrac{n_1}{n_2} = \dfrac{d_2}{d_1} = \dfrac{z_2}{z_1}$

注：表中 d_a、d_f、d 的计算公式适用于外啮合直齿圆柱齿轮传动。

2. 斜齿圆柱齿轮各部分名称和尺寸关系

斜齿圆柱齿轮的轮齿做成螺旋形状，这种齿轮传动平稳，适用于较高转速的传动。

斜齿轮的轮齿倾斜以后，它在端面上的齿形和垂直于轮齿方向法面上的齿形不同。斜齿轮的分度圆柱面的展开图如图 13-25 所示，图中 πd 为分度圆周长；β 为螺旋角，表示轮齿倾斜程度。

斜齿轮在端面方向（垂直于轴线）上有端面齿距 p_t 和端面模数 m_t，而在法向（垂直于螺旋线）上有法向齿距 p_n 和法向模数 m_n，从图 13-25 可知：$p_n = p_t \cos\beta$，因此，$m_n = m_t \cos\beta$。

加工斜齿轮的刀具，其轴线与轮齿的法线方向一致，为了和加工直齿圆柱齿轮的刀具通用，将斜齿轮的法向模数 m_n 取为标准模数，取表 13-4 中的标准值。齿高也由法向模数确定。

标准斜齿圆柱齿轮的法向压力角 $\alpha_n = 20°$，其各部分尺寸的计算公式见表 13-6。

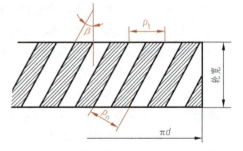

图 13-25　斜齿轮在分度圆上的展开图

表 13-6　斜齿圆柱齿轮的尺寸计算公式

名　称	代　号	计算公式
分度圆直径	d	$d = \dfrac{m_n z}{\cos\beta}$
齿顶圆直径	d_a	$d_a = d + 2m_n$
齿根圆直径	d_f	$d_f = d - 2.5m_n$
齿高	h	$h = h_a + h_f = 2.25m_n$
齿顶高	h_a	$h_a = m_n$
齿根高	h_f	$h_f = 1.25m_n$
法向齿距	p_n	$p_n = \pi m_n$
端面齿距	p_t	$p_t = \dfrac{\pi m_n}{\cos\beta}$
中心距	a	$a = \dfrac{1}{2}(d_1 + d_2) = \dfrac{m_n}{2\cos\beta}(z_1 + z_2)$

3. 圆柱齿轮的规定画法

（1）单个直齿圆柱齿轮画法　表示轴孔有键槽的齿轮可采用两个视图，或者用一个视图和一个局部视图（即左视图中只画键槽）。齿顶圆和齿顶线用粗实线绘制；分度圆和分度线用细点画线绘制；齿根圆和齿根线用细实线绘制，也可省略不画；在剖视图中，齿根线用粗实线绘制，如图 13-26 所示。

如需要表示轮齿（斜齿、人字齿）的方向，可用三条与轮齿方向一致的细实线表示，如图 13-27 所示。

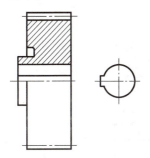

图 13-26　单个直齿圆柱齿轮的画法

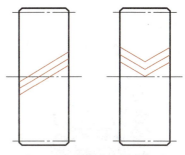

图 13-27　轮齿方向的表示法

（2）直齿圆柱齿轮啮合图的画法　在圆柱齿轮啮合的剖视图中，当剖切面通过两啮合齿轮的轴线时，在啮合区内，将一个齿轮的齿顶线用粗实线绘制，另一个齿轮的齿顶线被遮挡的部分用虚线绘制，节线用一条点画线绘制，其他同单个齿轮画法，如图 13-28a 所示。

在垂直于圆柱齿轮轴线的投影面上的视图中，啮合区内的齿顶圆均用粗实线绘制，如图 13-28b 所示，其省略画法如图 13-28c 所示。

在平行于齿轮轴线的投影面上的外形视图中，啮合区只用粗实线画出节线，齿顶线和齿根线均不画。在两齿轮其他处的节线仍用细点画线绘制，如图 13-29a 所示。需要表示轮齿的方向时，用三条与轮齿方向一致的细实线表示，画法与单个齿轮相同，如图 13-29b 和 c 所示。

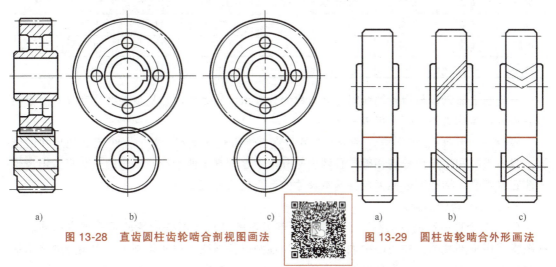

a)　　　　b)　　　　c)

图 13-28　直齿圆柱齿轮啮合剖视图画法

a)　　　　b)　　　　c)

图 13-29　圆柱齿轮啮合外形画法

13.2.2　锥齿轮

锥齿轮用于传递两相交轴间的回转运动，以两轴相交成直角的锥齿轮传动应用最广泛。

1. 直齿锥齿轮的各部分名称和尺寸关系

由于锥齿轮的轮齿位于圆锥面上，因此，其轮齿一端大，另一端小，其齿厚和齿槽宽等也随之由大到小逐渐变化，其各处的齿顶圆、齿根圆和分度圆也不相等，而是分别处于共顶的齿顶圆锥面、齿根圆锥面和分度圆锥面上。

国家标准规定，以大端的模数和分度圆来决定其他各部分的尺寸。如图 13-30 所示，锥齿轮的齿顶圆直径 d_a、齿根圆直径 d_f、分度圆直径 d、齿顶高 h_a、齿根高 h_f 和齿高 h 等都是对大端而言的。国家标准规定了锥齿轮的大端模数系列，见表 13-7。

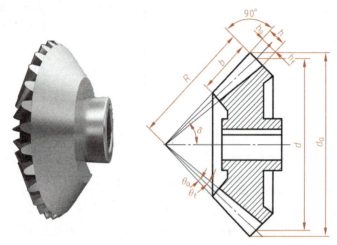

图 13-30　直齿锥齿轮的结构要素

表 13-7　锥齿轮模数（GB/T 12368—1990）　　　　　　（单位：mm）

0.1	0.35	0.9	1.75	3.25	5.5	10	20	36
0.12	0.4	1	2	3.5	6	11	22	40
0.15	0.5	1.125	2.25	3.75	6.5	12	25	45
0.2	0.6	1.25	2.5	4	7	14	28	50
0.25	0.7	1.375	2.75	4.5	8	16	30	—
0.3	0.8	1.5	3	5	9	18	32	—

分度圆锥面素线与齿轮轴线间的夹角称为分锥角，用 δ 表示。从顶点沿分度圆锥面素线至背锥的距离称为外锥距，用 R 表示。

模数 m、齿数 z、齿形角 α 和分锥角 δ 是直齿锥齿轮的基本参数，是决定其他尺寸的依据。只有模数和齿形角分别相等，且两齿轮分锥角之和等于两轴线间夹角的一对直齿锥齿轮才能正确啮合。标准直齿锥齿轮各基本尺寸的计算公式见表 13-8。

2. 直齿锥齿轮的画法

（1）单个直齿锥齿轮的画法　　单个直齿锥齿轮的画法与圆柱齿轮的画法基本相同。主视图多采用全剖视图，左视图中大端、小端齿顶圆或齿顶线用粗实线画出，大端分度圆用细点画线画出，齿根圆和小端分度圆规定不画，如图 13-31 所示。

（2）直齿锥齿轮啮合的画法　　如图 13-32 所示，直齿锥齿轮啮合的画法与圆柱齿轮啮合的画法规定一样，一般采用过轴线的剖视图作为主视图，在啮合区内，将一个齿轮的齿顶线用粗实线绘制，另一个齿轮的齿顶线被遮挡的部分用虚线绘制，节线用一条细点画线绘制，其他同单个齿轮画法。

表 13-8 标准直齿锥齿轮的计算公式

名 称	代 号	计算公式
分度圆锥角	δ_1(小齿轮) δ_2(大齿轮)	$\tan\delta_1 = \dfrac{z_1}{z_2}$, $\tan\delta_2 = \dfrac{z_2}{z_1}$ $(\delta_1 + \delta_2 = 90°)$
分度圆直径	d	$d = mz$
齿顶圆直径	d_a	$d_a = m(z + 2\cos\delta)$
齿根圆直径	d_f	$d_f = m(z - 2.4\cos\delta)$
齿高	h	$h = h_a + h_f = 2.2m$
齿顶高	h_a	$h_a = m$
齿根高	h_f	$h_f = 1.2m$
外锥距	R	$R = \dfrac{mz}{2\sin\delta}$
齿顶角	θ_a	$\tan\theta_a = \dfrac{2\sin\delta}{z}$
齿根角	θ_f	$\tan\theta_f = \dfrac{2.4\sin\delta}{z}$
齿宽	b	$b \leq \dfrac{R}{3}$

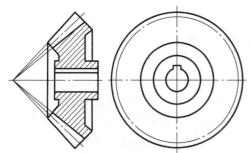

图 13-31 单个直齿锥齿轮画法

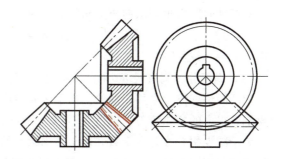

图 13-32 直齿锥齿轮啮合的画法

13.2.3 蜗杆和蜗轮

蜗轮蜗杆机构常用来传递两交错轴之间的运动和动力，常被用于两轴交错、传动比大、传动功率不大或间歇工作的场合。

按蜗杆形状的不同可分为：圆柱蜗杆传动、环面蜗杆传动和锥蜗杆传动。圆柱蜗杆传动是蜗杆分度曲面为圆柱面的蜗杆传动，其中常用的有普通圆柱蜗杆传动和圆弧圆柱蜗杆传动。在此介绍的是普通圆柱蜗杆传动的几何参数和画法。

1. 蜗杆和蜗轮的几何参数

通过蜗杆轴线并垂直于蜗轮轴线的平面，称为中间平面。如图 13-33 所示，在中间平面上，蜗杆的齿廓为直线，蜗轮的齿廓为渐开线，蜗杆和蜗轮的啮合相当于齿条和渐开线齿轮的啮合。因此，蜗杆传动的参数和几何尺寸计算大致与齿轮传动相同，并且在设计和制造中皆以中间平面上的参数和尺寸为基准。

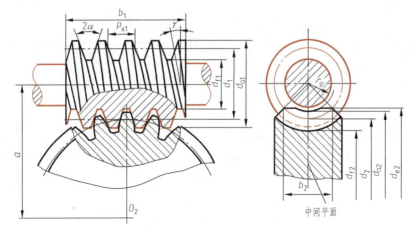

图 13-33　蜗杆和蜗轮的几何参数

（1）蜗杆导程角（螺旋角）γ　蜗杆导程角是指蜗杆分度圆柱螺旋线上任一点的切线与端平面间所夹的锐角 γ，导程角与 m 及 d_1 间有如下关系：$\tan\gamma = z_1 m / d_1$，对于要求有自锁性能的蜗杆传动，一般应使 $\gamma < 3°30'$。

（2）模数 m 和压力角 α　在中间平面中，为保证蜗杆传动的正确啮合，蜗杆的轴向模数 m_{a1} 和压力角 α_{a1} 应分别等于蜗轮的法向模数 m_{t2} 和压力角 α_{t2}，即

$$m_{a1} = m_{t2} = m,\ \alpha_{a1} = \alpha_{t2}$$

蜗杆轴向压力角与法向压力角的关系为

$$\tan\alpha_a = \tan\alpha_n / \cos\gamma$$

式中　γ——导程角。

（3）蜗杆分度圆直径 d_1 和直径系数 q　为了保证蜗轮与蜗杆的正确啮合，要用与蜗杆尺寸相同的蜗杆滚刀来加工蜗轮。由于相同的模数，可以有许多不同的蜗杆直径，这样就造成要配备很多的蜗轮滚刀，以适应不同的蜗杆直径。显然，这样很不经济。

为了减少蜗轮滚刀的个数和便于实现滚刀的标准化，就对每一标准的模数规定了一定数量的蜗杆分度圆直径 d_1，而把分度圆直径和模数的比称为蜗杆直径系数 q，即

$$q = d_1 / m$$

常用的标准模数 m 和蜗杆分度圆直径 d_1 及直径系数 q，可查阅相关手册。

（4）蜗杆头数 z_1　对于普通圆柱蜗杆传动常取 z_1 为 1、2、4、6，对于圆弧圆柱蜗杆传动常取 z_1 为 1、2、3、4，传动比大时及要求自锁的传动，取 $z_1 = 1$。

（5）蜗轮齿数 z_2

（6）中心距 a 和传动比 i　标准蜗杆减速器的中心距 a 和传动比 i 应选用标准值，可查阅相关手册。

2．蜗杆传动的几何尺寸计算

普通蜗杆传动的部分几何尺寸及计算公式见表 13-9。

3．蜗杆和蜗轮的画法

（1）蜗杆的画法　蜗杆一般选用一个视图，其齿顶线、齿根线和分度线的画法与圆柱

齿轮系相同,如图 13-34 所示。图中以细线表示的齿根线可省略。齿形可用局部视图或局部放大图表达。

表 13-9 普通圆柱蜗杆传动基本几何尺寸计算公式

名称	计算公式	
	蜗杆	蜗轮
蜗杆分度圆直径、蜗轮分度圆直径	$d_1 = mq$	$d_2 = mz_2$
齿顶高	$h_{a1} = m$	$h_{a2} = m$
齿根高	$h_{f1} = 1.2m$	$h_{f2} = 1.2m$
齿顶圆直径	$d_{a1} = m(q+2)$	$d_{a2} = m(z_2+2)$
齿根圆直径	$d_{f1} = m(q-2.4)$	$d_{f2} = m(z_2-2.4)$
蜗杆轴向齿距、蜗轮端面齿距	$p_{a1} = p_{t2} = \pi m$	
顶隙	$c = 0.2m$	
中心距	$a = m(q+z_2)/2$	
齿形角	$\alpha_a = 20°$ 或 $\alpha_n = 20°$	
传动比	$i = n_1/n_2$	

(2) 蜗轮的画法　蜗轮的画法与圆柱齿轮相似,如图 13-35 所示。

1) 在投影为非圆的视图中常用全剖视图或半剖视图,并在其相啮合的蜗杆轴线位置画出细点画线圆和对称中心线,以标注有关尺寸和中心距。

2) 在投影为圆的视图中,只画出最大顶圆和分度圆,喉圆和齿根圆省略不画,投影为圆的视图也可用表达键槽轴孔的局部视图取代。

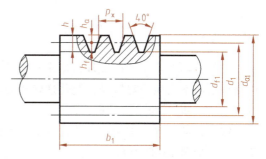

图 13-34 蜗杆的主要尺寸和画法

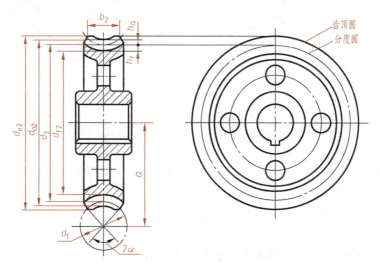

图 13-35 蜗轮的画法和主要尺寸

4. 蜗轮蜗杆啮合的画法

蜗轮蜗杆啮合可画成外形图和剖视图两种形式，其画法如图 13-36 所示。在蜗轮投影为圆的视图中，蜗轮的节圆与蜗杆的节线相切。

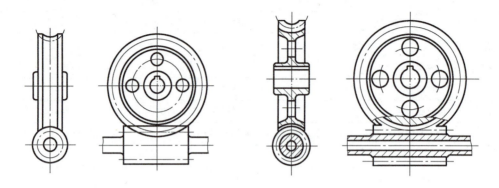

图 13-36　蜗轮蜗杆啮合的画法

13.3　键、销及其联接

13.3.1　键

键是机器上常用的标准件，用来联接轴和装在轴上的零件（如齿轮、带轮等），使轴与传动件之间不发生相对转动，起传递转矩的作用。

1. 键的形式和规定标记

键的种类很多，常用的有普通平键、半圆键和钩头楔键等，普通平键分 A 型、B 型、C 型三种，如图 13-37 所示。

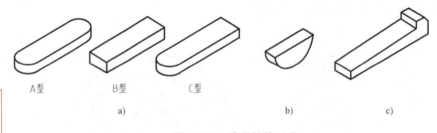

图 13-37　常用键的形式
a) 普通平键　b) 半圆键　c) 钩头楔键

常用键的形式、尺寸、标记和画法见表 13-10，选用时可根据轴的直径查附表 B-1~附表 B-3。

2. 键联接的画法

普通平键和半圆键的两个侧面是工作面，所以键与键槽侧面之间应不留间隙；而键顶面是非工作面，它与轮毂的键槽顶面之间应留有间隙，如图 13-38、图 13-39 所示。

钩头楔键的顶面有 1∶100 的斜度，联接时将键打入键槽，因此，键的顶面和底面为工作面，画图时，上、下表面与键槽接触，而两个侧面留有间隙，如图 13-40 所示。

表 13-10　常用键的形式、标记和画法

名称及标准	图　例	标　记
普通平键 A 型 GB/T 1096—2003		GB/T 1096　键　$b\times h\times L$
半圆键 GB/T 1099.1—2003		GB/T 1099.1　键　$b\times h\times D$
钩头楔键 GB/T 1565—2003		GB/T 1564　键　$b\times L$

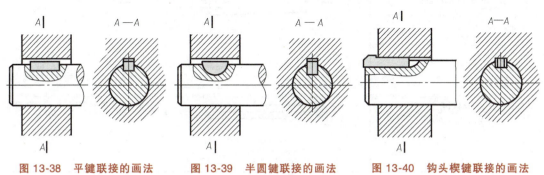

图 13-38　平键联接的画法　　　图 13-39　半圆键联接的画法　　　图 13-40　钩头楔键联接的画法

3. 轴和轮毂上键槽的画法和尺寸标注

轴和轮毂上键槽的画法和尺寸标注如图 13-41 所示，键和键槽尺寸可根据轴的直径在附表 B-1~附表 B-3 中查得。

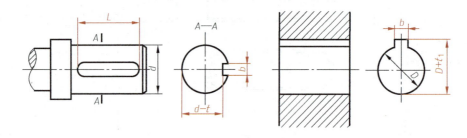

图 13-41 键槽尺寸标注

13.3.2 销

1. 销的形式和规定标记

销是标准件，主要用于零件间的联接或定位。常用的销有圆柱销、圆锥销和开口销等，它们的形式和规定标记见表 13-11 所示。

表 13-11 销的形式和规定标记

名称及标准	图 例	标 记
圆柱销 GB/T 119.1—2000		销 GB/T 119.1 $d×l$
圆锥销 GB/T 117—2000		销 GB/T 117 $d×l$
开口销 GB/T 91—2000		销 GB/T 91 $d×l$

2. 销联接的画法

销联接的画法如图 13-42 所示，当剖切平面通过销的轴线时，销按不剖绘制，轴取局部剖。另外，用销联接的两个零件上的销孔通常需要一起加工，因此，在图样中标注销孔尺寸时一般要注写"配作"。

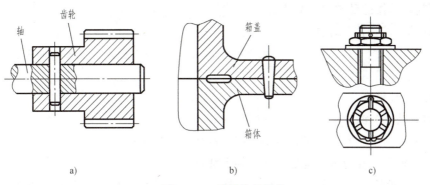

图 13-42 销联接的画法

a）圆柱销联接　b）圆锥销联接　c）开口销联接

13.4 滚动轴承与弹簧

13.4.1 滚动轴承

1. 滚动轴承的结构、分类和代号

滚动轴承是一种支承旋转轴的组件。由于它具有结构紧凑，摩擦力小，能在较大的载荷、转速及较高精度范围内工作等优点，已被广泛应用在机器、仪表等多种产品中。

（1）滚动轴承的结构和分类　滚动轴承的种类很多，但它们的结构相似，一般由外圈、内圈、滚动体和保持架所组成，如图 13-43 所示。一般情况下，轴承外圈装在机座的孔内，内圈套在轴上，外圈固定不动而内圈随轴转动。

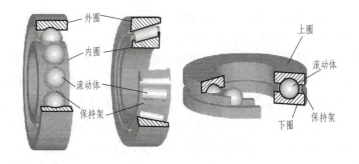

图 13-43 滚动轴承的结构

滚动轴承的分类方法有多种，按照滚动轴承所能承受的载荷方向或公称接触角的不同分为：

1) 向心轴承。向心轴承是主要用于承受径向载荷的滚动轴承，其公称接触角为 0°~45°。按公称接触角不同，又分为：径向接触轴承，其公称接触角为 0°；角接触向心轴承，其公称接触角大于 0°~45°。

2) 推力轴承。推力轴承是主要用于承受轴向载荷的滚动轴承，其公称接触角大于 45°~90°。按公称接触角不同又分为：轴向接触轴承，其公称接触角为 90°；角接触推力轴承，其公称接触角大于 45°但小于 90°。

轴承按其滚动体的种类，可分为：

1) 球轴承。滚动体为球体。

2) 滚子轴承。滚动体为滚子。按滚子种类，又分为：圆柱滚子轴承、滚针轴承、圆锥滚子轴承、调心滚子轴承。

常用的滚动轴承有：

1) 深沟球轴承。深沟球轴承适合承受径向载荷。

2) 圆锥滚子轴承。圆锥滚子轴承适合同时承受径向载荷和轴向载荷。

3) 推力球轴承。推力球轴承适合承受轴向载荷。

(2) 滚动轴承的代号　滚动轴承是一种标准件，它的结构特点、类型和内径尺寸等均采用代号来表示，轴承代号由前置代号、基本代号、后置代号构成，其排列顺序如下：

前置代号　基本代号　后置代号

1) 前置代号。轴承的前置代号用于表示轴承的分部件，用字母表示。如用 L 表示可分离轴承的可分离套圈，K 表示轴承的滚动体与保持架组件等。

2) 后置代号。轴承的后置代号是用字母和数字等表示轴承的结构、公差及材料的特殊要求等。后置代号的内容很多，下面介绍几个常用的代号。

① 内部结构代号表示同一类型轴承的不同内部结构，用字母紧跟着基本代号表示。如接触角为 15°、25° 和 40° 的角接触球轴承分别用 C、AC 和 B 表示内部结构的不同。

② 轴承的公差等级分为 2 级、4 级、5 级、6 级、6x 级和 0 级，共 6 个级别，依次由高级到低级，其代号分别为/P2、/P4、/P5、/P6、/P6x 和/P0。公差等级中，6x 级仅适用于圆锥滚子轴承；0 级为普通级，在轴承代号中不标出。

③ 常用的轴承径向游隙系列分为 1 组、2 组、N 组、3 组、4 组和 5 组，共 6 个组别，径向游隙依次由小到大。N 组游隙是常用的游隙组别，在轴承代号中不标出，其余的游隙组别在轴承代号中分别用/C1、/C2、/C3、/C4、/C5 表示。

3) 基本代号。基本代号是轴承代号的基础，由轴承类型代号、尺寸系列代号和内径代号构成，其中，尺寸系列代号由轴承的宽（高）度系列代号和直径系列代号组成，基本代号用来表明轴承的内径、直径系列、宽度系列和类型，一般最多为五位数，现分述如下：

① 轴承内径用基本代号右起第一、二位数字表示。对常用内径 $d=20\sim480mm$ 的轴承内径一般为 5 的倍数，这两位数字表示轴承内径尺寸被 5 除得的商，如 04 表示 $d=20mm$；12 表示 $d=60mm$ 等。对于内径为 10mm、12mm、15mm 和 17mm 的轴承，内径代号依次为 00、01、02 和 03。对于内径小于 10mm 和大于 500mm 的轴承，内径表示方法另有规定，可参看 GB/T 272—1993。

② 轴承的直径系列（即结构相同、内径相同的轴承在外径和宽度方面的变化系列）用基本代号右起第三位数字表示。例如，对于向心轴承和向心推力轴承，0、1 表示特轻系列；2 表示轻系列；3 表示中系列；4 表示重系列。推力轴承除了用 1 表示特轻系列之外，其余与向心轴承的表示方法一致。

③ 轴承的宽度系列（即结构、内径和直径系列都相同的轴承宽度方面的变化系列）用基本代号右起第四位数字表示。当宽度系列直径系列的对比列为 0 系列（正常系列）时，

对多数轴承在代号中可不标出宽度系列代号0,但对于调心滚子轴承和圆锥滚子轴承,宽度系列代号0应标出。直径系列代号和宽度系列代号统称为尺寸系列代号。

④ 轴承类型代号用基本代号左起第一位数字表示。不同类型轴承的编号见表13-12。

表13-12 轴承类型编号

代号	轴承类型	代号	轴承类型
0	双列角接触球轴承	6	深沟球轴承
1	调心球轴承	7	角接触球轴承
2	调心滚子轴承和推力调心滚子轴承	8	推力圆柱滚子轴承
3	圆锥滚子轴承	N	圆柱滚子轴承和双列或多列圆柱滚子轴承 NN
4	双列深沟球轴承	U	外球面球轴承
5	推力球轴承	QJ	四点接触球轴承

例 13-8 圆锥滚子轴承 31307。

其中,"07"表示轴承内径的两位数字,从"04"开始用这组数字乘以5,即为轴承内径的尺寸(单位为mm)。在本例中 $d = 7 \times 5 \text{mm} = 35 \text{mm}$,即为轴承内径尺寸。

"13"表示尺寸系列代号,1为表示宽度系列代号,3为直径系列代号。

"3"为轴承类型,表示圆锥滚子轴承。

规定标记为:滚动轴承 31307 GB/T 297

2. 滚动轴承的画法

滚动轴承是标准件,不需要画零件图,在装配图中,可根据国家标准所规定的画法或特征画法表示。画图时,轴承内径 d、外径 D、宽度 B 等几个主要尺寸根据轴承代号查附表 C-1~附表 C-3 或有关手册确定。

表13-13列出了三种常用滚动轴承的画法。

表13-13 常用滚动轴承的画法

名称	主要尺寸	规定画法	特征画法
深沟球轴承	D、d、B	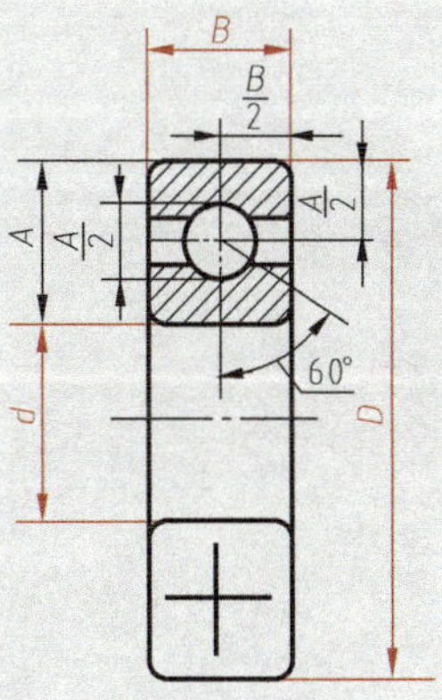	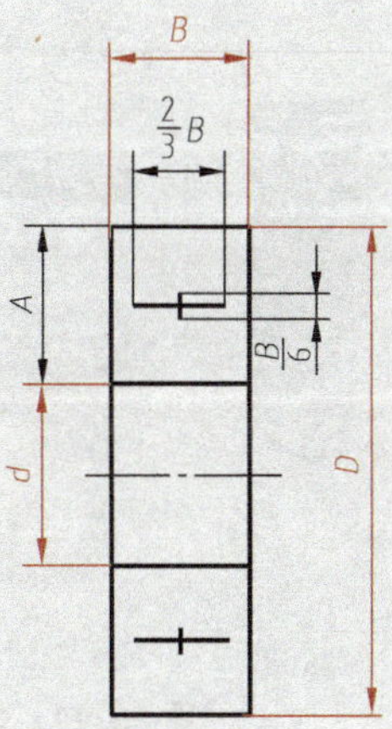

（续）

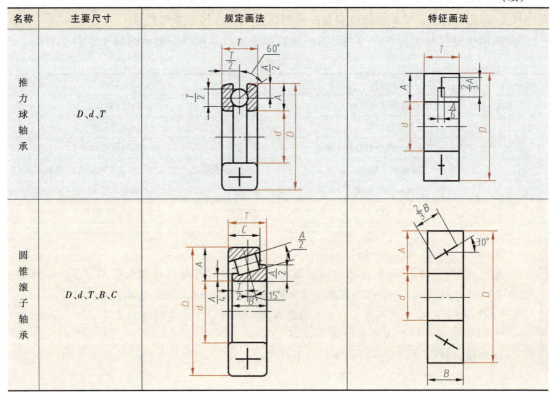

13.4.2 弹簧

1. 弹簧的用途和类型

弹簧是一种常用件，是一种能储存能量的零件，在机器、仪表和电器等产品中起到减振、储能和测量等作用。弹簧的种类很多，根据外形的不同，常见的有螺旋弹簧（图13-44）和涡卷弹簧（图13-45）。常用的螺旋弹簧按用途又分为压缩弹簧、拉伸弹簧和扭力弹簧。本节重点介绍圆柱螺旋压缩弹簧有关参数的名称和画法，其他种类弹簧的画法可参阅有关标准规定。

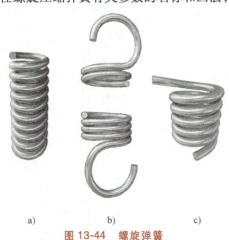

a)   b)   c)

图13-44 螺旋弹簧

a) 压缩弹簧 b) 拉伸弹簧 c) 扭力弹簧

图13-45 涡卷弹簧

2. 圆柱螺旋压缩弹簧的术语和尺寸关系

圆柱螺旋压缩弹簧由钢丝绕成,一般将两端并紧后磨平,使其端面与轴线垂直,便于支承。并紧磨平部分基本上不产生弹力,仅起支承或固定作用,称为支承圈,支承圈数用 n_2 表示,通常支承圈数有 1.5、2、2.5 三种。

弹簧中参加弹性变形能够有效工作的圈数,称为有效圈数 n。

弹簧并紧磨平后在不受外力情况下的全部高度,称为自由高度 H_0。

圆柱螺旋压缩弹簧的参数如图 13-46 所示。

1) 弹簧线直径 d。
2) 弹簧外径 D_2。
3) 弹簧内径 D_1,$D_1 = D_2 - 2d$。
4) 弹簧中径 D,$D = D_2 - d$。
5) 弹簧节距 t。
6) 有效圈数 n。
7) 总圈数 n_1,$n_1 = n + n_2$。
8) 自由高度 H_0。

支承圈数为 2.5 时,$H_0 = nt + 2d$。
支承圈数为 2 时,$H_0 = nt + 1.5d$。
支承圈数为 1.5 时,$H_0 = nt + d$。

9) 弹簧钢丝展开长度 L。

$$L = n_1 \sqrt{(\pi D)^2 + t^2} \approx n_1 \pi D$$

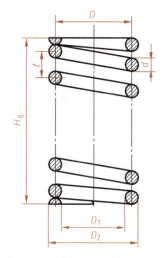

图 13-46 圆柱螺旋压缩弹簧的参数

3. 弹簧的规定画法

1) 螺旋弹簧在平行于轴线的投影面上投射所得的图形,可画成视图,也可画成剖视图,其各圈的螺旋线应画成直线。

2) 螺旋弹簧均可画成右旋,但对左旋的螺旋弹簧,不论画成左旋还是右旋,一律要注出旋向"左"字。

3) 有效圈数在 4 圈以上时,可只画出两端的 1~2 圈,中间各圈可省略不画。省略中间各圈后,允许缩短图形长度,并将两端用细点画线连起来。

4) 弹簧画法实际上只起一个符号的作用,因此不论支承圈数是多少,均可按支承圈数为 2.5 圈绘制。

5) 在装配图中,被弹簧遮挡的结构一般不画出,可见部分应从弹簧的外轮廓线或从弹簧钢丝剖面的中心线画起,如图 13-47a 所示。当弹簧被剖切时,剖面直径或厚度在图形上等于或小于 2mm,也可用涂黑表示,如图 13-47b 所示,也允许用示意画法,如图 13-47c 所示。

圆柱螺旋压缩弹簧零件图示例:

已知弹簧线径 d,弹簧外径 D_2,弹簧节距 t,有效圈数 n,支承圈数 n_2,右旋,画图步骤如下:

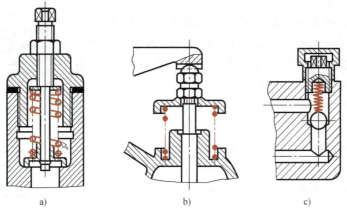

图 13-47 装配图中弹簧画法

1) 根据计算出的弹簧中径及自由高度 H_0 画出矩形 $ABCD$,如图 13-48a 所示。

2) 在 AB、CD 中心线上画出弹簧支承圈的圆,如图 13-48b 所示。

3) 画出两端有效圈弹簧丝的剖面,在 AB 上,由点 1 和点 4 量取节距 t 得到 2、3 两点,然后从线段 12 和 34 的中点作水平线与对边 CD 相交得 5、6 两点;以 2、3、5、6 点为中心,以弹簧线径为直径画圆,如图 13-48c 所示。

4) 按右旋方向作相应圆的公切线,即完成作图,如图 13-48d 所示,图 13-48e 所示为剖视图。

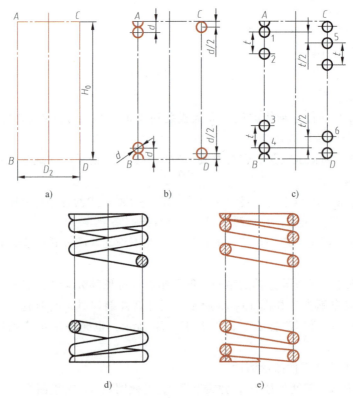

图 13-48 圆柱螺旋压缩弹簧画图步骤

圆柱螺旋压缩弹簧的零件图中，图形一般采用一个或两个视图表达，如图13-49所示。弹簧的参数应直接标注在图形上，当直接标注有困难时，可在"技术要求"中注明。当需要表明弹簧的力学性能时，可以在主视图的上方用图解方式表示，圆柱螺旋压缩弹簧的力学性能曲线画成了直线，即图中直角三角形的斜边，它反映了外力与弹簧变形之间的关系，代号 P_1、P_2 为工作负荷，P_j 为工作极限负荷。

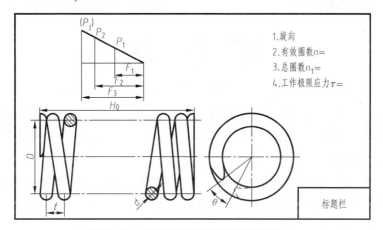

图 13-49　圆柱螺旋压缩弹簧零件图格式

第 14 章

零件图

学习本章的目的是了解零件图的作用和内容，了解各种零件图的视图选择原则和零件图的结构工艺，学会正确标注零件尺寸和零件图上的技术要求，掌握测绘零件的基本方法，能正确绘制和阅读零件图。

零件是组成机器（或部件）的基本单位，任何机器（或部件）都是由若干零件装配而成的。表达零件结构、大小及技术要求的图样称为零件图。零件图是设计和生产部门的重要技术文件，反映了设计者的意图，表达了对零件性能结构和制造工艺性等要求，是制造和检验零件的依据。

零件通常可分为标准件（如螺纹紧固件、键、销、滚动轴承等）和非标准件，非标准件又可分为轴套类、盘盖类、叉架类、箱体类等。

如图 14-1 所示为齿轮油泵中的零件。

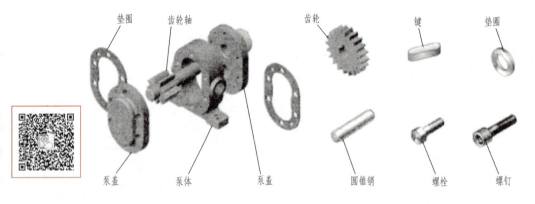

图 14-1　齿轮油泵中的零件

14.1　零件图的作用和内容

14.1.1　零件图的作用

零件图是生产和检验零件所依据的图样，是生产部门的重要技术文件，是对外技术交流的重要技术资料。

14.1.2 零件图的内容

生产实际过程中用的托脚零件如图 14-2 所示，图 14-3 所示为其零件图，从图 14-3 中可以看出一张完整的零件图应包含以下内容：

1. 一组图形

综合运用视图、剖视图、断面图、局部放大图等一组图形，把零件的内、外形状和结构正确、完整、清晰地表达出来。

如图 14-3 所示为托脚零件图，用了主、俯两个基本视图，一个移出断面图和一个局部视图两个辅助视图来表达。主视图采用局部剖视表达托脚的内部结构，俯视图也采用局部剖视表达托脚的外形结构和两螺纹孔的结构，移出断面图表达肋板结构，局部视图表达凸台局部结构。

图 14-2 托脚零件模型

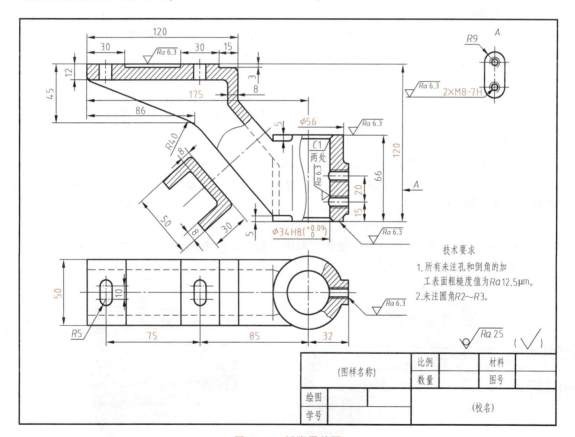

图 14-3 托脚零件图

2. 全部尺寸

正确、完整、清晰、合理地标注确定零件形状、大小和各部分结构相对位置的全部尺寸。具体包括各基本体的定形尺寸、相邻形体间的定位尺寸、零件的总体尺寸等。如图 14-3 所示，$\phi 34H8$、$\phi 56$、$2\times M8$、120、50 等是定形尺寸；85、75 是腰形槽的定位尺寸，15、20 是 A 向凸台上 $2\times M8$ 螺纹孔的定位尺寸；207、$\phi 56$、120 分别是零件的总长、总宽和总高尺寸。

3. 技术要求

技术要求中标注或说明零件在制造和检验过程中应达到的公差要求，如尺寸公差、几何公差、表面结构、热处理、表面处理以及其他要求。

4. 标题栏

标题栏中说明零件的名称、材料、数量、比例、图号及图样的责任人等内容。

14.2 零件的视图选择

14.2.1 零件视图选择的原则

零件视图选择的原则是：在完整、正确、清晰地表达各部分结构形状和相互位置关系的前提下，力求画图简便，读图容易，视图数量最少。

1. 主视图的选择

主视图是表达零件的核心。因此，在表达零件时，应首先确定主视图，选择主视图应考虑以下两点：

（1）零件的摆放位置 一般来说，主视图应反映出零件的主要加工位置和在机器中的工作位置。

1）零件的加工位置。零件在加工制造过程中，要把它按一定的位置装夹后进行加工。在选择主视图时，应尽量与零件的加工位置一致，以便加工时读图方便。

轴套、轮盘类零件主要在车床或磨床上加工，如图 14-4 所示传动轴和端盖（轴套类和轮盘类零件）按加工位置摆放（轴线水平）。

机加工车床如图 14-5 所示。

图 14-4 轴套类和轮盘类零件
a) 传动轴 b) 尾架端盖

a)　　　　　　　　　　　　　b)

图 14-5 机加工车床
a) 普通车床 b) 数控车床

2）零件的工作位置。有一些零件形状复杂，需要在不同的机床上加工，且加工状态各不相同，选择主视图时，应尽量与零件的工作位置一致。如图 14-6 所示，支承架（叉架类）和泵体（箱体类）零件按工作位置摆放。

（2）主视图的投射方向 在零件摆放位置已定的情况下，主视图可从前、后、左、右四个方向投射，如图14-7a 所示的 A、B、C、D 四个方向。从中选择较明显地表达零件的主要结构和各部分之间相对位置关系的一面为主视图，即主视图的投射方向应尽量反映出零件的主要形体的形状特征。显然图14-7a 中 A 方向最能反映该零件的形状特征。图14-7b 所示的主视图是最佳表达方案。

图 14-6 叉架类、箱体类零件

a）支承架 b）泵体

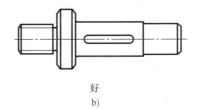

图 14-7 轴主视图投射方向选择方案比较

2. 其他视图的选择

选择其他视图时，应以主视图为基础，根据零件形状的复杂程度和结构特点，以完整、正确、清晰地表达各部分结构为主线，优先考虑基本视图，采用相应的剖视、断面等方法，使每一个视图有一个表达重点。对于零件尚未表达清楚的局部形状或细部结构，则可选择必要的局部视图、斜视图或局部放大图来表达。

一般情况下，视图的数量与零件的复杂程度有关，零件越复杂视图数量越多。对于同一个零件，特别是结构较为复杂的零件，可选择不同的表达方案，比较归纳后，确定一个最佳表达方案。

总之，视图选择应使视图数量最少，表达完整、正确、清晰，简单易懂。

14.2.2 典型零件的视图选择

零件的形状繁多，按其结构形状不同可分为四大类，即轴套类零件、盘盖类零件、叉架类零件和箱体类零件。每一类零件应根据其自身的结构特点来确定其表达方案。

1. 轴套类零件

常见轴套类零件如图14-8 所示。

（1）轴套类零件作用及其结构特点 轴套类零件主要起支撑传递动力和轴向定位的作用。它的结构特点是由若干段不同直径的回转体同轴线叠加

图 14-8 常见轴套类零件

a）主轴 b）套筒

而成，为了装配方便，轴上还加工有倒角、圆角、退刀槽等结构，主要用车削、磨削加工。

（2）轴套类零件视图选择

1）主视图的选择。轴套类零件主要要在车床或磨床上加工，主视图按加工位置（轴线水平）放置，以垂直于轴线方向作为主视图的投射方向。图14-9 所示主轴的主视图轴线水平摆放，键槽孔等结构面向观察者。图14-10 所示套筒的主视图轴线水平摆放。

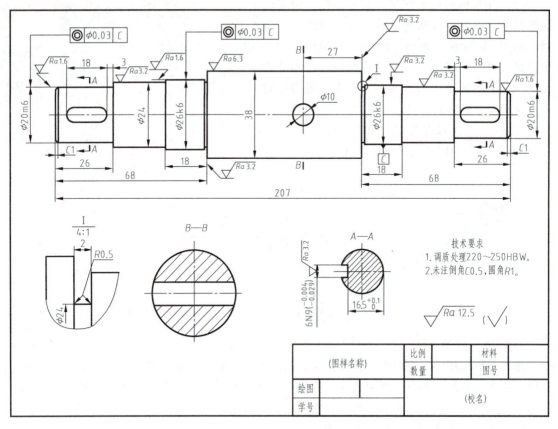

图 14-9 主轴零件图

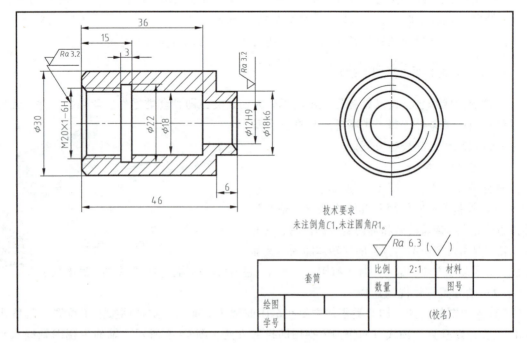

图 14-10 套筒零件图

2）其他视图的选择。一般采用断面图、局部视图、局部放大图等来表示键槽退刀槽及其他局部结构。图 14-9 所示主轴采用两个移出断面图和一个局部放大图来表达轴上的键槽、孔、退刀槽等结构。图 14-10 所示套筒采用一个主视图来表达零件形状特征。

因此，轴套类零件常采用一个主视图，若干个断面图、局部视图、局部放大图等来表达其结构。

2. 盘盖类零件

常见盘盖类零件如图 14-11 所示。

（1）盘盖类零件作用及其结构特点　盘盖类零件包括盘类和盖类。盘类零件主要起传递动力和转矩的作用；盖类零件主要起支承、定位和密封作用。它们的结构特点是由同一轴线的回转体组成，轴向尺寸较小，径向尺寸较大，其上常有孔、螺孔、键槽、凸台、轮辐等结构，以车削加工为主。图 14-12 所示为端盖零件图。

图 14-11　常见盘盖类零件
a）齿轮　b）端盖

（2）盘盖类零件视图选择

1）主视图选择。盘盖类零件主视图一般按加工位置（轴线水平）放置，选择垂直于轴线的投射方向画主视图。为了表达其内部结构，主视图常采用剖视图。图 14-12 所示的端盖主视图采用了全剖视图。

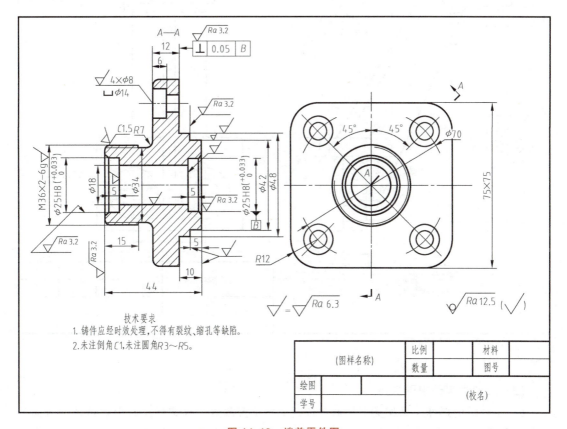

图 14-12　端盖零件图

2）其他视图选择。其他视图的确定需依据零件结构的复杂程度而定，一般情况下，常用左视图或右视图来表达其外形结构。图 14-12 所示左视图表达了端盖的外形。因此，盘盖类零件一般用两个或三个基本视图来表达，有时为了表达局部结构宜采用局部视图和局部放大图来表达其局部结构。

3. 叉架类零件

常见叉架类零件如图 14-13 所示。

（1）叉架类零件作用及其结构特点　叉架类零件包括各种用途的拨叉和支架。拨叉主要起操纵调速的作用，支架主要起支承和连接作用。它们的结构形状差别很大，但多数叉架类零件都具有工作部分、支承部分和连接部分，其毛坯多为铸（锻）件，工作部分和连接部分需要切削加工。图 14-3 所示为托脚零件图，图 14-14 所示为托架零件图。

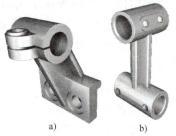

图 14-13　常见叉架类零件
a）托架　b）支架

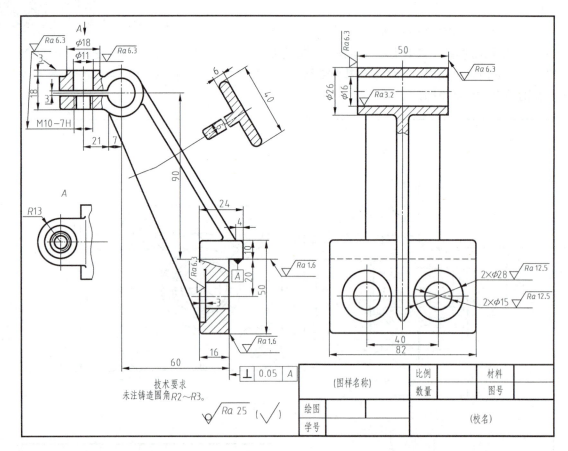

图 14-14　托架零件图

（2）叉架类零件视图选择

1）主视图的选择。叉架类零件通常按其工作位置放置，且选择反映形状特征的方向作为主视图投射方向。拨叉在机器中工作时不停地摆动，没有固定的工作位置。为了画图方便,一般把拨叉主要轮廓放置成垂直或水平位置,主视图常采用局部剖视图。图 14-3 所示托脚零件和图 14-14 所示托架零件的主视图均采用了局部剖视。

2) 其他视图的选择。叉架类零件的其他视图可利用左(右)视图或俯视图表达零件的外形结构,其上局部和肋板等结构常选择断面图、局部视图、斜视图来表示。

图 14-3 所示的托脚零件采用一个俯视图表达托脚的外形,移出断面图表达肋板结构,局部视图表达凸台结构。图 14-14 所示的托架零件图采用一个左视图表达托架的外形,移出断面图表达肋板结构,局部视图表达凸台结构。

4. 箱体类零件

常见箱体类零件如图 14-15 所示。

(1) 箱体类零件作用及其结构特点 箱体类零件主要起支承、包容和密封其他零件的作用。这类零件结构形状比较复杂,一般有较大的空腔、肋板、凸台、螺孔等结构。图 14-16 所示为齿轮油泵泵体零件图,图 14-17 所示为球阀阀体零件图。

图 14-15 常见箱体类零件
a) 齿轮油泵泵体　b) 球阀阀体

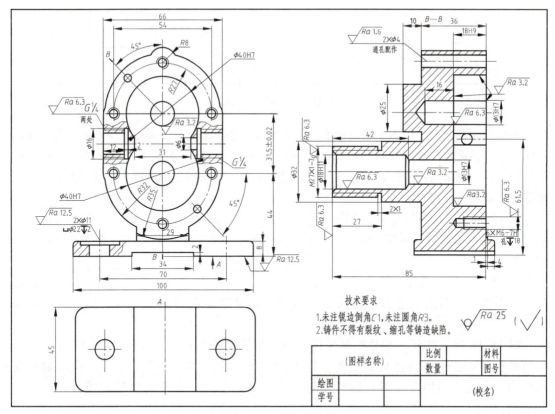

图 14-16 泵体零件图

(2) 箱体类零件视图选择

1) 主视图的选择。箱体类零件加工位置多变,但其在机器中的工作位置是固定不变

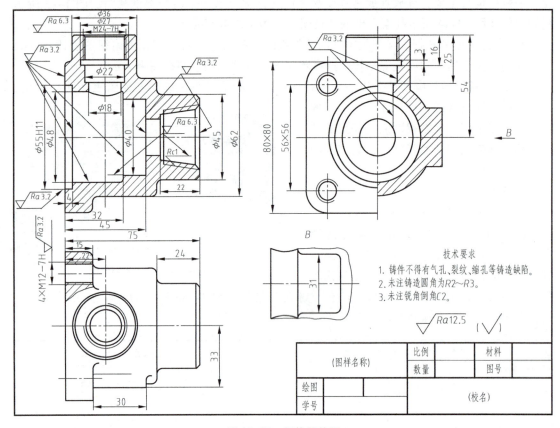

图 14-17　阀体零件图

的,因此常按箱体类零件的工作位置摆放,以便对照装配图从装配关系中了解箱体类零件的结构形状,并选用形状特征最明显的投射方向为主视图方向。为了表达箱体类零件内部结构,主视图一般采用剖视图,根据零件复杂程度不同,可采用全剖视图、半剖视图、局部剖视图等来表达。

图 14-16 所示的泵体零件主视图采用了三处局部剖视来分别表达泵体 G1/4 进(出)油螺纹孔和 2×φ11 安装孔结构,图 14-17 所示的阀体零件主视图采用了一个全剖视图表示阀体内部结构。

2)其他视图的选择。箱体类零件的其他视图,可利用左(右)视图或俯视图表达零件的外形结构,其上的肋板、凸台、倾斜等结构常选用断面图、局部视图、斜视图来表达。

图 14-16 所示的泵体零件图还采用一个全剖的左视图表达泵体的内部结构,一个 A 向局部视图表达泵体底座局部结构。图 14-17 所示的阀体零件图还采用一个半剖的左视图和一个局部剖的俯视图表达阀体的内、外形结构,一个 B 向局部视图表达凸台的局部结构。

由于箱体类零件是组成机件的重要零件,其结构形状比较复杂,主视图按工作位置摆放,并反映其形状特征,常用三个或三个以上基本视图来表达主要结构特征,局部结构常采用断面图、局部视图、局部剖视图等表达。

14.3 零件结构的工艺性

工程实际中大部分零件要经过铸造或锻造（热加工）及机械加工（冷加工）等过程制造出来，设计零件结构形状时，不仅要满足设计要求，还要符合冷（热）加工的工艺要求。常见零件结构工艺性要求有铸造工艺结构和机械加工工艺结构。

14.3.1 铸造工艺结构

本节主要介绍一些常见的铸造工艺结构。

1. 起模斜度

用铸造的方法制造的零件称为铸件，铸造零件制作毛坯时，为了便于从砂型中起模，铸件的内、外壁沿起模方向应设计有一定的斜度，称为起模斜度，如图 14-18a 所示。起模斜度在图中一般不画出，也可以不标注，必要时可在"技术要求"中注明，如图 14-18b、c 所示。起模斜度大小：木模造型常选 1°~3°，金属型手工造型常选 1°~2°，机械造型常选 0.5°~1°。

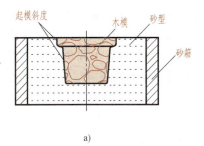
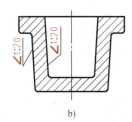
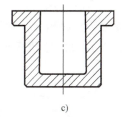

图 14-18 起模斜度

2. 铸造圆角

为防止浇注铁液时冲坏砂型，以及铸件在冷却时转角处应力集中而开裂（图 14-19c），铸件两面相交处均制成圆角，称为铸造圆角。如图 14-19 所示，圆角半径一般取壁厚的 0.2~0.4 倍（也可查相关手册），视图中铸造圆角半径一般注写在"技术要求"中（如未注明铸造圆角 $R2$）。

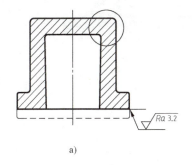

图 14-19 铸造圆角
a）加工后的铸造圆角 b）铸造圆角 c）没有圆角产生缩孔和裂纹

3. 铸件壁厚

铸件各处壁厚应尽量均匀，若因结构需要出现壁厚相差过大，则壁厚由大到小逐渐变化（图 14-20a、b），以避免各部分因冷却速度不同而产生缩孔或裂纹（图 14-20c）。

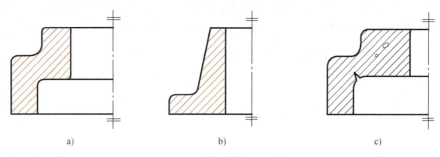

图 14-20　铸件壁厚

a) 均匀　b) 逐渐过渡　c) 壁厚不均匀产生缩孔和裂纹

4. 过渡线

由于铸造圆角的存在，铸件各表面上的交线（相贯线或截交线）变得不明显，为了区分不同表面，用过渡线代替两面交线，其画法与没有圆角时两面交线画法相同，只是不与圆角接触而已。按照国家标准 GB/T 44757.4—2002 的规定：过渡线线型为细实线。

过渡线画法一如图 14-21 所示。过渡线画法二如图 14-22 所示。图 14-22a 中过渡线是底板与圆柱面相交，交线位于大于或等于 60°位置时，过渡线按两端带小圆角的细实线绘制。图 14-22b 中压板与圆柱面相交，交线位于小于 45°位置时，过渡线按两端不到头的细实线绘制。

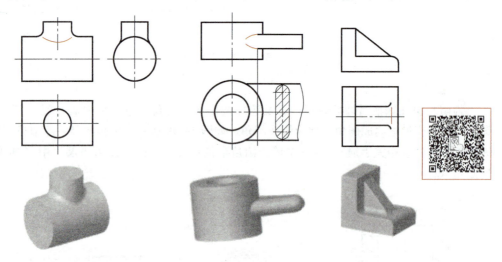

图 14-21　过渡线画法（一）

14.3.2　机械加工工艺结构

1. 倒角与圆角

为了便于装配，要去除零件上的毛刺、锐边，通常将尖角加工成倒角（图 14-23a、b），

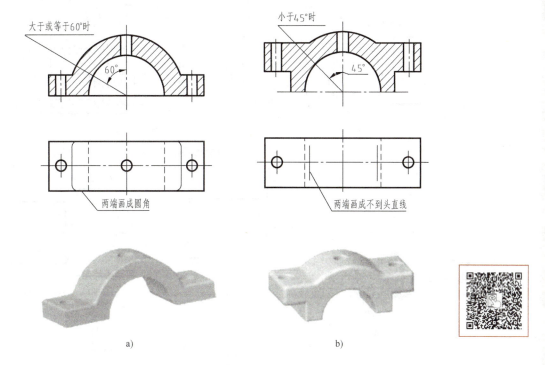

图 14-22 过渡线画法（二）

标注 $C2$（C 表示 $45°$，2 表示距离）。在轴肩处，为了防止应力集中，轴肩处加工成的圆角称为倒圆（图 14-23a），标注 $R2$。

图 14-23 零件倒角与倒圆
a) 轴上倒角与倒圆　b) 孔上倒角

2. 退刀槽和砂轮越程槽

车削螺纹时，为了便于退出刀具，常在零件的待加工表面末端车出螺纹退刀槽，退刀槽尺寸标注，按"槽宽×直径"（或"槽宽×深度"）的形式标注，如图 14-24 所示。

磨削加工时，为了让砂轮能稍微越过加工表面，在被加工表面末端加工的退刀槽又称为砂轮越程槽，如图 14-25a 所示。砂轮越程槽的画法与标注，如图 14-25b、c 所示。退刀槽和砂轮越程槽尺寸可查阅相关国家标准。

3. 凸台、凹坑（槽）和空腔

零件上与其他零件接触的表面，一般要经过机械加工，为了减少加工面积，节约成本，通常在铸件上设计凸台、凹坑、凹槽和空腔等工艺结构，如图 14-26 所示。

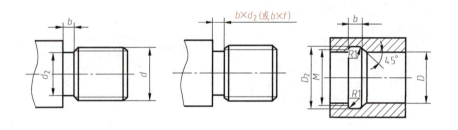

图 14-24　螺纹退刀槽的画法与标注

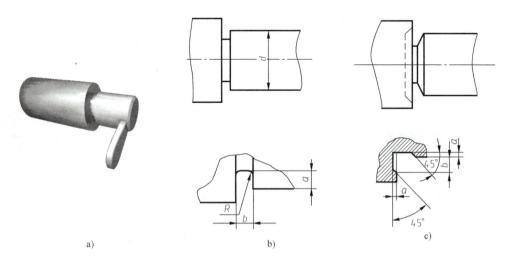

图 14-25　砂轮越程槽的画法与标记

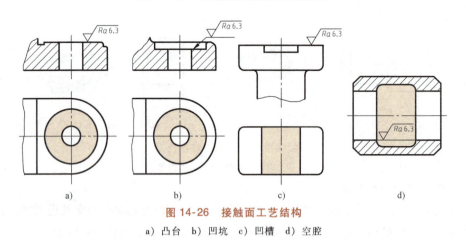

图 14-26　接触面工艺结构
a）凸台　b）凹坑　c）凹槽　d）空腔

4. 钻孔结构

钻头钻不通孔时，孔的底部有120°锥角，钻孔深度是圆柱部分的深度（不包括锥坑深度），如图14-27a所示。钻阶梯孔时，阶梯孔过渡处有120°锥台，其画法与尺寸标注，如图14-27b所示。

用钻头钻孔时，要求钻头轴线垂直于被钻孔的端面，以保证钻孔准确和避免钻头折断，如图14-28所示。

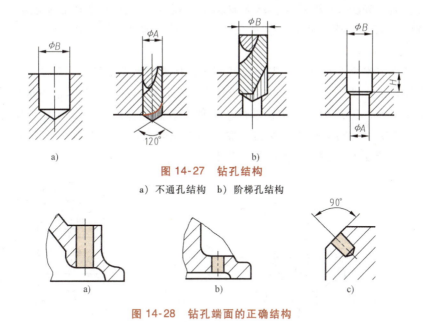

图 14-27 钻孔结构
a) 不通孔结构 b) 阶梯孔结构

图 14-28 钻孔端面的正确结构
a) 凸台结构 b) 凹坑结构 c) 倾斜结构

14.4 零件图尺寸标注

零件图尺寸标注，除了本书前面内容中介绍的正确、完整、清晰外，还必须合理，即标注的尺寸，既要满足设计要求，以保证机器的工作性能，又要满足工艺要求，以便于加工制造和检测。

尺寸注法要执行国家标准 GB/T 4458.4—2003 和 GB/T 16675.2—2012 中的规定。为了做到合理，标注尺寸时，需要对零件的结构和工艺进行分析，先确定零件尺寸基准再标注尺寸。要真正做到这一点，需要有一定的专业知识和实际生产经验。这里，仅对尺寸合理标注进行初步介绍。

14.4.1 合理选择尺寸基准

在组合体尺寸标注一节中，已对基准有了初步了解。零件图这一节将结合零件的特点引入有关设计和工艺方面的知识加以讨论。

1. 尺寸基准的概念

所谓基准是用来确定零件上各几何要素间的几何关系所依据的那些点、线、面。根据使用场合和作用的不同，基准可分为设计基准和工艺基准两大类。

（1）设计基准 它是根据零件在机器中的作用和结构特点，为保证零件的设计要求而确定的基准。通常选择机器或部件中确定零件位置的接触面、对称面、回转面的轴线等作为设计基准。如图 14-29 所示，底面 B 为设计基准，保证轴承孔到底面的高度，对称面 C 也为设计基准，保证两孔之间的距离及其对轴孔的对称关系。

（2）工艺基准 它是确定零件在机床上加工时装夹的位置，以及测量零件尺寸时所利用的点、线、面。如图 14-29 所示，端面 D 为工艺基准，以保证轴承孔的宽度尺寸 30 和加油螺孔定位尺寸 15；端面 E 也是工艺基准，以便测量加油螺孔的深度 6。

2. 尺寸基准的选择

从设计基准出发标注尺寸，能保证设计要求，从工艺基准出发标注尺寸，便于加工和测量。设计零件时最好使工艺基准和设计基准重合。当设计基准和工艺基准不重合时，应以设计基准为主要基准，工艺基准为辅助基准。零件在长、宽、高三个方向都应有一个主要基准。如图 14-29 所示，轴承座底面 B 为高度方向的主要基准，左右对称面 C 为长度方向的主要基准，轴承端面 D 为宽度方向的主要基准。

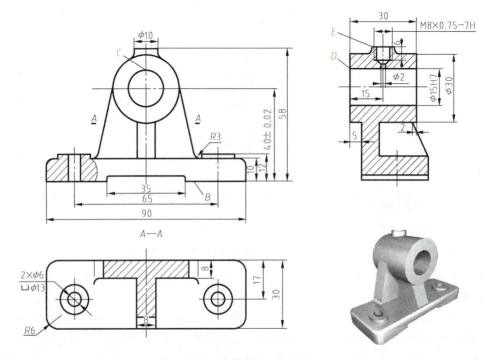

图 14-29 轴承座尺寸基准分析

14.4.2 合理标注零件尺寸应注意的问题

1. 零件图上主要尺寸应直接标注

零件图中尺寸可分为主要尺寸和非主要尺寸两种。主要尺寸是装配尺寸链中的尺寸环，包括零件的规格性能尺寸、配合尺寸、确定零件之间相对位置的尺寸、连接尺寸、安装尺寸等，一般都有公差要求。不直接影响零件使用性能、安装精度和规格性能的尺寸，称为非主要尺寸，包括零件的外形轮廓尺寸、非配合尺寸、满足安装和加工工艺要求等方面的尺寸（如退刀槽、凸台、凹坑、倒角等），一般没有公差要求。

图 14-30a 中尺寸 A、L 分别表示轴承座轴承孔定位尺寸和 2×φ6 安装孔定位尺寸，是轴承座的主要尺寸，应直接标注。如图 14-30b 所示，主要尺寸 A 注成 B、C，由于加工误差的存在，A 尺寸的误差等于 B、C 尺寸误差之和，使得轴承孔高度不能满足设计要求，不合理。同理，2×φ6 安装孔标有两个 E 尺寸，间接确定安装尺寸 L，也不合理。

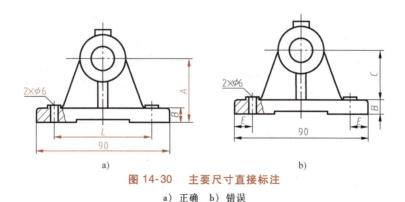

图 14-30　主要尺寸直接标注
a）正确　b）错误

2. 尺寸标注应便于加工和测量

尺寸标注应符合加工顺序，以便于加工和测量。如图 14-31a 所示，加工轴时应先加工长度尺寸 15，再切出槽尺寸 3×2，标注尺寸合理。如图 14-31b 所示，标注尺寸不符合加工顺序，不合理。如图 14-31c 所示，标注的尺寸便于加工和测量，合理。如图 14-31d 所示，不便于测量，不合理。

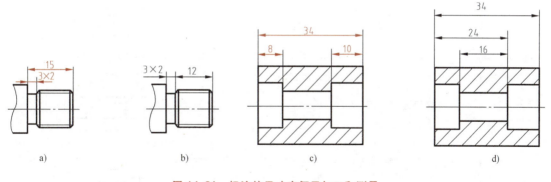

图 14-31　标注的尺寸应便于加工和测量
a）便于加工　b）不便加工　c）便于测量　d）不便测量

3. 尺寸不应形成封闭尺寸链

所谓尺寸链是指头尾相接的尺寸形成的尺寸组，每个尺寸是尺寸链的一环。如图 14-32a 所示，形成了封闭的尺寸链，这样标注的尺寸在加工时往往难以保证尺寸的公差要求。实际标注时，一般在尺寸链中选一个不重要的尺寸不标注，常称之为开环，如图 14-32b 所示。

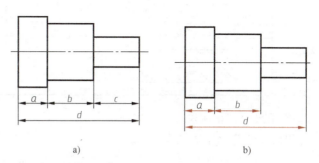

图 14-32　尺寸不应形成封闭尺寸链
a）封闭尺寸链不合理　b）有开环合理

4. 毛坯面之间的尺寸一般应单独标注

毛坯面之间的尺寸是在铸（锻）造毛坯时保证的，如图 14-33a 所示，尺寸标注合理。如图 14-33b 所示，尺寸标注不合理。

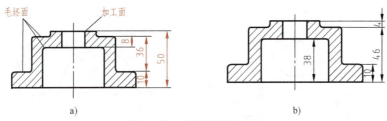

图 14-33 毛坯面间的尺寸
a）合理 b）不合理

14.4.3 尺寸注法简化表示法（GB/T 16675.2—2012）

1. 常见孔结构及尺寸标注简化表示法

各种孔（不通孔、沉孔、螺纹孔）的标注方法见表 14-1。

表 14-1 常见孔结构的尺寸标注

结构类型	简 化 后		简 化 前
不通孔		或	
锥面沉孔		或	
柱面沉孔		或	
螺纹孔		或	

2. 常用尺寸简化注法

常用尺寸的简化注法见表 14-2。

表 14-2 常用尺寸的简化注法

简化前	简化后	说明
		标注尺寸时,可使用单边箭头

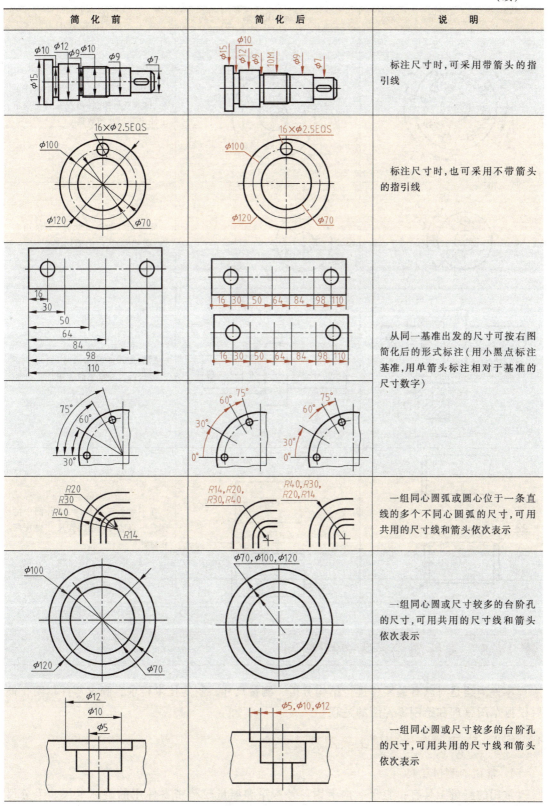

(续)

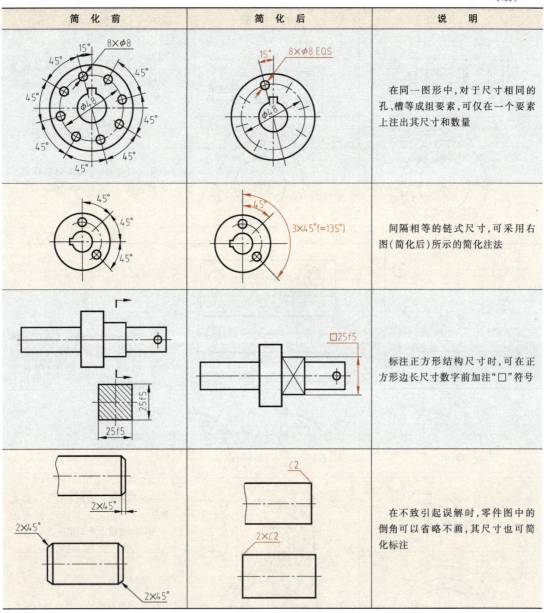

14.5 零件测绘及零件图绘制

零件测绘是对已有的零件进行结构分析、测量尺寸、制定技术要求，画出零件草图，最后根据草图整理和绘制零件图的过程。

14.5.1 常用的零件测量工具及测量方法

1. 常用的测量工具

常用的测量工具有：直尺、内卡钳、外卡钳和测量较精密零件用的游标卡尺、千分尺等，如图 14-34 所示。

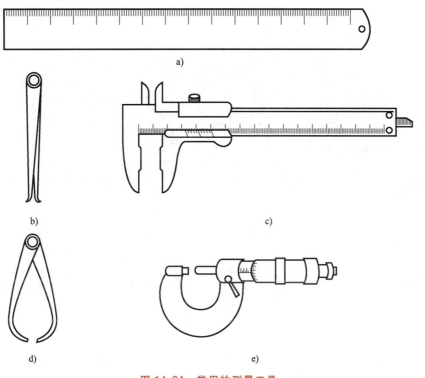

图 14-34 常用的测量工具

a）直尺 b）内卡钳 c）游标卡尺 d）外卡钳 e）千分尺

2. 常用的测量方法

常用的测量方法见表 14-3。

表 14-3 常用的测量方法

类型	简化图例	说　明
线性尺寸		可用直尺测量线性尺寸
直径尺寸		可用游标卡尺或千分尺测量直径

(续)

类型	简化图例	说明
壁厚尺寸	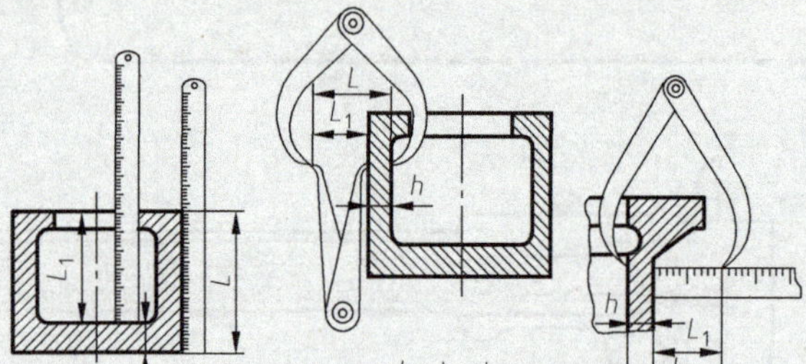 $h = L - L_1$	可用直尺测量壁厚尺寸，也可用内卡钳、外卡钳和直尺分步测量壁厚尺寸
阶梯孔直径	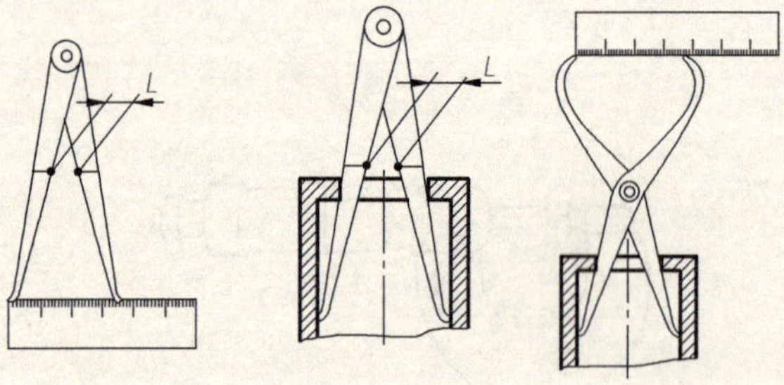 a)　　b)	用游标卡尺或直尺无法直接测量内孔直径时，可用内卡钳和直尺间接测量，如图 a 所示；或用内外卡钳和直尺测量，如图 b 所示
中心高	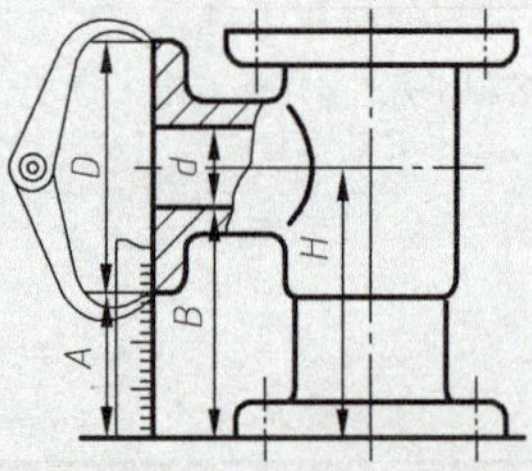 $H = A + D/2$ 或 $H = B + d/2$	可用直尺、外卡钳间接测量中心高

14.5.2 零件的测绘方法与步骤

测绘图 14-13b 所示的支架零件，并绘制零件草图和零件图。

1) 了解零件在机器（或部件）中的位置和作用，以及零件的形状结构。
2) 尺规绘图，步骤如下：

① 在图纸上定出各视图的位置，画出各视图的基准线、中心线，如图 14-35a 所示。

② 依据零件的加工位置或工作位置，选择适当的表达方案（一组视图），画出零件的草图，如图 14-35b 所示。

③ 选择合理的尺寸基准，画标注尺寸的尺寸界线、尺寸线和箭头，如图 14-35c 所示。

④ 集中测量尺寸，标注在对应的尺寸线上（集中测量时相关的尺寸能够联系起来，不但可以提高工作效率，还可以避免错误和遗漏尺寸）。标注零件表面粗糙度代号、零件尺寸公差和文字性的技术要求等。

⑤ 仔细检查、加深图线，填写标题栏，如图 14-35d 所示。

3）零件图完成后，经校核、修改和整理，按零件图的要求用尺规绘制零件图，或用计算机辅助绘制零件图（CAD 图）。

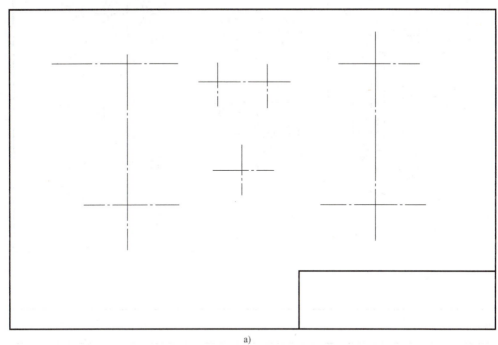

a)

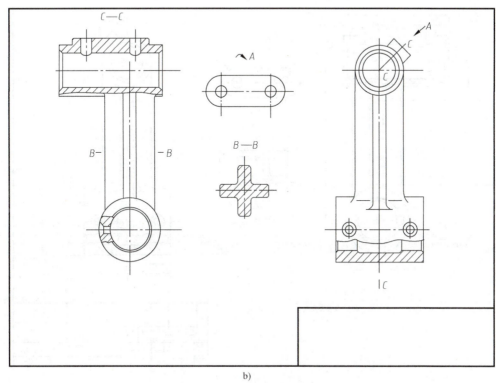

b)

图 14-35 支架零件图绘制步骤

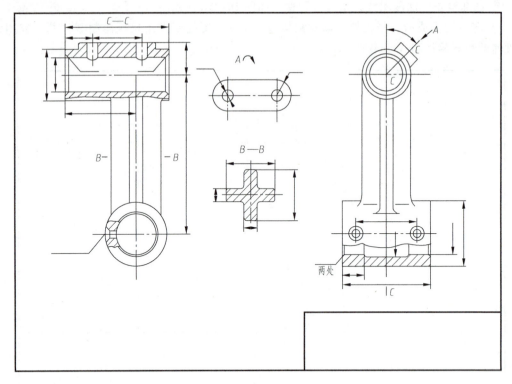

c)

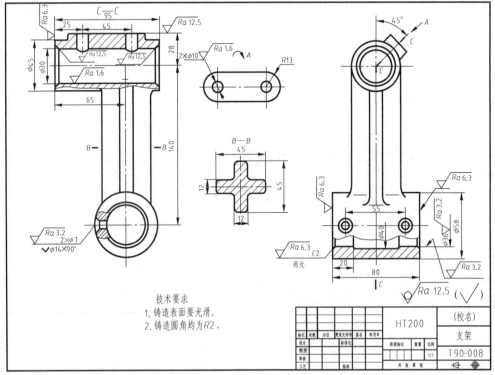

d)

图 14-35 支架零件图绘制步骤（续）

14.6 读零件图

在设计和制造过程中,经常要阅读零件图。因此,作为一名工程技术人员,必须掌握正确的读图方法并具备一定的读图能力。

读零件图需要弄清零件的结构形状、尺寸和技术要求等内容,并了解零件在机器中的作用。下面以图 14-36 所示踏脚零件图为例说明读零件图的方法与步骤。

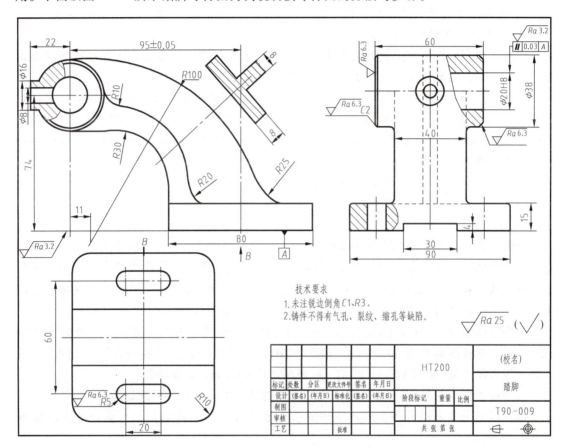

图 14-36 踏脚零件图

1. 看标题栏,概括了解零件

从图 14-36 所示踏脚零件图的标题栏中可知该零件名称是踏脚,属于叉架类零件,起连接和支承的作用。该零件是铸件,材料 HT200(灰铸铁),绘图比例 1∶1。再通过装配图了解零件在机器(或部件)中的作用及与其他零件的装配关系。

2. 分析视图和投影,想象零件的结构形状

图 14-36 所示踏脚零件图采用了两个基本视图、一个局部视图、一个移出断面图来表达。两个基本视图分别是采用局部剖视的主、左视图,表达零件结构形状和孔的内部结构;局部视图表达连接板的形状;一处断面图表达肋板结构。通过对零件 4 个视图的分析,用形体分析法可知踏脚零件由 4 个部分组成,即 80mm×90mm 的方形连接板、T 形的肋板、

ϕ38mm 的圆筒与 ϕ16mm 的圆筒相贯。踏脚的实物图如图 14-37 所示。

3. 分析尺寸

零件的尺寸分析可按下列顺序进行：

1）根据零件的结构特点，了解尺寸基准和尺寸的标注形式。

2）根据形体分析，了解基本形体的定形尺寸和定位尺寸。

3）分析了解功能尺寸和非功能尺寸。

4）分析了解零件的总体尺寸。

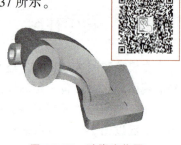

图 14-37　踏脚实物图

踏脚零件图中长度方向主要尺寸基准是 ϕ20H8 孔的轴线，高度方向主要尺寸基准是方形连接板底面，宽度方向主要尺寸基准是左视图中的前后对称面。

踏脚零件图上主要定形尺寸和定位尺寸：ϕ38mm 圆筒的定形尺寸有 ϕ38mm、ϕ20mm、60mm，定位尺寸是 74mm；ϕ16mm 圆筒的定形尺寸有 ϕ16mm、ϕ8mm，定位尺寸是 22mm、74mm；连接板的定形尺寸是 80mm、90mm、15mm 等；键槽形安装孔的定位尺寸是 60mm，其余尺寸读者可自行分析。

零件图中 ϕ20H8、（95±0.05）mm 等是功能尺寸，该零件总体尺寸是长 157mm（95mm+22mm+40mm）、宽 90mm、高 93mm（74mm+38mm/2）。

4. 分析技术要求

分析技术要求可从表面结构（粗糙度）、尺寸公差和几何公差、文字技术要求等三方面着手：两个圆筒端面的表面粗糙度 Ra 值是 6.3μm，方形连接板底面及两个圆筒内孔 ϕ8、ϕ20H8 的表面粗糙度 Ra 值是 3.2μm，肋板表面为不加工表面 $\sqrt{Ra\,25}$（$\sqrt{}$），标注在零件图右下角。ϕ20H8 孔相对底面基准 A 的平行度误差为 0.03mm。

踏脚零件中（95±0.05）mm 为 ϕ38mm 圆筒的定位尺寸，有公差要求，上极限偏差为 +0.05mm，下极限偏差为 -0.05mm。轴孔 ϕ20H8（$^{+0.033}_{0}$），表示孔的公称尺寸为 ϕ20mm，孔的上极限尺寸是 ϕ20.033mm，孔的下极限尺寸是 ϕ20mm，是基准孔。

文字技术要求如图 14-36 所示。其他为分析的技术要求，读者自行分析。

综合以上四方面的分析，对该零件的结构形状有一个完整的认识，从而真正读懂零件图。

第 15 章

机械图样上的技术要求

机械图样上的技术要求是零件在设计、加工和使用中应达到的技术性能指标，主要包括：表面结构、极限与配合、几何公差、热处理以及其他有关制造的要求等（图 15-1）。

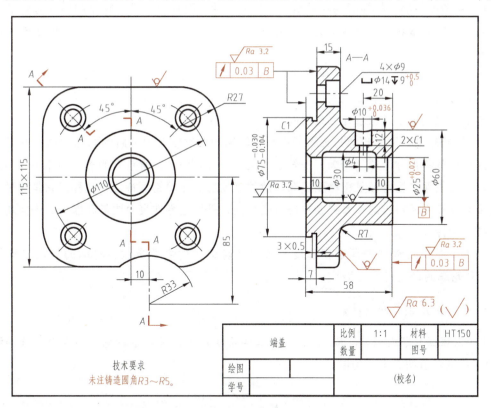

图 15-1 零件图上的技术要求

15.1 零件的表面结构

15.1.1 零件表面结构的基本概念

零件表面经过加工后，看起来很光滑，经放大观察却凹凸不平（图 15-2）。实际表面的轮廓是由粗糙度轮廓参数（R 轮廓）、波纹度轮廓参数（W 轮廓）和原始轮廓参数（P 轮廓）构成的。各种轮廓所具有的特性都与零件的表面功能密切相关。

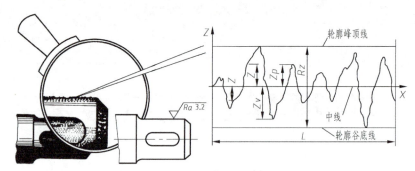

图 15-2　零件的实际表面结构

1）粗糙度轮廓。粗糙度轮廓是指加工后的零件表面轮廓中具有较小间距和谷峰的那部分。它所具有的微观几何特性称为表面粗糙度，一般是由所采取的加工方法和（或）其他因素形成的。

2）波纹度轮廓。波纹度轮廓是表面轮廓中不平度的间距比粗糙度轮廓大得多的那部分。它具有间距较大的、随机的或接近周期形式的成分构成的表面不平度称为表面波纹度，一般是工件表面加工时由意外因素引起的。

3）原始轮廓。原始轮廓是忽略了粗糙度轮廓和波纹度轮廓之后的总的轮廓。它具有的宏观几何形状特征称为原始轮廓，一般是由机床、夹具等本身所具有的形状误差引起的。

零件的表面结构特征是粗糙度轮廓、波纹度轮廓和原始轮廓特性的统称。它是通过不同的测量与计算方法得出的一系列参数进行表征的，是评定零件表面质量和保证其表面功能的重要技术指标。

以下主要介绍常用的评定粗糙度轮廓（R 轮廓）的主要参数：轮廓的算数平均偏差（Ra）和轮廓的最大高度（Rz）。

15.1.2　表面结构的参数

1）轮廓算术平均偏差（Ra）。在一个取样长度 lr 内，被评定轮廓上各点至中线的纵坐标 Z(X) 绝对值的算术平均值。

$$Ra = \frac{1}{lr} \int_0^{lr} |Z(X)| \mathrm{d}X$$

2）轮廓最大高度（Rz）。在一个取样长度 lr 内，被评定轮廓的最大轮廓峰高和最大轮廓谷深之和的高度。

表 15-1 中列出了优先采用的第一系列 Ra 的数值及相应的加工方法。

15.1.3　表面结构的图形符号、代号及标注方法（GB/T 131—2006）

1. 表面结构的图形符号

表面结构的图形符号及其含义，见表 15-2。

第15章　机械图样上的技术要求

表 15-1　Ra 的数值及相应的加工方法

加工方法	Ra 的数值(第一系列)/μm													
	0.012	0.025	0.05	0.10	0.20	0.40	0.80	1.60	3.2	6.3	12.5	25	50	100
砂模铸造											√	√	√	√
压力铸造								√	√	√	√			
热轧										√	√	√	√	√
刨削							√	√	√	√	√	√	√	
钻孔								√	√	√	√	√		
镗孔						√	√	√	√	√	√			
铰孔					√	√	√	√	√					
铰铣						√	√	√	√	√				
端铣						√	√	√	√	√	√			
车外圆					√	√	√	√	√	√	√			
车端面						√	√	√	√	√	√			
磨外圆		√	√	√	√	√	√	√						
磨端面			√	√	√	√	√	√						
研磨抛光	√	√	√	√	√	√								

表 15-2　表面结构的图形符号及其含义

符　号	含义及说明
	基本图形符号,对表面结构有要求的图形符号,简称基本符号。仅用于简化代号标注,没有补充说明时不能单独使用
	扩展图形符号,基本符号加一短横,表示指定表面是用去除材料的方法获得的
	扩展图形符号,基本符号加一圆圈,表示指定表面是用不去除材料的方法获得的
	完整图形符号,当要求标注表面结构特征的补充信息时,在图形符号的长边上加一横线
	在某个视图上构成封闭轮廓的各表面有相同的表面结构要求时,应在完整图形符号上加一圆圈,标注在图样中工件的封闭轮廓线上

表面结构图形符号的画法及尺寸如图 15-3 所示。

2. 表面结构完整图形符号的组成

　　为了明确表面结构的要求,除了标注表面结构参数和数值外,必要时应标注补充要求,补充要求包括传输带、取样长度、加工工艺、表面纹理及方向、加工余量等。在完整符号中,对表面结构的单一要求和补充要求应注写在图 15-4 所示的指定位置。表面结构参数代号及其后的参数值应写在图形符号长边的横线下面,为了避免误解,在参数代号和极限值间应插入空格。图 15-4 中符号长边上的水平线的长度取决于其上下所标注内容的长度,图中在"a""b""d"和"e"区域中的所有字母高应该等于 h,区域"c"中的字体可以是大

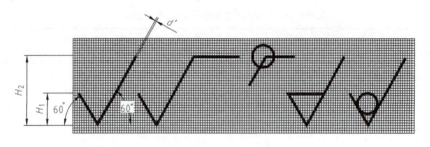

数字和字母高度 h (GB T/14691)	2.5	3.5	5	7	10	14	20
符号线宽 d'	0.25	0.35	0.5	0.7	1	1.4	2
字母线宽 d							
高度 H_1	3.5	5	7	10	14	20	28
高度 H_2（最小值）①	7.5	10.5	15	21	30	42	60

① H_2 取决于标注内容。

图 15-3　表面结构图形符号的画法及尺寸

写字母、小写字母或汉字，这个区域字体的高度可以大于 h，以便可以写出小写字母的尾部。

3. 表面结构参数的标注

（1）单向极限或双向极限的标注

1）参数的单向极限：当只标注参数代号和一个参数值时，默认为参数的上限值。若为参数的单向下限值时，参数代号前应加注 L，如 L Ra 3.2。

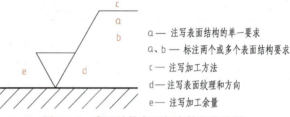

图 15-4　表面结构各项规定符号及位置

2）参数的双向极限：在完整符号中表示双向极限时应标注极限代号。上限值在上方，参数代号前应加注 U，下限值在下方，参数代号前应加注 L。如果同一参数有双向极限要求，在不致引起歧义的情况下，可不加注 U、L。上、下极限值可采用不同的参数代号表达。

（2）极限值判断规则　极限值判断规则有两种：

1）16% 规则。16% 是指被测表面的全部参数中，超过极限值的个数不多于总个数的 16% 时，该表面是合格的。所谓超过极限值，是指当给定上限值时，超过是指大于给定值，当给定下限值时，超过是指小于给定值。

2）最大规则。最大规则是指测得的整个表面上的参数值一个也不应超过给定的极限值。

16% 规则是所有表面结构要求标注的默认规则。即当参数代号后未注写"max"字样时，均默认为遵守 16% 规则，如 Ra 1.6。反之，则遵守最大规则，如 Ramax 1.6。

表 15-3、表 15-4 列出了部分采用默认定义时的表面结构（粗糙度）代号及其含义。

表 15-3　粗糙度 Ra 的注写及其含义

代号	含义	代号	含义
√Ra 3.2	表示用任意加工方法获得，单向上限值，轮廓算术平均偏差 Ra 的值为 3.2μm	∨Ra 3.2	表示用不去除材料方法获得，单向上限值，轮廓算术平均偏差 Ra 的值为 3.2μm

(续)

代号	含义	代号	含义
√Ra 3.2	表示用去除材料方法获得，单向上限值，轮廓算术平均偏差 Ra 的值为 3.2μm	√U Ra 3.2 L Ra 1.6	表示用去除材料方法获得，双向极限值，轮廓算术平均偏差 Ra 的上限值为 3.2μm，下限值为 1.6μm

表15-4　粗糙度 Rz 的注写及其含义

代号	含义	代号	含义
√Rz 3.2	表示用任意加工方法获得，单向上限值，轮廓最大高度 Rz 的值为 3.2μm	√Rz 3.2	表示用不去除材料方法获得，单向上限值，轮廓最大高度 Rz 的值为 3.2μm
√Ra 3.2 Rz 1.6	表示用去除材料方法获得，两个单向上限值。轮廓算数平均偏差 Ra 的上限值为 3.2μm，轮廓最大高度 Rz 的上限值为 1.6μm	√Ra 3.2 Rz max 6.3	表示用去除材料方法获得，两个单向上限值，轮廓算数平均偏差 Ra 的上限值为 3.2μm，轮廓最大高度 Rz 的最大值为 6.3μm

4. 表面结构要求在图样中的标注

国家标准规定了表面结构要求在图样中的注法，表面结构要求对每一表面一般只标注一次，并尽可能注在相应的尺寸及其公差的同一视图上。除非另有说明，所标注的表面结构要求是对完工零件表面的要求。

1）表面结构要求的注写和读取方向应与尺寸的注写和读取方向一致（图15-5）。

2）表面结构要求可标注在轮廓线上，其符号应从材料外指向并接触表面。必要时，表面结构符号也可用带箭头或黑点的指引线引出标注（图15-6）。

3）表面结构要求可以直接标注在延长线上，或用带箭头的指引线引出标注（图15-6、图15-7）。

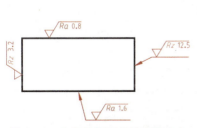

图15-5　表面结构要求的注写方向

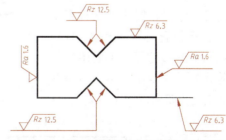

图15-6　表面结构要求在轮廓线上的标注

4）圆柱和棱柱表面的表面结构要求只标注一次（图15-7）。如果每个棱柱表面有不同的表面结构要求，则应分别单独标注（图15-8）。

5）如果在工件的多数（包括全部）表面有相同的表面结构要求，则其表面结构要求可统一标注在图样的标题栏附近。此时（除全部表面有相同要求的情况外），表面结构要求的符号后面应有：在圆括号内给出无任何其他标注的基本符号（图15-9）；在圆括号内给出不同的表面结构要求（图15-10）。

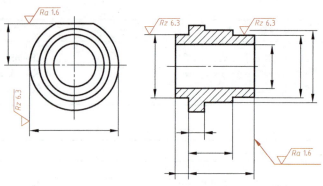

图 15-7　表面结构要求标注在圆柱特征的延长线上

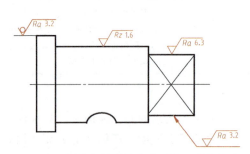

图 15-8　圆柱和棱柱的表面结构要求的注法

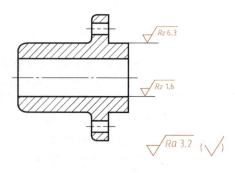

图 15-9　大多数表面有相同表面
结果要求的简化注法（一）

6）当多个表面具有相同的表面结构要求或图纸空间有限时，可以采用简化注法。可用带字母的完整符号，以等式的形式，在图形或标题栏附近，对有相同表面结构要求的表面进行简化标注（图15-11）。也可用基本图形符号、扩展图形符号以等式的形式给出对多个表面共同的表面结构要求（图15-12）。

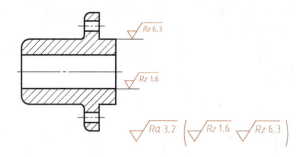

图 15-10　大多数表面有相同表面
结果要求的简化注法（二）

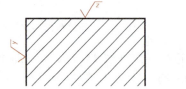

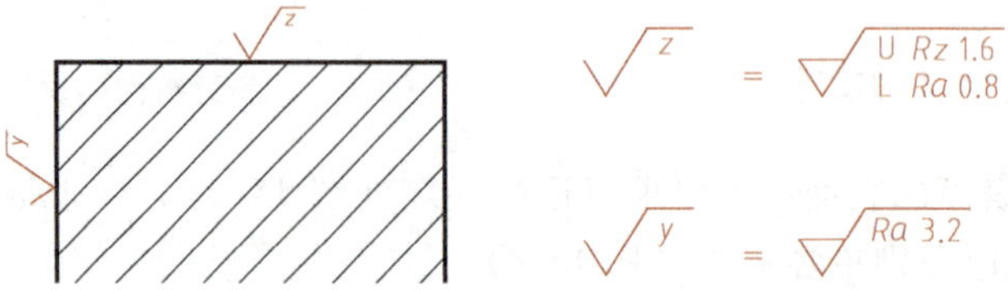

图 15-11　图纸空间有限时的简化注法

图 15-12　多个表面共同的表面结构要求的简化标注

7）由几种不同的工艺方法获得的同一表面，当需要明确每种工艺方法的表面要求时，可按图15-13进行标注。

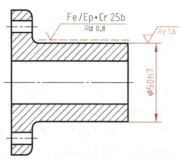

图15-13　同时给出镀覆前后的表面结构要求的标注

15.2　极限与配合

15.2.1　互换性

在现代化的大量或成批生产中，要求互相装配的零件或部件都要符合互换性原则。所谓互换性，就是指在制成的同一规格的一批零（部）件中，任取一件，不需要做任何挑选或修配，就能与有关零（部）件顺利地装配在一起，且能符合设计及使用要求，具有这种性质的零（部）件称为互换性零（部）件。例如，从一批规格为ϕ10mm的油杯（图15-14）中任取一个装入尾架端盖的油杯孔中，都能使油杯顺利装入，并能使它们紧密结合，就两者的顺利结合而言，油杯和端盖都具有互换性。

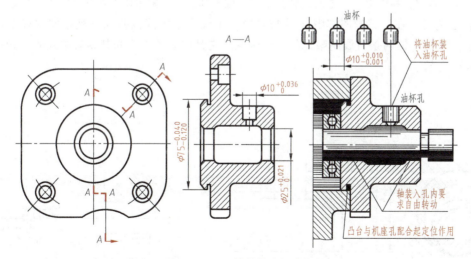

图15-14　互换性基本概念图例

在机器制造业中，遵循互换性的原则，无论在设计、制造和维修等方面，都具有十分重要的技术和经济意义。在生产中由于机床精度、刀具磨损、测量误差、技术水平等因素的影响，即使同一个工人加工同一批零件，也难以要求都准确地制成相同的大小，尺寸之间总是存在着误差，为了保证互换性，就必须控制这种误差。也就是，在零件图上对某些重要尺寸给予一个允许的变动范围，就能保证加工后的零件具有互换性。这种允许尺寸的变动范围称为尺寸公差。

15.2.2 极限与配合基本概念（GB/T 1800.1—2009）

1. 尺寸公差的有关术语和定义

（1）公称尺寸　由图样规范确定的理想形状要素的尺寸，如图 15-14 中的 $\phi 75\mathrm{mm}$，$\phi 25\mathrm{mm}$ 等。公称尺寸可以是一个整数或一个小数值。

（2）实际尺寸　零件制成后通过测量获得的某一孔、轴的尺寸。

（3）极限尺寸　尺寸要素允许的尺寸的两个极端，如图 15-15 所示。实际尺寸应位于其中，也可达到极限尺寸。孔或轴允许的最大尺寸，称为上极限尺寸；孔或轴允许的最小尺寸，称为下极限尺寸。如图 15-14 中，凸台尺寸 $\phi 75_{-0.120}^{-0.040}\mathrm{mm}$，该尺寸的上极限尺寸是 $\phi 74.96\mathrm{mm}$，下极限尺寸是 $\phi 74.88\mathrm{mm}$。

（4）极限偏差　偏差是指某一尺寸（实际尺寸、极限尺寸等）减其公称尺寸所得的代数差。极限偏差包括上极限偏差和下极限偏差。

上极限偏差为上极限尺寸减其公称尺寸所得的代数差（孔用 ES 表示，轴用 es 表示）。

下极限偏差为下极限尺寸减其公称尺寸所得的代数差（孔用 EI 表示，轴用 ei 表示）。

（5）尺寸公差（简称公差）　公差是指上极限尺寸减下极限尺寸之差，或上极限偏差减下极限偏差之差。它是尺寸允许的变动量，尺寸公差是一个没有符号的绝对值。例如，图 15-14 中凸台的尺寸为 $\phi 75_{-0.120}^{-0.040}\mathrm{mm}$，其公差为 $|-0.040-(-0.120)|\mathrm{mm}=0.08\mathrm{mm}$。

2. 公差带及公差带图

（1）零线　在极限与配合图解中（图 15-15），表示公称尺寸的一条直线，以其为基准确定偏差和公差。通常，零线沿水平方向绘制，正偏差位于其上，负偏差位于其下（图 15-16）。

（2）公差带　在公差带图解中（图 15-16），由代表上极限偏差和下极限偏差或上极限尺寸和下极限尺寸的两条直线所限定的一个区域。它是由公差大小和其相对零线的位置如基本偏差来确定的。

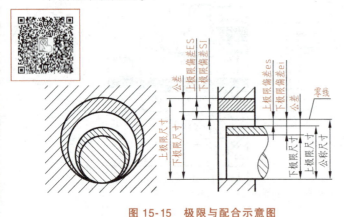

图 15-15　极限与配合示意图　　　　图 15-16　公差带图

3. 标准公差（IT）

标准公差是在国家标准极限与配合制中，所规定的任一公差，用符号 IT 表示。

标准公差等级代号用符号 IT 和数字组成，如 IT7。当其与代表基本偏差的字母一起组成公差带时，省略 IT 字母，如 h7。标准公差等级分 IT01、IT0、IT1、…、IT18 共 20 级，随公差等级数字的增大，尺寸的精确程度将依次降低，公差数值依次加大。极限与配合在公称尺寸至 500mm 内规定了 IT01、IT0、IT1、…、IT18 共 20 个标准公差等级；在公称尺寸大于 500~3150mm 内规定 IT1~IT18 共 18 个标准公差等级。公称尺寸至 3150mm 的标准公差等级 IT1~IT18 公差数值（GB/T1800.1—2009）见表 15-5。同一公差等级（如 IT7）对所有公称尺寸的一组公差被认为具有同等精确程度。

表 15-5 标准公差数值（摘自 GB/T 1800.1—2009）

公称尺寸/mm		标准公差等级																
		IT1	IT2	IT3	IT4	IT5	IT6	IT7	IT8	IT9	IT10	IT11	IT12	IT13	IT14	IT15	IT16	IT17	IT18
大于	至	μm											mm						
—	3	0.8	1.2	2	3	4	6	10	14	25	40	60	0.1	0.14	0.25	0.4	0.6	1	1.4
3	6	1	1.5	2.5	4	5	8	12	18	30	48	75	0.12	0.18	0.3	0.48	0.75	1.2	1.8
6	10	1	1.5	2.5	4	6	9	15	22	36	58	90	0.15	0.22	0.36	0.58	0.9	1.5	2.2
10	18	1.2	2	3	5	8	11	18	27	43	70	110	0.18	0.27	0.43	0.7	1.1	1.8	2.7
18	30	1.5	2.5	4	6	9	13	21	33	52	84	130	0.21	0.33	0.52	0.84	1.3	2.1	3.3
30	50	1.5	2.5	4	7	11	16	25	39	62	100	160	0.25	0.39	0.62	1	1.6	2.5	3.9
50	80	2	3	5	8	13	19	30	46	74	120	190	0.3	0.46	0.74	1.2	1.9	3	4.6
80	120	2.5	4	6	10	15	22	35	54	87	140	220	0.35	0.54	0.87	1.4	2.2	3.5	5.4
120	180	3.5	5	8	12	18	25	40	63	100	160	250	0.4	0.63	1	1.6	2.5	4	6.3
180	250	4.5	7	10	14	20	29	46	72	115	185	290	0.46	0.72	1.15	1.85	2.9	4.6	7.2
250	315	6	8	12	16	23	32	52	81	130	210	320	0.52	0.81	1.3	2.1	3.2	5.2	8.1
315	400	7	9	13	18	25	36	57	89	140	230	360	0.57	0.89	1.4	2.3	3.6	5.7	8.9
400	500	8	10	15	20	27	40	63	97	155	250	400	0.63	0.97	1.55	2.5	4	6.3	9.7
500	630	9	11	16	22	32	44	70	110	175	280	440	0.7	1.1	1.75	2.8	4.4	7	11
630	800	10	13	18	25	36	50	80	125	200	320	500	0.8	1.25	2	3.2	5	8	12.5
800	1000	11	15	21	28	40	56	90	140	230	360	560	0.9	1.4	2.3	3.6	5.6	9	14
1000	1250	13	18	24	33	47	66	105	165	260	420	660	1.05	1.65	2.6	4.2	6.6	10.5	16.5
1250	1600	15	21	29	39	55	78	125	195	310	500	780	1.25	1.95	3.1	5	7.8	12.5	19.5
1600	2000	18	25	35	46	65	92	150	230	370	600	920	1.5	2.3	3.7	6	9.2	15	23
2000	2500	22	30	41	55	78	110	175	280	440	700	1100	1.75	2.8	4.4	7	11	17.5	28
2500	3150	26	36	50	68	96	135	210	330	540	860	1350	2.1	3.3	5.4	8.6	13.5	21	33

4. 基本偏差

基本偏差是国家标准极限与配合制中，确定公差带相对零线位置的那个极限偏差。它可以是上极限偏差或下极限偏差，一般为靠近零线的那个偏差，如图 15-16 中，孔的基本偏差为下极限偏差，而轴的基本偏差为上极限偏差。图 15-17 所示为基本偏差系列示意图，基本偏差代号：对孔用大写字母 A、…、ZC 表示，孔的基本偏差从 A~H 为下极限偏差，且为正值，其中 H 的下极限偏差为 0，孔的基本偏差从 K~ZC 为上极限偏差；对轴用小写字母

a、…、zc 表示，轴的基本偏差从 a~h 为上极限偏差，且为负值，其中 h 的上极限偏差为 0，轴的基本偏差从 k~zc 为下极限偏差，孔轴各 28 个。其中，基本偏差 H 代表基准孔，h 代表基准轴。

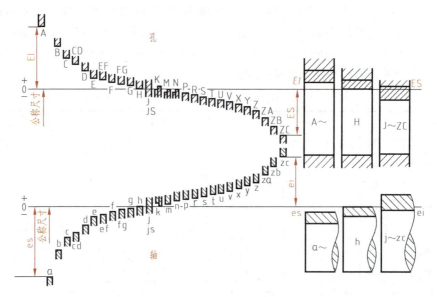

图 15-17　基本偏差系列示意图

5. 标准公差数值、基本偏差数值表应用

根据尺寸公差的定义，基本偏差和标准公差有以下的计算式：

$$ES = EI+IT \quad 或 \quad EI = ES-IT$$

$$ei = es-IT \quad 或 \quad es = ei+IT$$

只要知道孔或轴的公称尺寸、基本偏差代号及公差等级，就可以从表中查得标准公差及基本偏差数值，从而计算出上、下极限偏差数值及极限尺寸。

例如，已知某孔 ϕ40H7，确定其上、下极限偏差及极限尺寸。

从表 15-5 查得：公称尺寸 ϕ40mm 对应的标准公差 IT7 为 0.025mm，从附表 E-2 中查得下极限偏差 EI 为 0，则上极限偏差 $ES = EI+IT = +0.025$mm。

$$上极限尺寸 = (40+0.025)\text{mm} = 40.025\text{mm}$$

$$下极限尺寸 = (40+0)\text{mm} = 40\text{mm}$$

又如，已知某轴 ϕ50f7，确定其上、下极限偏差及极限尺寸。

从表 15-5 查得：公称尺寸 ϕ50mm 对应的标准公差 IT7 为 0.025mm，从附表 E-1 中查得上极限偏差 es 为 -0.025mm，则下极限偏差 $ei = es-IT = -0.050$mm。

$$上极限尺寸 = (50-0.025)\text{mm} = 49.975\text{mm}$$

$$下极限尺寸 = (50-0.050)\text{mm} = 49.950\text{mm}$$

6. 配合

公称尺寸相同的并且相互结合的孔和轴公差带之间的关系，称为配合。所以配合的前提必须是公称尺寸相同，两者公差带之间的关系确定了孔、轴装配后的配合性质。

在机器中，由于零件的作用和工作情况不同，故相互结合两零件装配后的松紧程度要求也不一样,如图 15-18 所示的三个滑动轴承,图 15-18a 中轴直接装入孔座中,要求自由转动且不打晃;图 15-18c 中衬套装在座孔中要紧固,不得松动;图 15-18b 中衬套装在座孔中,虽也要紧固,但要求容易装入,且要求比图 15-18c 的配合要松一些。国家标准根据零件配合的松紧程度的不同要求,分为三类:间隙配合、过盈配合和过渡配合。

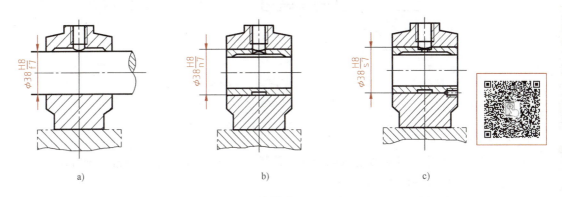

图 15-18 配合种类

a) 间隙配合 b) 过渡配合 c) 过盈配合

1) 间隙配合。间隙是指孔的尺寸减去相配合的轴的尺寸之差为正。间隙配合是指具有间隙(包括最小间隙等于零)的配合。此时,孔的公差带在轴的公差带之上(图 15-19)。

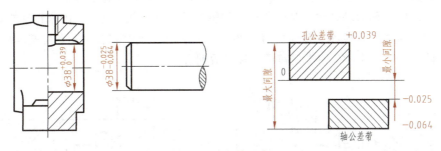

图 15-19 间隙配合

2) 过盈配合。过盈是指孔的尺寸减去相配合的轴的尺寸之差为负。过盈配合是指具有过盈(包括最小过盈等于零)的配合。此时孔的公差带在轴的公差带之下(图 15-20)。

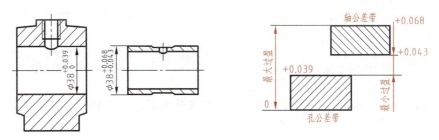

图 15-20 过盈配合

3) 过渡配合。过渡配合是指可能具有间隙或过盈的配合。此时,孔的公差带与轴的公差带相互交叠(图 15-21)。

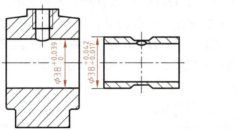
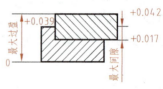

图 15-21 过渡配合

15.2.3 配合制（GB/T 1800.1—2009）

同一极限制的孔和轴组成配合的一种制度称为配合制。国家标准对配合制规定了两种形式：基孔制配合和基轴制配合。

1) 基孔制配合。基本偏差为一定的孔的公差带与不同基本偏差的轴的公差带形成各种配合的一种制度，称为基孔制。基孔制配合的孔为基准孔，代号为 H，国家标准规定基准孔的下极限偏差为零，上极限偏差为正值（图 15-22）。在基孔制配合中：轴的基本偏差从 a~h 用于间隙配合；从 j~zc 用于过渡配合和过盈配合。

2) 基轴制配合。基本偏差为一定的轴的公差带与不同基本偏差的孔的公差带形成各种配合的一种制度，称为基轴制。基轴制配合的轴为基准轴，代号为 h，国家标准规定基准轴的上极限偏差为零，下极限偏差为负值（图 15-23）。在基轴制配合中：孔的基本偏差从 A~H 用于间隙配合；从 J~ZC 用于过渡配合和过盈配合。

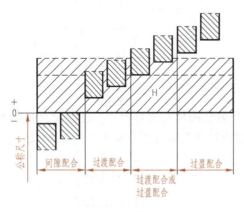
图 15-22 基孔制

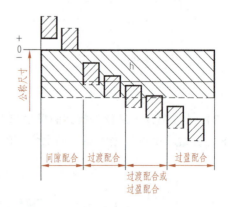
图 15-23 基轴制

在一般情况下，优先选用基孔制配合。如有特殊要求，允许将任一孔、轴公差带组成配合。

15.2.4 尺寸公差与配合代号的标注

在机械图样中，尺寸公差与配合的标注应遵守国家标准 GB/T 4458.5—2003 的规定，现简要叙述。

第15章　机械图样上的技术要求

1. 在零件图中的标注

在零件图中标注孔、轴的尺寸公差有下列三种形式：

1）在孔或轴的公称尺寸的右边注出公差带代号（图15-24）。孔、轴公差带代号由基本偏差代号与公差等级代号组成（图15-25）。

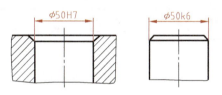

图15-24　标注公差带代号

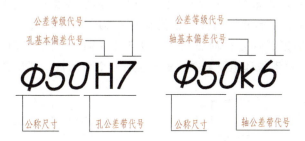

图15-25　公差带代号的形式

2）在孔或轴的公称尺寸的右边注出该公差带的极限偏差数值（图15-26b），上、下极限偏差的小数点必须对齐，小数点后的位数必须相同。当上极限偏差或下极限偏差为零时，要注出数字"0"，并与另一个极限偏差值小数点前的一位数对齐（图15-26a）。

若上、下极限偏差值相等，符号相反时，极限偏差数值只注写一次，并在极限偏差数值与公称尺寸之间注写符号"±"，且两者数字高度相同（图15-26c）。

3）在孔或轴的公称尺寸的右边同时注出公差带代号和相应的极限偏差数值，此时偏差数值应加上圆括号（图15-27）。

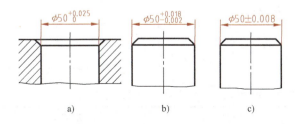

图15-26　标注极限偏差数值

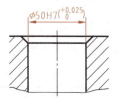

图15-27　标注公差带代号和极限偏差数值

2. 在装配图中的标注

装配图中一般标注配合代号，配合代号由两个相互结合的孔或轴的公差带代号组成，写成分数形式，分子为孔的公差带代号，分母为轴的公差带代号（图15-28）。图中 $\phi 50H7/k6$ 的含义为：公称尺寸为 $\phi 50mm$，基孔制配合，基准孔的基本偏差为H，公差等级为7级，与其配合的轴基本偏差为k，公差等级为6级，两者为过渡配合。图15-28中 $\phi 50F8/h7$ 的含义请自行分析。

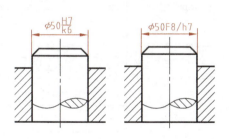

图15-28　装配图中一般标注方法

*15.3 几何公差基本知识

15.3.1 几何公差的基本概念

零件在加工时,不仅尺寸会产生误差,其构成要素的几何形状以及要素与要素之间的相对位置,也会产生误差。如图 15-29 所示,台阶轴加工后的各实际尺寸虽然都在尺寸公差范围内,但可能会出现鼓形、锥形、弯曲、正截面不圆等形状,这样,实际要素和理想要素之间就有一个变动量,即形状误差;轴加工后各段圆柱的轴线可能不在同一条轴线上,如图 15-30 所示,这样实际要素与理想要素在位置上也有一个变动量,即位置误差。

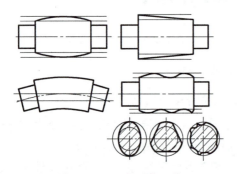

图 15-29　几何形状误差

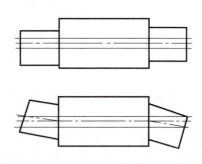

图 15-30　位置误差

在设计零件时,必须对零件的几何误差予以合理的限制,执行国家标准 GB/T 1184—1996 规定的几何公差。

15.3.2 几何公差特征项目符号和框格形式

1. 几何公差特征项目符号

几何公差特征项目符号见表 15-6。

表 15-6　几何公差特征项目符号（摘自 GB/T 1182—2008）

公差类型	几何特征	符　号	有无基准
形状公差	直线度	⏤	无
	平面度	▱	无
	圆度	○	无
	圆柱度	⌭	无
	线轮廓度	⌒	无
	面轮廓度	⌓	无
方向公差	平行度	∥	有
	垂直度	⊥	有
	倾斜度	∠	有

(续)

公差类型	几何特征	符 号	有无基准
方向公差	线轮廓度	⌒	有
	面轮廓度	⌓	有
位置公差	位置度	⊕	有或无
	同心度(用于中心点)	◎	有
	同轴度(用于轴线)	◎	有
	对称度	═	有
	线轮廓度	⌒	有
	面轮廓度	⌓	有
跳动公差	圆跳动	↗	有
	全跳动	⌭	有

2. 几何公差框格

公差要求在矩形方框中给出，该方框由两格或多格组成。框格应水平或垂直画出，框格中的内容从左向右开始填写，第一格填写几何公差项目的符号；第二格填写几何公差数值和有关符号（如公差带是圆形或圆柱形的则在公差值前加注"ϕ"，如是球形的则加注"$S\phi$"）；第三格和以后各格用一个或多个字母表示基准要素或基准体系，如图15-31所示。

框格的推荐宽度是：第一格等于框格的高度，第二格应与标注内容的长度相适应，第三格及以后各格与有关字母的宽度相适应。框格的竖线与标注内容之间的距离应至少为线条宽度 d 的 2 倍。框格高度 H 为字体高度 h 的 2 倍，且不得少于 0.7mm，如图15-32所示。

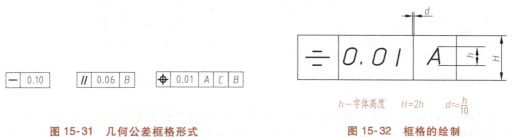

图15-31　几何公差框格形式　　　　图15-32　框格的绘制

15.3.3　被测要素和基准要素的标注

1. 被测要素的标注

用带箭头的指引线将框格与被测要素相连。当被测要素为轮廓线或表面时，将箭头指向该要素的轮廓线或轮廓线的延长线上（与尺寸线明显地分开），如图15-33所示。

当被测要素为实际表面时，箭头可指向带点的参考线上，该点指在实际表面上，如图15-34所示。

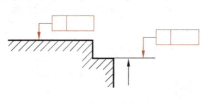
图 15-33 被测要素标注（一）

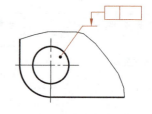
图 15-34 被测要素标注（二）

当被测要素为轴线、中心平面时，则带箭头的指引线应与尺寸线的延长线重合，如图 15-35 所示。

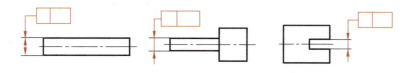

图 15-35 被测要素标注（三）

2. 基准要素的标注

与被测要素相关的基准用一个大写字母表示。基准符号是由方框、等边三角形和基准字母组成的，如图 15-36 所示。与被测要素相关的大写字母填写在方框内，方框（细实线绘制）与涂黑或空白的三角形（粗实线绘制）用细实线相连，涂黑和空白的基准三角形含义相同，如图 15-36 所示。无论基准符号在图样中的方向如何，方框内基准字母都应水平书写。表示基准的字母也应注在公差框格内，如图 15-37 所示。

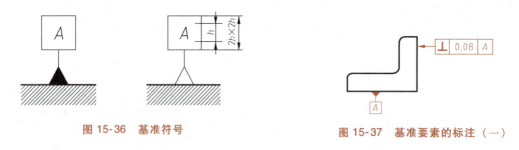

图 15-36 基准符号　　　　　　图 15-37 基准要素的标注（一）

当基准要素是轮廓线或表面时，基准三角形放置在要素的外轮廓上或其延长线上（与尺寸线明显地错开），如图 15-38 所示。基准三角形也可放置在该轮廓面引出线的水平线上，如图 15-39 所示。

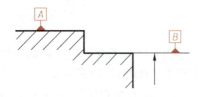
图 15-38 基准要素的标注（二）

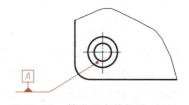
图 15-39 基准要素的标注（三）

当基准是尺寸要素确定的轴线、中心平面或中心点时，基准三角形应放置在该尺寸线的延长线上，如图 15-40a 所示。如果没有足够的位置标注基准要素尺寸的两个尺寸箭头，则其中一个箭头可用基准三角形代替，如图 15-40b 所示。任选基准（互为基准）的标注方法如图 15-41 所示。

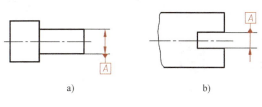

图 15-40 基准要素的标注（四）

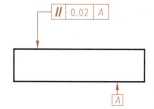

图 15-41 基准要素的标注（五）

15.3.4 几何公差标注示例

几何公差在图样上的标注示例如图 15-42 和图 15-43 所示。

1）如图 15-42 所示机件上所标注的几何公差，其含义如下：

① $\phi 80h6$ 圆柱面对 $\phi 35H7$ 孔轴线的圆跳度公差为 0.015mm。

② $\phi 80h6$ 圆柱面的圆度公差为 0.005mm。

③ $13_{-0.035}^{0}$ mm 右端面对左端面的平行度公差为 0.01mm。

2）图 15-43 所示为气门阀杆，所标注的几何公差含义为：

① $SR150$ mm 球面对 $\phi 16_{-0.034}^{-0.016}$ mm 圆柱轴线的圆跳度公差为 0.025mm。

② $\phi 16_{-0.034}^{-0.016}$ mm 圆柱面的圆柱度公差为 0.005mm。

③ $M8 \times 1$ 螺纹孔的轴线对 $\phi 16_{-0.034}^{-0.016}$ mm 圆柱轴线的同轴度公差为 $\phi 0.1$ mm。

④ 阀杆的底部（右端面）对 $\phi 16_{-0.034}^{-0.016}$ mm 圆柱轴线的垂直度公差为 0.1mm。

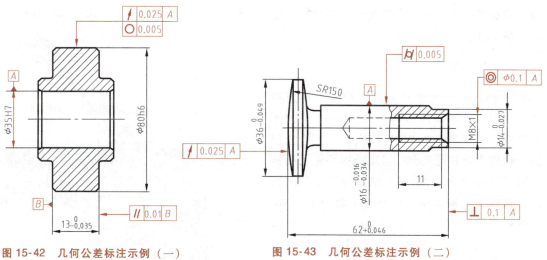

图 15-42 几何公差标注示例（一）　　　图 15-43 几何公差标注示例（二）

第 16 章

装 配 图

表达机器或部件的图样，称为装配图。 装配图用来表达机器或部件的工作原理，必要的尺寸，各零件间相对位置、连接方式及其装配关系，它是生产中的主要技术文件之一。表达一个部件的装配图称为部件装配图；表达一台完整机器的图样，称为总装配体图。

本章将着重介绍装配图的内容，表达方法，画图步骤，看装配图的方法、步骤，以及由装配图拆画零件图的方法等。

16.1 装配图的作用和内容

16.1.1 装配图的作用

在生产一部新机器或部件（以后通称装配体）的过程中，一般要先进行设计，画出装配图，再由装配图拆画出零件图，然后按零件图制造出零件，最后依据装配图把零件装配成机器或部件。

在对现有机器和部件的安装、调整、检验和维修工作中，装配图也是必不可少的技术资料。在技术革新、技术协作和商品市场中，也常用装配图体现设计思想、交流技术经验和传递产品信息。

16.1.2 装配图的内容

图 16-1 所示为管道系统中控制液体流量和启闭的一种球阀的结构。此球阀由 13 种零件组成。当球阀的阀芯处于图示所在的位置时，球阀为全开通状态；当转动扳手带动阀杆和阀芯顺时针旋转 90°时，球阀为完全关闭状态；根据其流量大小，可将扳手旋至 0°～90°间的适当位置。

图 16-2 所示为球阀的装配图。由此可见，一张完整的装配图应具有下列内容：

1. 一组视图

清晰地表示出装配体的装配关系、工作原

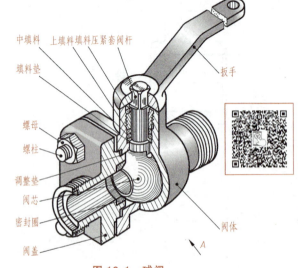

图 16-1 球阀

理和各零件的主要结构形状等。

2. 必要的尺寸
包括装配体的规格、性能、装配、检验和安装时所必要的一些尺寸。

3. 技术要求
用文字或符号表明装配体的性能、装配、调整要求、验收条件、试验和使用规则等。

4. 标题栏、零件（或部件）编号和明细栏
在装配图上需对零件（或部件）编排序号，并将有关内容填写到标题栏和明细栏中。

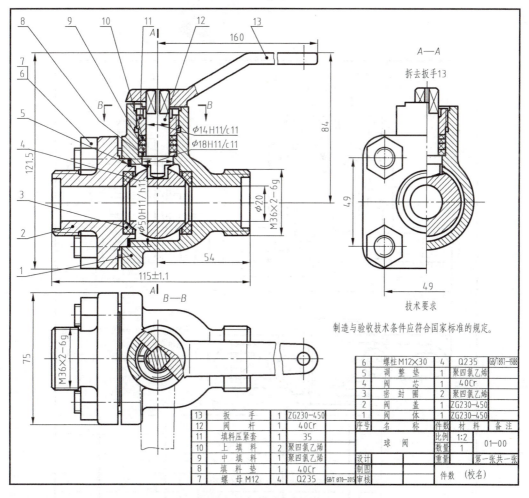

图 16-2　球阀装配图

16.2　装配图的表达方法

机器（或部件）同零件一样，都要表达出它们的内外结构。前面讲过的关于零件的各种表达方法和选用原则，在表达装配体时全都适用。

针对装配图的特点，为了清晰、简便地表达出装配体的结构，国家标准《机械制图》还对装配图制定了一些特殊画法、规定画法和简化画法。现分述如下：

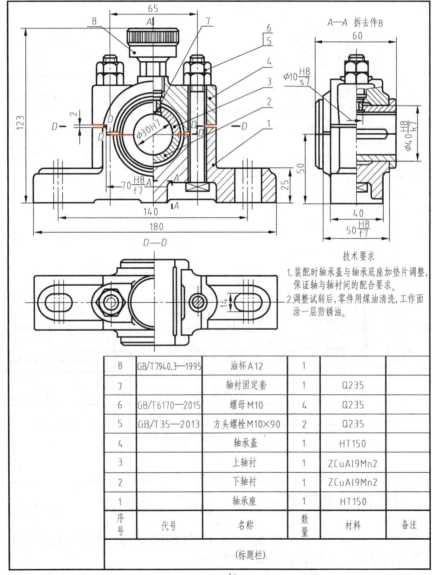

图 16-3 滑动轴承

16.2.1 特殊画法

1. 拆卸画法

当某个（或某些）零件在装配图的某一视图上遮住了需要表达的结构，并且它们在其他视图中已表达清楚时，可假想拆去这个（或这些）零件，把其余部分的视图画出来。若需要说明时可标注"拆××等"。如图16-2中的左视图是拆去了扳手13后画出的。

2. 沿零件结合面剖切的画法

在装配图中，当某个零件遮住其他需要表达的部分时，可假想用剖切平面沿某些零件的结合面剖开，然后将剖切平面与观察者之间的零件拿走，画出剖视图。例如，图16-3a所示的滑动轴承，其装配图中的俯视图（图16-3b）就是按这种方法画出的。图中结合面上不画剖面符号。

3. 单独表示某个零件的画法

在装配图中，当某个零件的形状没有表达清楚时，可以单独画出它的某个视图，在所画视图的上方注出该零件的视图名称，在相应视图的附近用箭头指明投射方向，并注上同样的字母。如图16-4中的零件6A视图。

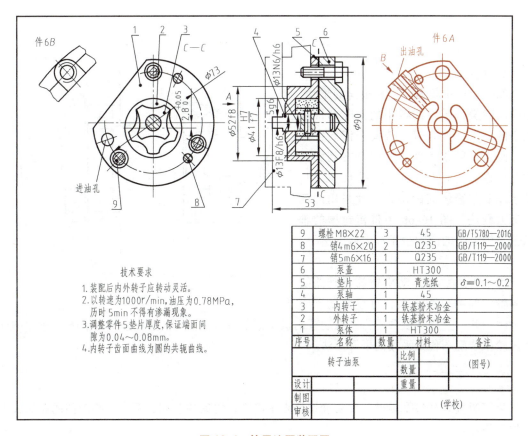

图16-4 转子油泵装配图

4. 假想投影画法

（1）在机器（或部件）中，有些零件做往复运动、转动或摆动。为了表示运动零件的极限位置或中间位置，常把它画在一个极限位置上，再用双点画线画出其余位置的假想投影，以表示零件的另一极限位置，并注上尺寸。例如，图 16-5a 中手柄的运动范围和图 16-5b 中铣床顶尖的轴向运动范围都是用双点画线画出的。

（2）为了表示装配体与其他零（部）件的安装或装配关系，常把该装配体相邻而又不属于该装配体的有关零（部）件的轮廓线用双点画线画出。如图 16-5a 表示箱体安装在双点画线表示的底座零件上。

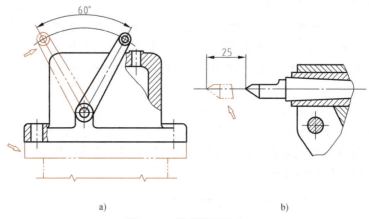

图 16-5　假想投影画法

5. 夸大画法

在装配体中常遇到一些很薄的垫片，细丝的弹簧，零件间很小的间隙和锥度较小的锥销、锥孔等，若按它们的实际尺寸画出来就很不明显，因此在装配图中允许将它们夸大画出。如图 16-6a 中，轴承压盖和箱体间的调整垫片采用的就是夸大画法；图 16-6b 中带密封槽的轴承盖与轴之间的间隙也是放大后画出的。

6. 展开画法

为了表达部件传动机构的传动路线及各轴之间的装配关系，可按传动顺序沿轴线剖开，并将其展开画出。在展开剖视图的上方应注上"×—×展开"。图 16-7 所示的交换齿轮架装配图便是采用的展开画法。

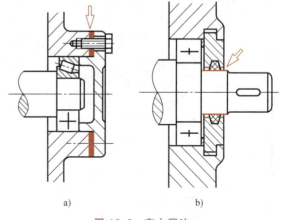

图 16-6　夸大画法

16.2.2　规定画法

为了明显区分每个零件，又要确切地表示出它们之间的装配关系，对装配图的画法又做了如下规定：

1. 接触面与配合面的画法

两相邻零件的接触面或配合面只画一条轮廓线（粗实线），如图 16-8 所示。两个零件的基本尺寸不相同套装在一起时，即使它们之间的间隙很小，也必须画出有明显间隔的两条

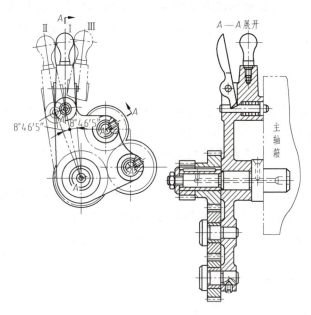

图 16-7 展开画法

轮廓线。如图 16-8 中手轮的外圆柱面和钳体沉孔之间是非配合面，存有间隙。

2. 剖面符号的画法（图 16-9）

1）同一金属零件的剖面符号在各剖视图、断面图中应保持方向一致、间隔相等。

2）相邻两个零件的剖面符号倾斜方向应相反。

3）三个零件相邻时，除其中两个零件的剖面符号倾斜方向相反外，对第三个零件应采用不同的剖面符号间隔，并与同方向的剖面符号错开。

4）在装配图中，宽度小于或等于 2mm 的狭小面积的断面，可用涂黑代替剖面符号，如图 16-9 中的垫片。

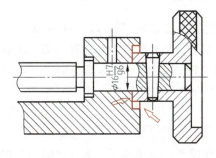

图 16-8 接触面与配合面的画法

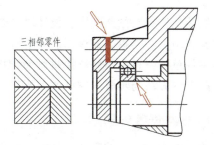

图 16-9 剖面符号的画法

3. 实心件和紧固件的画法

1）在装配图中，对于实心件（如轴、手柄、连杆、吊钩、球、键、销等）和紧固件（如螺栓、螺母、垫圈等），若按纵向剖开，且剖切平面通过其对称平面或轴线时，则这些零件均按不剖绘制。如图 16-10 中的轴、键、螺母和垫圈都按不剖绘制。但当剖切平面垂直于上述的一些实心件和紧固件的轴线剖切时，则这些零件应按剖视绘制，画出剖面符号。

2）如果实心件上有些结构形状和装配关系需要表明时，可采用局部剖视。如图 16-10 中用局部剖视表示齿轮和轴通过平键进行联接；图 16-8 中用局部剖视表示手轮与轴通过圆锥销进行联接。

16.2.3　简化和省略画法

1）对装配图中若干相同的零件组（如螺栓联接等），可仅详细地画出一组或几组，其余只需用点画线表示出装配位置。如图 16-4 中的主视图中只画出了一组螺钉联接。

2）在装配图中，滚动轴承允许采用简化画法，如图 16-11 所示，也可采用图 16-6b 所示的特征画法。

3）在装配图上，零件的工艺结构，如圆角、倒角、退刀槽等允许不画。

4）在装配图中，当剖切平面通过的部件为标准产品或该部件已有其他图形表达清楚时，可按不剖绘制，如图 16-3 中主视图上方的油杯 8 就是按不剖绘制的。

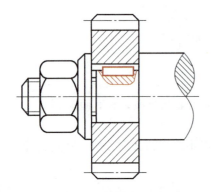

图 16-10　实心件和紧固件的画法

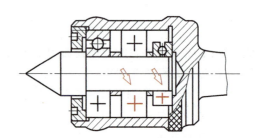

图 16-11　滚动轴承的简化画法

16.3　画装配图的方法与步骤

设计或测绘装配体都要画装配图。设计时绘制装配图，是自顶向下的过程，即边设计边绘制，绘制完装配图后，再拆画零件图。测绘时绘制装配图，是自底向上的过程，即先根据装配体测绘出零件草图，再由零件草图拼画装配图。现以图 16-1 所示的球阀为例，介绍由零件图拼画装配图的方法与步骤。球阀的主要零件的图样如图 16-12 所示。

16.3.1　了解和分析装配体

画装配图前，需先对所画装配体的性能、用途、工作原理、结构特征、零件之间的装配和连接方式等进行分析和了解。

图 16-1 所示的球阀是广泛应用于水管路中的截止阀。图中表示出各种零件的相互连接与配合的情况。阀体 1 和阀盖 2 用螺柱 6 和螺母 7 联接，并用调整垫 5 调节阀芯 4 和密封圈 3 之间的松紧度。阀杆 12 的下端嵌入阀芯的凹槽，上部利用防止渗漏的填料垫 8、中填料 9、上填料 10 及与阀体 1 有螺纹联接关系的填料压紧套 11 限制阀杆 12 的轴向运动。扳手 13 的方孔套在阀杆 12 的四棱柱上，利用阀体 1 上部的 90°扇形的限位凸块限制扳手的旋转位

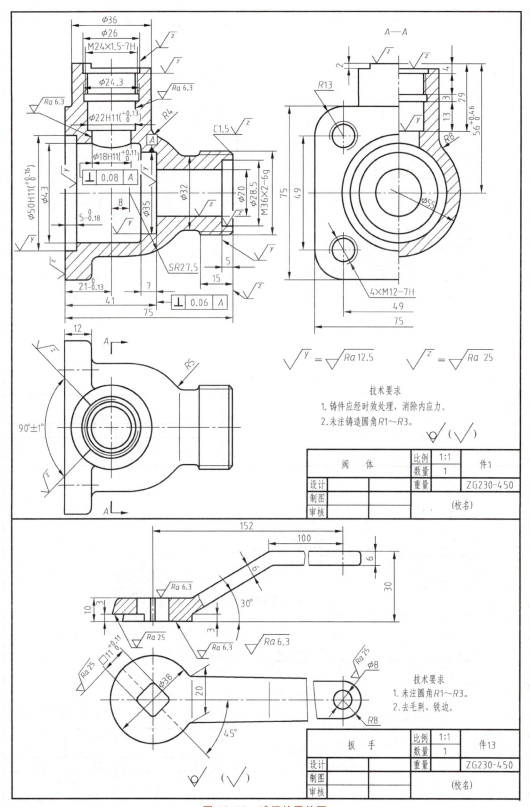

图 16-12 球阀的零件图

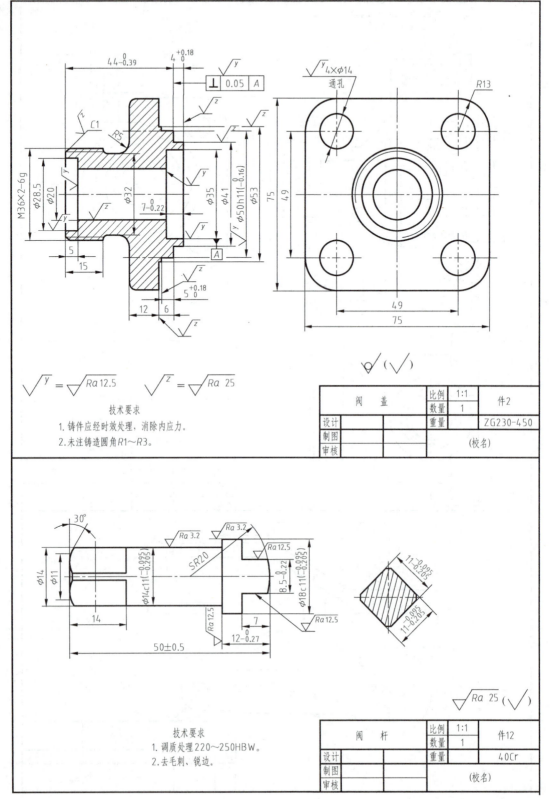

图 16-12 球阀的

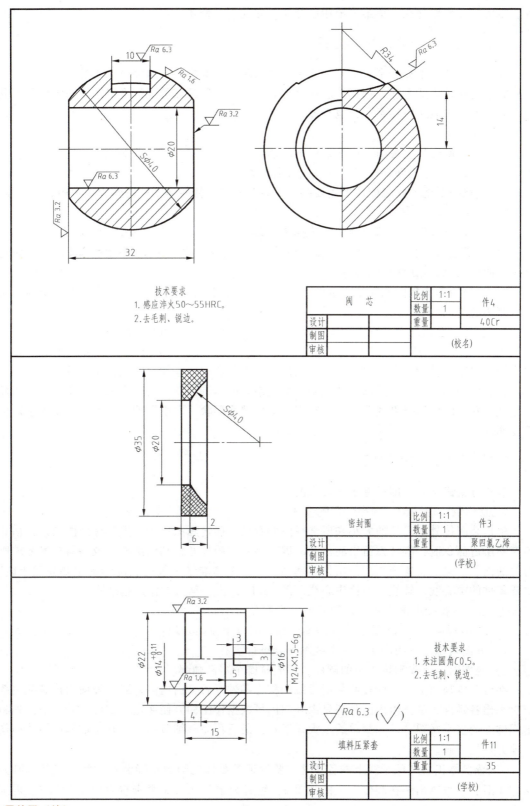

零件图（续）

置。球阀的工作原理在本章第一节中已介绍，在此不再赘述。

16.3.2 选择装配体的表达方案

在对装配体有了充分了解，对主要装配关系和零件的主要结构完全明确后，就可运用前面介绍过的各种表达方法，选择该装配体的表达方案。装配图的视图选择原则与零件图有共同之处，但由于表达内容不同，也有差异。

1. 主视图的选择

要选好装配图的主视图，应注意以下问题：

1) 一般将机器或部件按工作位置或习惯位置放置。
2) 应选择最能反映装配体的主要装配关系和外形特征的那个视图作为主视图。

2. 其他视图的选择

主视图选定以后，对其他视图的选择考虑以下几点：

1) 分析还有哪些装配关系、工作原理及零件的主要结构形状还没有表达清楚，从而选择适当的视图以及相应的表达方法。
2) 尽量用基本视图和在基本视图上作剖视（包括拆卸画法、沿零件结合面剖切的画法等）来表达有关内容。
3) 要注意合理地布置视图位置，使图形清晰、布局匀称，以方便看图。

图 16-1 所示的球阀，其工作位置多变，一般可将其通路按水平位置放置。按图中 A 方向作为主视图的投射方向能够较好地反映球阀的工作原理，零件之间的连接关系。

主视图采用全剖视图把球阀的主要装配关系和外形特征基本表达出来了。俯视图采用局部剖视，左视图采用半剖视图主要补充表达零件结构形状。左视图拆去了扳手，是为了避免重复作图。

16.3.3 画装配图的步骤

表达方案确定后，即可着手画装配图。

1. 定比例、选图幅、画出作图基准线

根据装配体外形尺寸的大小和所选视图的数量，确定画图比例，选用标准图幅。在估算各视图所占面积时，应考虑留出注尺寸、编写序号、画标题栏和明细栏以及书写技术要求所需要的面积。然后布置视图，画出作图基准线。作图基准线一般是装配体的主要装配干线，主要零件的中心线、轴线、对称中心线。图 16-13 画出了球阀的作图基准线。

2. 在基本视图中画出各零件的主要结构部分

如图 16-14~图 16-16 所示，在画图中要根据以下原则处理：

1) 画图时从主视图画起，几个视图配合进行绘制。
2) 画图时，首先确定画图的顺序，即先从哪个零件画起。

在各基本视图上，一般按装配干线的核心零件开始，由内向外或由外向内按装配关系依次画出各零件，具体由内向外还是由外向内可根据作图的方便而定。如图 16-14 中，先画出阀体 1 的三个视图，可先简单绘出大体形状，最后再完善细节结构。凡是被其他零件挡住的地方可先不画。

3) 依次画出各装配干线上的各零件，要保证各零件之间的正确装配关系。例如，画完阀体 1 后，应再画出装在阀体 1 上的阀盖 2，然后画出与阀盖 2 紧密接触的密封圈 3，再按装配顺序依次画出各零件，如图 16-15、图 6-16 所示。

4）画图时，要尽量从主要轴线围绕装配干线逐个零件由里向外画。这种画法，可避免将遮住的不可见零件的轮廓线画上去。

3. 在各视图中画出装配体的细节部分

如图16-16所示，画出螺柱、螺母等标准件各视图的投影。

4. 完成全图

将每个零件都画完之后，完善整个底图，底图经过检查、校对无误后，开始加深图线、画剖面符号、注写尺寸和技术要求、编写零件序号、填写标题栏和明细栏等，最后校核完成全图（图16-2）。

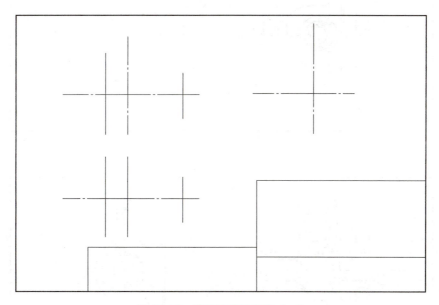

图16-13　画装配图的步骤（一）

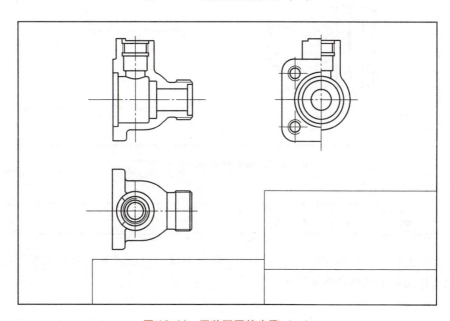

图16-14　画装配图的步骤（二）

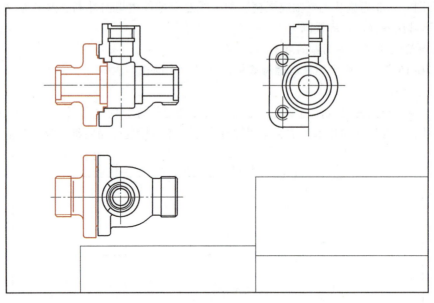

图 16-15 画装配图的步骤（三）

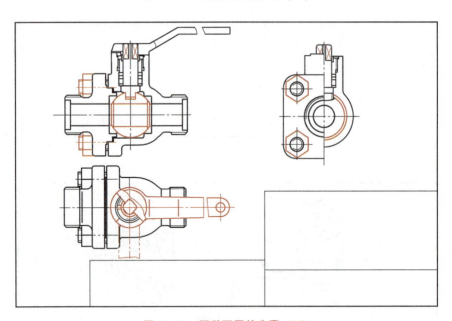

图 16-16 画装配图的步骤（四）

16.4 装配图的尺寸注法

在装配图上标注尺寸与零件图上标注尺寸有所不同。它不需要注出全部零件的所有尺寸，而只需注出以下五种必要的尺寸：

1. 规格（性能）尺寸

表示装配体的性能或规格的尺寸。这类尺寸是在该装配体设计前就已确定，是设计和使用机器的依据。例如，图 16-2 中球阀的通孔直径 ϕ20mm 等。

2. 装配尺寸

装配尺寸是与装配体的装配质量有关的尺寸，它包括：

（1）配合尺寸　它是表示两个零件之间配合性质的尺寸，一般用配合代号注出。如图 16-2 中的 ϕ50H11/h11 和 ϕ18H11/c11。

（2）相对位置尺寸　它是相关联的零件或部件之间较重要的相对位置尺寸。例如，主要平行轴线之间的距离，如图 16-28 中（40±0.02）mm；主要轴线到基准面的距离，如图 16-3 中的左视图尺寸 50mm。

3. 安装尺寸

将装配体安装到其他机件或地基上去时，与安装有关的尺寸称为安装尺寸。如图 16-2 中阀体与其他机件安装时的安装尺寸 M36×2-6g、49mm、54mm 等。

4. 外形尺寸

表示装配体的总长、总宽和总高的尺寸称为外形尺寸。这些尺寸是机器的包装、运输、安装、厂房设计中不可缺少的数据。如图 16-2 中球阀的总高为 121.5mm，总长为 221（160+61）mm，总宽为 75mm。

5. 其他重要尺寸

1）对实现装配体的功能有重要意义的零件结构尺寸。

2）运动件运动范围的极限尺寸。如图 16-5 中摇杆摆动范围的极限尺寸 0°~60°，尾架顶尖轴向移动范围的极限尺寸 0~25mm。

上述五种尺寸在一张装配图上不一定同时都有，有时一个尺寸也可能具有几种含义。应根据装配体的具体情况和装配图的作用具体分析，从而合理地标注出装配图的尺寸。

16.5　装配图中的零（部）件序号、明细栏和标题栏

在装配图上要对所有零件或部件编上序号，并在标题栏的上方设置明细栏或在图样之外另编制一份明细栏。这一切都是为产品的装配管理、图样管理、编制购货订单和有效地组织生产等事项服务的。

16.5.1　零（部）件序号

1. 在装配图中所有零（部）件都必须编写序号

同一张装配图中相同零件（指结构形状、尺寸和材料都相同）或部件应编写同样的序号，一般只标注一次。零（部）件的数量等内容在明细栏的相应栏目里填写。如图 16-2 中的 6、7 号螺柱联接，数量有 4 个，但序号只编写了一次。

2. 序号的编注形式

用细实线画指引线，编号端用细实线画水平短横或圆，在水平短横上或圆内注写序号，序号字高要比该装配图中所注尺寸字高大一号（图 16-17a）或大两号（图 16-17b）。编号端也可不画水平短横或圆，而只在指引线附近注写序号，序号字高要大两号（图 16-17c）。但同一装配图中编注序号的形式应一致。

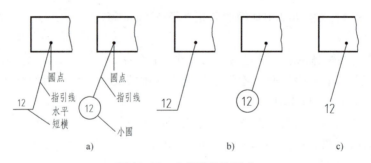

图 16-17　序号的编注形式

3. 指引线

指引线应从所指零件的可见轮廓线内引出，并在末端画一圆点（图 16-18）。若所指部分（很薄的零件或涂黑的断面）内不便画圆点时，可在指引线末端画出箭头，指向该部分的轮廓（图 16-18a）。指引线通过有剖面线的区域时，应尽量不与剖面线平行，必要时指引线可以画成折线，但只可曲折一次（图 16-18b）。

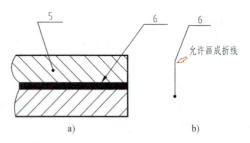

图 16-18　指引线的画法

螺纹紧固件及装配关系明确的零件组，采用公共指引线（图 16-19）。

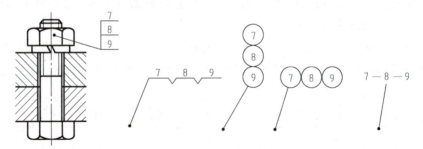

图 16-19　公共指引线的画法

4. 同一装配图中序号

同一装配图中的序号应按水平或垂直方向排列整齐，并按顺时针或逆时针的顺序排列（图 16-2 是按顺时针排列的）。若在整个图上无法连续时，可只在每个水平或垂直方向上顺次排列。

5. 装配图上的标准化部件

装配图上的标准化部件，如油杯、滚动轴承、电动机等标准件，在图中被当作一个件，只编写一个序号，如图 16-3 中的油杯 8。

16.5.2　标题栏和明细栏

装配图明细栏的格式和内容如图 16-20 所示。装配图标题栏与零件图标题栏的格式是一样的。明细栏是说明图中各零件的名称、数量、材料、重量等内容的清单。

明细栏外框竖线用粗实线绘制，内部横线（包括最上一条）为细实线，内部竖线为粗实线。

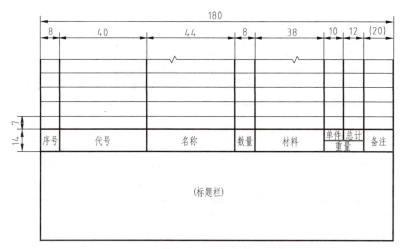

图 16-20　装配图明细栏的格式和内容

明细栏内零件序号自下而上按顺序填写。如向上位置不够时，明细栏的一部分可以放在标题栏的左边，如图 16-2 所示。所填零件序号应和图中所编零件的序号一致。

填写标准件时，应在"名称"栏内写出规定代号及公称尺寸，并在"代号"或"备注"栏内写出国家标准代号，如图 16-2 所示明细栏中的零件 6、7 等。

"备注"栏内可填写常用件的重要参数，如齿轮的模数、齿形角及齿数；弹簧内外直径、弹簧丝直径、工作圈数和自由高度等。

16.6　常见装配结构简介

零件的结构除了根据设计要求外，还必须考虑装配工艺的要求，后者要求的结构形式称为装配工艺结构。装配工艺结构的设计既要保证零（部）件的使用性能，又要考虑零件的加工方便和装配的可能性。装配工艺结构不合理，不仅会给装配工作带来困难，影响装配质量，而且可能使零件的加工工艺及维修复杂化，从而造成生产上的浪费。下面用一些简单的图例对比，介绍画装配图应考虑的几种常见装配结构。

16.6.1　零件接触面

1. 零件接触面的数量

装配时，两个零件在同一方向，应该只有一对表面接触，如图 16-21a 所示，即 $a_1 > a_2$。若 $a_1 = a_2$，就必然提高两对接触面处的尺寸精度，增加成本。图 16-21b 表示套筒沿轴线方向不应有两个平面接触，因为 a_1 和 a_2 不可能做得绝对相等。图 16-21c 所示为轴孔配合，由于 ϕB 已组成所需要的配合，因此 ϕA 的配合就没有必要，加工也很难保证。

对锥面配合，只要求两锥面接触，而锥体顶端和锥孔底部之间应留有调整空隙，如图 16-21d 所示。

2. 零件接触面拐角处的结构

当两个零件有两个互相垂直的表面要求同时接触时，在接触面拐角处，不能都加工成尖角或相同的圆角（图 16-22a），而应加工成如图 16-22b 所示的结构，以保证两垂直表面都接触良好。

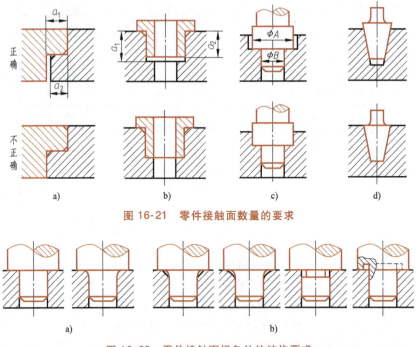

图 16-21 零件接触面数量的要求

图 16-22 零件接触面拐角处的结构要求
a) 不合理 b) 合理

3. 合理减少接触面积

零件加工时面积越大，其直线度或平面度的误差越大，装配时接触的不平稳性也越大。为了使两零件接触稳定可靠，设计时应尽量减少接触面积。这不仅可保证接触平稳，还可降低加工成本，提高生产率。图 16-23 所示滑动轴承座孔与下轴衬的装配就是一例。

16.6.2 轴定位结构

轮系传动件（如齿轮、带轮和滚动轴承）装在轴上均要求定位，以保证不发生轴向窜动。因此，轴肩与传动件的接触处结构要合理，如图 16-24 所示。为了使齿轮、轴承紧紧靠在轴肩上，在轴径或轴头根部必须有退刀槽或小圆角（圆角应小于齿轮或轴承的圆角）。另外轴头的长度 L_1 一定要略小于齿轮轮毂长度 L_2。

图 16-25 所示的轴是以紧固件作轴向定位的，轴肩处也应有一定的结构要求。

16.6.3 防漏密封结构

一般对于伸出机器壳体之外的旋转轴、滑动杆，其上都必须有合理的密封装置，以防止工作介质（液体或气体）沿轴、杆泄漏或外界灰尘等杂质侵入机器内部。密封的结构形式很多，最常见的是在旋转轴（或滑动杆）伸出处的机体或压盖上做出填料槽（图 16-24），在槽内填入毛毡圈。如图 16-26 所示为常用在阀（泵）中滑动杆的填料密封装置，它是通过压盖使填料紧粘住杆（轴）与壳体，以达到密封的作用。画装配图时，填料压盖的位置应使填料处于压紧之初的工作状态，同时还要保持有继续调整的余地。

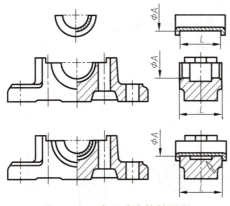

图 16-23 合理减少接触面积

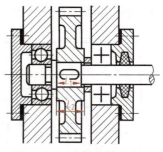

图 16-24 齿轮的轴向定位

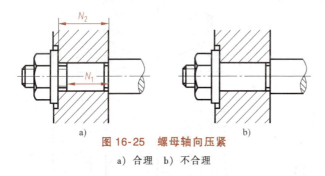

图 16-25 螺母轴向压紧
a) 合理 b) 不合理

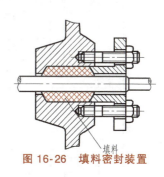

图 16-26 填料密封装置

16.6.4 装拆方便的结构

滚动轴承及衬套是机器上常用的零件，维修机器时，常需要装、拆或更换。因此，在设计轴肩和座孔时应考虑轴承内环、外环和衬套安装、拆卸方便。如图 16-27b 表示了滚动轴承便于拆卸的合理结构。

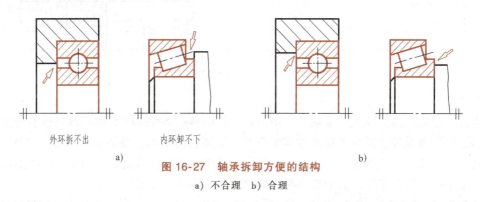

图 16-27 轴承拆卸方便的结构
a) 不合理 b) 合理

16.7 看装配图

设计机器、装配产品、合理使用和维修机器设备及学习先进技术都会遇到看装配图的问题。看装配图应达到下列三点基本要求：

1) 了解装配体的功能、性能和工作原理。
2) 明确各零件的作用和它们之间的相对位置、装配关系以及各零件的拆装顺序。
3) 看懂零件（特别是几个主要零件）的结构形状。

现以齿轮油泵装配图为例，说明看装配图的一般方法与步骤（图16-28）。

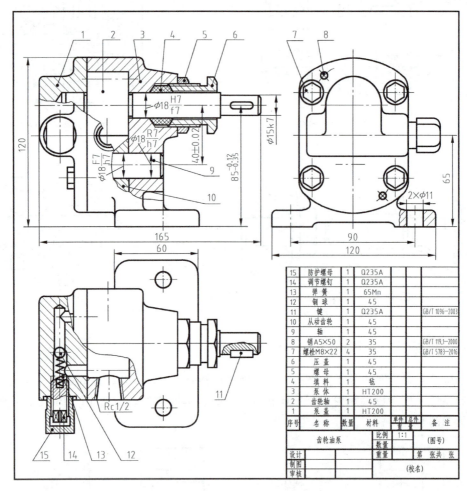

图16-28　齿轮油泵装配图

1. 认识装配体概况，分析视图关系

拿到一张装配图，应先看标题栏、明细栏，从中得知装配体的名称和组成该装配体的各零件的名称、数量等。并尽可能通过其他资料，了解它的功用、性能和规格等。从图16-28的标题栏中知道，这个部件的名称为齿轮油泵，是机械上润滑系统的供油泵。从明细栏中可知齿轮油泵有十五种零件，其中有三种标准件。其结构并不复杂。

分析视图：找出哪是个主视图，还有哪些其他视图，它们的投影关系怎样，剖视图、断面图的剖切位置在什么地方，有哪些特殊表达方法及各视图表达的主要内容是什么。图16-28中的齿轮油泵装配图共有三个视图：主视图是通过齿轮油泵对称平面剖切的局部剖视图，表达了油泵的外形及两齿轮轴系的装配关系。俯视图中除表达齿轮油泵的外形外，还用局部剖视图表达泵盖上的安全装置和泵体两侧的55°密封管螺纹通孔（Rc1/2）。左视图主要表达齿轮油泵的外形，同时还表达泵体与泵盖以两个圆柱销8定位，用四个螺栓组7联接在一起。

2. 弄清装配关系，了解工作原理

此阶段是看装配图的关键阶段。先以反映装配关系比较明显的那个视图为主，配合其他视图，**分析主要装配干线，沿着装配干线分析互相有关的各零件用什么方法连接，有没有配合关系，哪些零件是静止的，哪些零件是运动的等。**

从图16-28看出，齿轮油泵有两条装配干线。一条主要的装配干线可从主视图中看出，齿轮轴2的右端伸出泵体外，通过键11与传动件相接。齿轮轴在泵体孔中，其配合代号是$\phi 18H7/f7$，为间隙配合，故齿轮轴可在孔中转动。为防止漏油，采用填料密封装置，用压盖6压紧填料4完成。下边的从动齿轮10装在小轴9上，其配合代号是$\phi 18F7/h7$，为间隙配合，故齿轮可在小轴上转动。小轴9装在泵体轴孔中，配合代号是$\phi 18R7/h7$，为过盈配合，小轴9与泵体轴孔之间没有相对运动。从俯视图的局部剖视中可看出，第二条装配干线是安装在泵盖上的安全装置，它是由钢球12、弹簧13、调节螺钉14和防护螺母15组成的，该装配干线中的运动件是钢球12和弹簧13。

通过以上装配关系的分析，可以描绘出齿轮油泵的工作原理如图16-29、图16-30所示。在泵体内装有一对啮合的直齿圆柱齿轮，上边是连轴齿轮，轴端伸出泵体外，以连接动力。下边是从动轮，滑装在小轴上。泵体两侧各有一个带锥螺纹的通孔，一边为进油孔，一边为出油孔。当齿轮轴带动从动齿轮转动时齿轮右边形成真空，油在大气压力的作用下进入油管，填满齿槽，然后被带到出油孔处，把油压入出油管。泵盖上的装配干线是一套安全装置。当出油孔处油压过高时，油就沿着油道进入泵盖，顶开钢球，再沿通向进油孔的油道回到进油孔处，从而保持油路中油压稳定。油压的高低可以通过弹簧的调节螺钉进行调节。

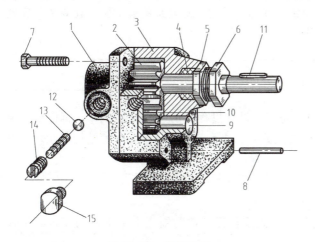

图16-29 齿轮油泵

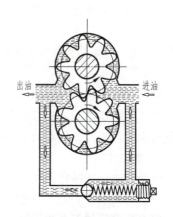

图16-30 齿轮油泵的工作原理

3. 分析零件作用，看懂零件形状

看零件一般先从主要零件开始，再看次要零件。要看懂零件的结构形状和了解零件的作用。看零件的结构形状，要先分离零件，即把该零件从各视图的投影轮廓中分离出来。其方法是利用各视图之间的投影关系和根据剖视图、断面图中各零件的剖面符号的方向及间隔不同进行分离。若主要零件的某一部分的形状一时看不懂，可通过看与其相邻的其他零件的形状，再反过来想象该零件的形状。明细栏里的零件名称、材料和数量等对了解零件的作用，

看懂零件形状有很大的帮助。当某些零件在装配图上表达不完整时可查阅该装配图所附的零件图。

例如，分析零件3，由明细栏查得此零件名称为泵体，从三个视图大体可看出，泵体是齿轮油泵的主体，对组成该油泵的其他零件起一种包容和支撑的作用。通过投影关系和分辨剖面符号异同等方法，就可以把它从装配图中分离出来。图16-31所示为分离出的泵体三视图，从图中看出泵体包括壳体和底板两部分。壳体左视图的外形由与它相连接的泵盖形状确定，左端面上有四个螺孔和两个销孔，其规格尺寸可从明细栏中查出。壳体内腔的形状在装配图中未表示清楚，但该形状是由它包容的两个齿轮形状确定。右边有支撑两齿轮的上、下两孔。从主、俯视图中还可以看出壳体前面的进油锥螺孔、底板的形状及其上面的通孔和通槽。在装配图中只能看出泵体结构的大致形状。

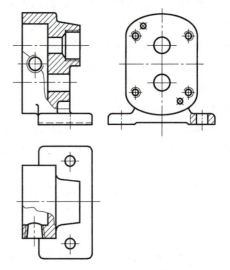

图 16-31　分离出来的泵体三视图

4. 综合各部分结构，想象总体形状

当基本看懂每个零件的结构形状和装配关系，了解了每条装配干线后，还要对全部尺寸和技术要求进行分析研究。最后对装配体的运动情况、工作原理、装配关系、拆装顺序等综合归纳，想象总体形状，进一步了解整体和各部分的设计意图。

上述步骤并非一成不变，而是重叠交错、互相渗透的。对复杂的装配图，还要依靠完整的零件图和技术资料，反复分析才能看懂。

16.8　由装配图拆画零件图

根据装配图拆画零件图（简称拆图），是产品设计过程中的一项重要工作。拆图前，要全面深入了解该装配体的设计意图，弄清装配关系、技术要求和每个零件的结构形状。现将拆图时应注意的几个问题简述如下：

1. 零件分类

根据需要，把零件分成以下几类：

（1）标准件　标准件一般属于外购件，不画零件图。按明细栏中标准件的规定标记代号，列出标准件的汇总表即可。

（2）借用零件　借用零件是借用定型产品上的零件，这类零件可用定型产品的已有图样，不必另行画零件图。

（3）重要零件　在设计说明书中给出重要零件的图样或重要数据，对这类零件，应按给出的图样或数据绘制零件图，如汽轮机的叶片、喷嘴等。

（4）一般零件　一般零件是按照装配图所体现的形状、大小和有关技术要求画图的，是拆画零件的主要对象。

上述四类零件在一个装配体中不一定同时都存在。如图16-28齿轮油泵中，除零件7、零件 8 和零件 11 为标准件外，其余均为一般零件。

2. 零件结构形状的处理

（1）补充设计装配图上未确定的结构形状　在装配图中，对一般零件上的某些结构的细节往往未做完全肯定。如分离出来的零件 3 泵体（图 16-31），其内腔的形状、右端面凸台形状、壳体后边的出油锥螺孔、右下方肋板的厚度、左端面上螺孔的深度都没有确定下来。对这些结构，要根据零件该部分的作用，工作情况和工艺要求进行合理的补充设计。图 16-32 所示为通过补充设计后的三视图。

（2）补充设计装配图上省略的零件工艺结构　在装配图上，允许省略零件上的细小工艺结构，如倒角、退刀槽、圆角、拔模斜度等，但在拆画零件图时都必须完整、清晰地画出来。

3. 零件的视图处理

由于装配图的视图选择是从装配体的整体出发，并以表达装配关系为主来考虑的，所以不可能考虑每个零件的结构特征来选择主视图。拆图时，各零件的主视图应根据其选择原则重新考虑。其他视图的数量也不能简单照抄装配图上的表达方法，而应以完整、清晰地表达零件各组成部分的形状和相对位置为原则。

图 16-32 所示泵体三视图是按泵体在装配图中相应的视图画出来的，作为零件的表达不够理想，因为左视图虚线过多，影响图面清晰，销孔表达也不清楚。因此改成图 16-33 所示的表达方法。该图在原来视图的基础上，又增加了一个视图，螺孔用局部剖视图表示。这就把泵体各组成部分的形状及相对位置完整、清晰地表达出来了。

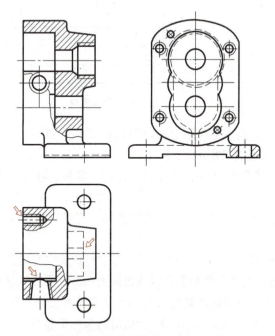

图 16-32　补充结构后的泵体三视图

图 16-34 是从图 16-28 中拆画出来的泵盖 1 的零件图，它在结构形状上是否有补充？在视图表达上又是怎样处理的？读者可自行分析。

4. 零件尺寸的处理

在装配图上已注出的尺寸中，凡属于零件的尺寸应直接注到零件图上，不得随意改变。

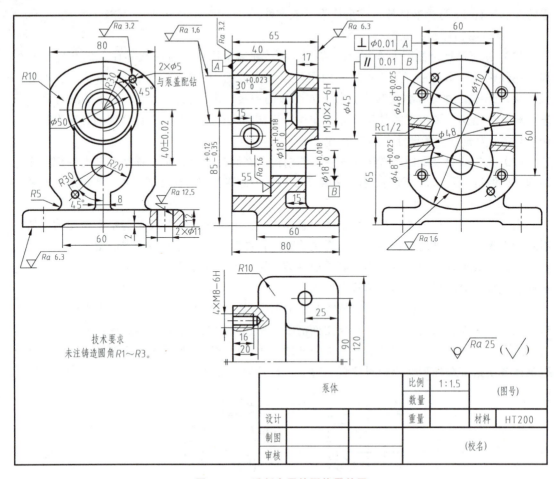

图 16-33　重新布局的泵体零件图

注有配合代号的尺寸，应查表在零件图上注出极限偏差值。如图 16-34 中的 $\phi 18^{+0.018}_{\ 0}$ mm 是根据图 16-28 中的 ϕ18H7 查表得出的。

零件上已标准化和规格化的结构，如螺纹、键槽、倒角、退刀槽等尺寸，应从有关标准手册中查出数值。

有些尺寸应通过计算确定，如齿轮的分度圆直径，应根据已知的模数、齿数等有关数值计算确定后标注。

装配图上没有标注出来的零件上的一般结构尺寸，可以按装配图的画图比例直接从图中量取，量不出的则自行确定，数值一般取为整数或相近的标准数值（标准直径、标准长度等）。

对有装配关系的零件，应特别注意使其有关尺寸和基准协调一致，以保证它们之间的正确装配。如图 16-33、图 16-34 是从图 16-28 拆画出的泵体 3 和泵盖 1，它们结合面的定形尺寸 80mm、ϕ110mm 和用四个螺栓联接的定位尺寸 60mm、60mm 两图必须相同。

5. 技术要求和材料的确定

对于零件图上的表面粗糙度、几何公差、热处理条件和其他技术要求，可根据零件的作用、工作条件、加工方法、检验和装配要求等，查阅有关手册或参考同类图样、资料确定。零件的材料可从装配图的明细栏中查出。

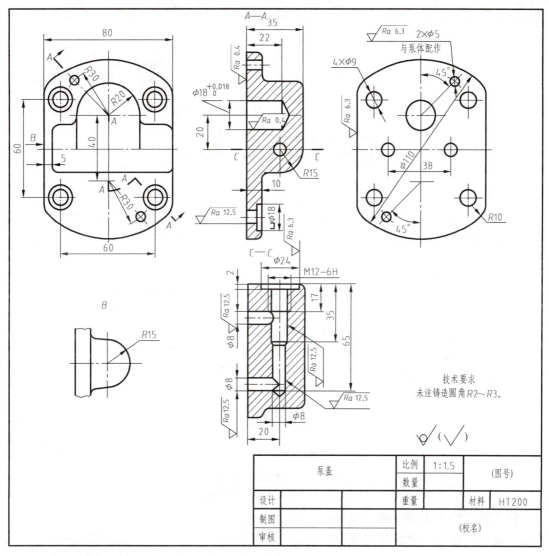

图 16-34 泵盖零件图

*第 17 章

立体表面的展开

把立体表面，按其实际形状和大小，依次连续平摊在一个平面上，称为立体表面的展开，俗称放样。立体表面展开后所得的平面图形称为展开图，如图 17-1c 所示为圆柱表面展开图。

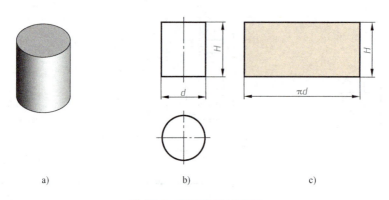

图 17-1 圆柱表面展开图
a) 立体图 b) 投影图 c) 展开图

展开图广泛应用在造船、车辆、冶金、电力、化工、建筑等行业中。如图 17-2a 所示，制造环保设备除尘器和吸尘罩，先要画出它们的展开图，再经切割下料，弯卷成形，最后用焊接、铆接或咬缝等连接方法制成。

立体的表面，分为可展面和不可展面。可以无皱折地摊平在一个平面上，这种表面称为可展面。有些立体

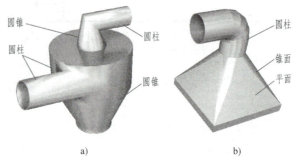

图 17-2 薄板制作的环保设备
a) 除尘器 b) 吸尘罩

表面，只能近似地"摊平"在一个平面上，则称为不可展面（如球面和环面等）。绘制展开图的方法有两种：图解法和计算法。图解法依据投影原理作出投影图，再用作图方法求出展开图所需线段的实长和平面图形的实形后，绘出展开图。本节仅简单介绍图解法求可展开面展开图的方法。

第17章 立体表面的展开

17.1 平面立体表面的展开

1. 棱柱表面的展开

如图 17-3 所示，斜口直四棱柱管处于铅垂位置，前后棱面在主视图上反映实形。左右两侧棱面分别在左视图上反映实形。

作展开图时，首先将各底边按实长展开，画成一条水平线，分别标出点 Ⅳ、Ⅰ、Ⅱ、Ⅲ、Ⅳ。再过底边上各点作铅垂线，在其上量取各棱线的实长，得斜口各端点 Ⅷ、Ⅴ、Ⅵ、Ⅶ、Ⅷ，依次连接各端点得斜口四棱柱管的展开图，如图 17-3c 所示。

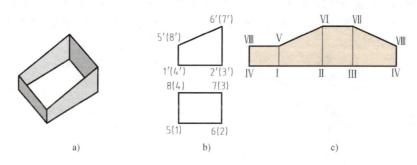

图 17-3 斜口直四棱柱管的展开图画法
a）立体图 b）投影图 c）展开图

2. 棱台表面的展开

如图 17-4a 所示，平口棱锥管由四个等腰梯形围成，四个等腰梯形在投影图中均不反映实形。画展开图，应先画出这四个梯形的实形。在梯形的四边中，其上底、下底的水平投影反映其实形，梯形的两腰是一般位置直线，应先求出梯形两腰的实长。但仅知道梯形的四边实长，其实形位置仍不确定，还要把梯形的对角线长度求出来（即化成两个三角形来处理）。可见，平口棱锥管的各表面分别化成两个三角形，求出三角形各边的实长（用直角三角形法）后，即可画出其展开图，如图 17-4c 和 d 所示。

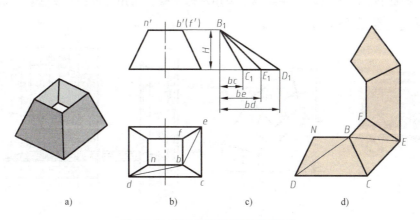

图 17-4 平口棱锥管的展开图画法
a）立体图 b）投影图 c）实长图 d）展开图

17.2 可展曲面立体表面的展开

17.2.1 斜口圆管表面的展开

如图 17-5a 所示，斜口圆管表面上的素线长短不相等。为了画出斜口圆管的展开图，要在斜口圆柱表面上量取若干条素线的实长（图示斜口圆管的素线是铅垂线，它们的正面投影反应实长）。

画展开图时，将圆管底面圆展开成等于底面圆周长的线段，找出线段上各等分点Ⅰ、Ⅱ、Ⅲ等所在位置（将展开后的 πD 12 等分获得）；然后过这些点作垂线，在这些垂线上截取与投影图中相对应的素线实长，将各线的端点连成圆滑的曲线得斜口圆管的展开图，如图 17-5c 所示。

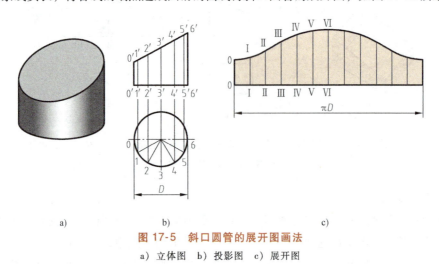

图 17-5 斜口圆管的展开图画法
a）立体图 b）投影图 c）展开图

17.2.2 等径直角弯管表面的展开

工程中有时要用环形弯管把两个直径相等、轴线垂直的管子连接起来。由于环形面是不可展曲面，因此在设计弯管时，一般都不采用环形弯管，而用几段圆柱管接在一起近似地代替环形弯管，如图 17-6a 所示。

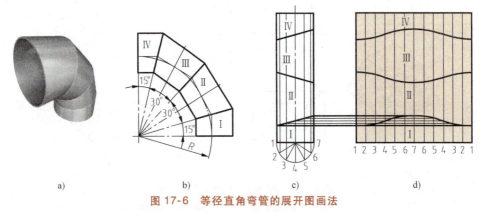

图 17-6 等径直角弯管的展开图画法
a）立体图 b）正面投影图 c）拼成直圆管投影图 d）展开图

从图 17-6b 可知，弯管两端管口平面相互垂直，并各为半节，中间是两个全节，实际上它由三个全节组成，四节都是斜口圆管。

为了简化作图和省料，可把四节斜口圆管拼成一个直圆管来展开，如图 17-6c 所示。其作图方法与斜口圆管的展开方法相同。等径直角弯管的展开图如图 17-6d 所示。

17.2.3 等径三通圆管表面的展开

如图 17-7a 和 b 所示为等径三通圆管的立体图和投影图。画等径三通圆管的展开图时，应以相贯线为界，分别画出水平和竖直圆管的展开图。

由于两圆管轴线都平行于正面，其表面上素线的正投影均反映实长，故可按图 17-5 的展开方法画出它的展开图，水平圆管的展开图，如图 17-7b 所示。画垂直圆管的展开图时，先将其展开成一个矩形；然后求出相贯线上点的位置，依次将各点光滑连接起来，得垂直圆管的展开图，如图 17-7c 所示。

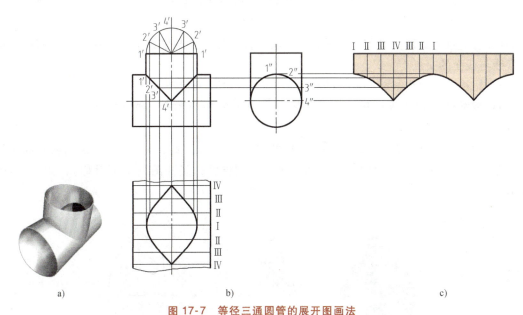

图 17-7　等径三通圆管的展开图画法

a）立体图　b）投影图和水平圆管的展开图　c）垂直圆管的展开图

17.2.4 圆锥表面的展开

1. 平口圆锥表面的展开

如图 17-8a 所示，平口圆锥管展开时，常将圆台延展成正圆锥。

由初等几何可知，正圆锥的展开图是一扇形，其半径等于圆锥的素线实长 L_2。扇形的圆心角为 $\theta=(\pi D/L_2)\times 180°$。在作图时，先算出 θ 的大小，然后以 S 为圆心，L_2 为半径画出扇形。在圆锥面展开图上，截去上面延伸的小圆锥面，即得平口圆锥管的展开图，如图 17-8c 所示。

2. 斜口圆锥表面的展开

斜口圆锥管的立体图和投影图如图 17-9a、b 所示。

求斜口圆锥管的展开图首先要求出斜口上各点至锥顶的素线长度，其作图步骤如下：

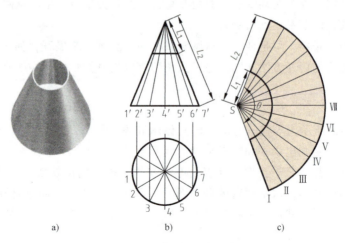

图 17-8 平口圆锥表面的展开图画法
a) 立体图 b) 投影图 c) 展开图

1) 将圆锥底面圆分成若干等份,求出其正面投影,并与锥顶 s' 连接成若干条素线,标出素线与截面的交点 $1'$、$2'$、…、$7'$。

2) 用旋转法求出被截去部分的线段实长,如 $s'2'$ 实长等于 $s'2_1$。

3) 将圆锥面展开成扇形,在展开图上把扇形的圆心角也分成相同的 12 等份,作出素线。

4) 过点 S 分别将 $S\mathrm{I}$、$S\mathrm{II}$、…、$S\mathrm{VII}$ 的实长($s'1'$、$s'2_1$、…、$s'7'$)量到相应的素线上得点 I、II、…、VII,光滑连接各点,得斜口圆锥管的展开图(上下对称),如图 17-9c 所示。

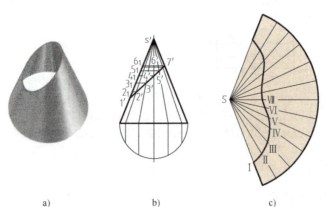

图 17-9 斜口圆锥表面的展开图画法
a) 立体图 b) 投影图 c) 展开图

3. 变形接头表面的展开

如图 17-10a 所示,方圆变形接头的表面由四个等腰三角形平面和四个相等的斜椭圆锥面组成。它的下底面 ABCD 为水平面,水平投影反映实形,作展开图时只要用若干个棱锥面近似代替椭圆锥面,再求出等腰三角形的实形,即可依次画出展开图。

方圆变形接头展开图的作图步骤:

1) 在方圆变形接头的水平投影上,将顶圆每 1/4 周长三等分,得点的水平投影 1、2、

3、4,其正面投影为 1′、2′、3′、4′,把各等分点与矩形相应的顶点用直线相连,即得锥面上素线和四个等腰三角形的两面投影,如图 17-10b 所示。

2) 用直角三角形法求出锥面上各素线的实长,EⅠ、AⅠ、AⅡ、AⅢ、AⅣ,如图 17-10c 所示。

3) 作等腰三角形 ABⅣ 的实形($AB=ab$,分别以 A、B 为圆心,AⅣ 为半径)作椭圆锥面的实形(分别以 A、Ⅳ 为圆心,AⅢ、43 为半径画弧交于 Ⅲ,则 △AⅢⅣ 为近似椭圆锥面的 1/3 实形)。同理,可依次作 △AⅡⅢ、△AⅠⅡ。光滑连接点 Ⅰ、Ⅱ、Ⅲ、Ⅳ 得出一个椭圆锥面的实形。分别以 A、Ⅰ 为圆心,AE($AE=ae$)、EⅠ 为半径作圆弧交于 E,则 △AⅠE 为等腰 △AⅠD 一半实形,EⅠ 为变形接头的结合边。重复上述步骤,依次作变形接头的其余部分,并画在同一平面内得变形接头的展开图,如图 17-10d 所示。

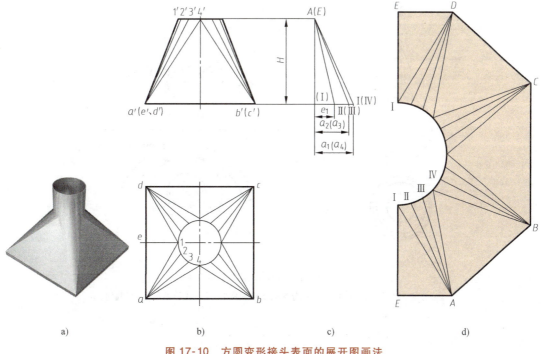

图 17-10 方圆变形接头表面的展开图画法
a) 立体图 b) 投影图 c) 实长图 d) 展开图

17.3 不可展曲面的近似展开

曲线面和不可展直线面在理论上是不可展的(如球面)。工程上作不可展曲面的展开图时,常把它划分成若干与它逼近的可展曲面小块来代替,如小块柱面或锥面,如图 17-11a 所示,把球面分解为小块柱面或锥面。也可用小块平面来代替,如图 17-11b 所示,把球面分解为矩形或梯形。

球面的展开常用的方法有近似锥面法和近似变形法两种,本节仅介绍近似锥面法。

如图 17-11c 所示,先在球面上作六条纬线,把球面分成 Ⅰ、Ⅱ 等七部分。将第 Ⅰ 部分当作它们的内接圆柱来展开,而将其余部分当作它们的内接圆锥来展开。其中各内接圆锥的

顶点分别为点 S_1、S_2、S_3、$\cdots S_6$。最后把各部分展开图拼接在一起，就可得到如图 17-11d 所示的展开图。实际上，由于受到材料面积的限制，在根据展开图下料时，常把第Ⅰ部分再分为若干矩形，把Ⅱ、Ⅲ等各部分再分为若干个梯形，经过弯曲以后，把它们焊接成一个球，球面的展开图如图 17-11d 所示。

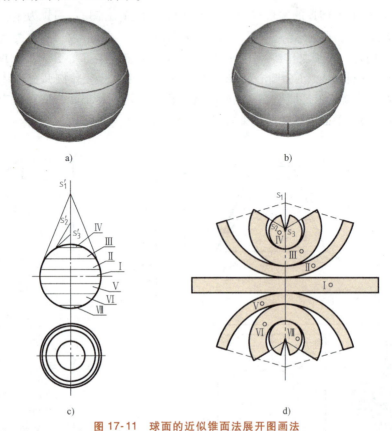

图 17-11　球面的近似锥面法展开图画法
a）分解为小块柱面或锥面　b）分解为矩形和梯形　c）投影图　d）展开图

附 录

附录 A 螺纹及螺纹紧固件

附表 A-1 普通螺纹基本尺寸（摘自 GB/T 193—2003 及 GB/T 196—2003）

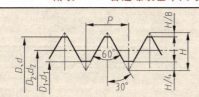

标记示例
公称直径 24mm，螺距 1.5mm，右旋的细牙普通螺纹：
M24×1.5

$H=\dfrac{\sqrt{3}}{2}P$

直径与螺距系列、基本尺寸 （单位：mm）

公称直径 $D、d$		螺距 P		粗牙小径 $D_1、d_1$	公称直径 $D、d$		螺距 P		粗牙小径 $D_1、d_1$
第一系列	第二系列	粗牙	细牙		第一系列	第二系列	粗牙	细牙	
3		0.5	0.35	2.459	24		3	2,1.5,1	20.752
	3.5	0.6		2.850		27	3		23.752
4		0.7	0.5	3.242	30		3.5	(3),2,1.5,1	26.211
	4.5	0.75		3.688		33	3.5	(3),2,1.5	29.211
5		0.8		4.134	36		4	3,2,1.5	31.670
6		1	0.75	4.917		39	4		34.670
7		1		5.917	42		4.5	4,3,2,1.5	37.129
8		1.25	1,0.75	6.647		45	4.5		40.129
10		1.5	1.25,1,0.75	8.376	48		5		42.587
12		1.75	1.25,1	10.106		52	5		46.587
	14	2	1.5,1.25,1	11.835	56		5.5		50.046
16		2	1.5,1	13.835		60	5.5		54.046
	18	2.5		15.294	64		6		57.505
20		2.5	2,1.5,1	17.294		68	6		61.505
	22	2.5		19.294					

注：1. 优先选用第一系列，括号内尺寸尽可能不用。
  2. 公称直径 $D、d$ 第三系列未列入。
  3. M14×1.25 仅用于火花塞。
  4. 中径 $D_2、d_2$ 未列入。

细牙普通螺纹螺距与小径的关系 （单位：mm）

螺距 P	小径 $D_1、d_1$	螺距 P	小径 $D_1、d_1$	螺距 P	小径 $D_1、d_1$
0.35	$d-1+0.621$	1	$d-2+0.917$	2	$d-3+0.835$
0.5	$d-1+0.459$	1.25	$d-2+0.647$	3	$d-4+0.752$
0.75	$d-1+0.188$	1.5	$d-2+0.376$	4	$d-5+0.670$

注：表中的小径按 $D_1=d_1=d-2\times\dfrac{5}{8}H$、$H=\dfrac{\sqrt{3}}{2}P$ 计算得出。

附表 A-2　梯形螺纹（摘自 GB/T 5796.3—2005）

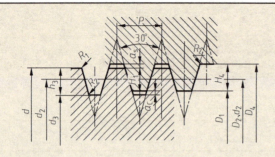

标记示例
公称直径 40mm，导程 14mm，螺距为 7mm 的双线左旋梯形螺纹：
Tr40×14(P7)LH

直径与螺距系列、基本尺寸　　　　　　　　　　　　　　　（单位：mm）

公称直径 d		螺距 P	中径 $d_2 = D_2$	大径 D_4	小径	
第一系列	第二系列				d_3	D_1
8		1.5	7.250	8.300	6.200	6.500
	9	1.5	8.250	9.300	7.200	7.500
		2	8.000	9.500	6.500	7.000
10		1.5	9.250	10.300	8.200	8.500
		2	9.000	10.500	7.500	8.000
	11	2	10.000	11.500	8.500	9.000
		3	9.500	11.500	7.500	8.000
12		2	11.000	12.500	9.500	10.000
		3	10.500	12.500	8.500	9.000
	14	2	13.000	14.500	11.500	12.000
		3	12.500	14.500	10.500	11.000
16		2	15.000	16.500	13.500	14.000
		4	14.000	16.500	11.500	12.000
	18	2	17.000	18.500	15.500	16.000
		4	16.000	18.500	13.500	14.000
20		2	19.000	20.500	17.500	18.000
		4	18.000	20.500	15.500	16.000
	22	3	20.500	22.500	18.500	19.000
		5	19.500	22.500	16.500	17.000
		8	18.000	23.000	13.000	14.000
24		3	22.500	24.500	20.500	21.000
		5	21.500	24.500	18.500	19.000
		8	20.000	25.000	15.000	16.000
	26	3	24.500	26.500	22.500	23.000
		5	23.500	26.500	20.500	21.000
		8	22.000	27.000	17.000	18.000
28		3	26.500	28.500	24.500	25.000
		5	25.500	28.500	22.500	23.000
		8	24.000	29.000	19.000	20.000
	30	3	28.500	30.500	26.500	27.000
		6	27.000	31.000	23.000	24.000
		10	25.000	31.000	19.000	20.000
32		3	30.500	32.500	28.500	29.000
		6	29.000	33.000	25.000	26.000
		10	27.000	33.000	21.000	22.000

（续）

公称直径 d		螺距 P	中径 $d_2=D_2$	大径 D_4	小径	
第一系列	第二系列				d_3	D_1
	34	3	32.500	34.500	30.500	31.000
		6	31.000	35.000	27.000	28.000
		10	29.000	35.000	23.000	24.000
36		3	34.500	36.500	32.500	33.000
		6	33.000	37.000	29.000	30.000
		10	31.000	37.000	25.000	26.000
	38	3	36.500	38.500	34.500	35.000
		7	34.500	39.000	39.000	31.000
		10	33.000	39.000	27.000	28.000
40		3	38.500	40.500	36.500	37.000
		7	36.500	41.000	32.000	33.000
		10	35.000	41.000	29.000	30.000

附表 A-3 55°非密封管螺纹的基本尺寸和公差（摘自 GB/T 7307—2001）

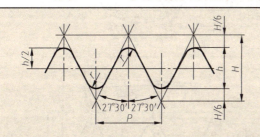

标记示例

尺寸代号 1/2，A 级 外螺纹：

G1/2A

（单位：mm）

尺寸代号	每25.4mm内的牙数 n	螺距 P	牙高 h	基本直径		
				大径 $d=D$	中径 $d_2=D_2$	小径 $d_1=D_1$
1/2	14	1.814	1.162	20.955	19.793	18.631
5/8	14	1.814	1.162	22.911	21.749	20.587
3/4	14	1.814	1.162	26.441	25.279	24.117
7/8	14	1.814	1.162	30.201	29.039	27.877
1	11	2.309	1.479	33.249	31.770	30.291
1⅛	11	2.309	1.479	37.879	36.418	34.939
1¼	11	2.309	1.479	41.910	40.431	38.952
1½	11	2.309	1.479	47.803	46.324	44.845
1¾	11	2.309	1.479	53.746	52.267	50.788
2	11	2.309	1.479	59.614	58.135	56.656

尺寸代号	外 螺 纹					内 螺 纹				
	大径公差		中径公差			中径公差		小径公差		
	下极限偏差	上极限偏差	下极限偏差		上极限偏差	下极限偏差	上极限偏差	下极限偏差	上极限偏差	
			A 级	B 级						
1/2	-0.284	0	-0.142	-0.284	0	0	+0.142	0	+0.541	
5/8	-0.284	0	-0.142	-0.284	0	0	+0.142	0	+0.541	
3/4	-0.284	0	-0.142	-0.284	0	0	+0.142	0	+0.541	
7/8	-0.284	0	-0.142	-0.284	0	0	+0.142	0	+0.541	
1	-0.360	0	-0.180	-0.360	0	0	+0.180	0	+0.640	

(续)

尺寸代号	外螺纹					内螺纹			
	大径公差		中径公差			中径公差		小径公差	
	下极限偏差	上极限偏差	下极限偏差		上极限偏差	下极限偏差	上极限偏差	下极限偏差	上极限偏差
			A级	B级					
$1\frac{1}{8}$	-0.360	0	-0.180	-0.360	0	0	+0.180	0	+0.640
$1\frac{1}{4}$	-0.360	0	-0.180	-0.360	0	0	+0.180	0	+0.640
$1\frac{1}{2}$	-0.360	0	-0.180	-0.360	0	0	+0.180	0	+0.640
$1\frac{3}{4}$	-0.360	0	-0.180	-0.360	0	0	+0.180	0	+0.640
2	-0.360	0	-0.180	-0.360	0	0	+0.180	0	+0.640

附表 A-4　55°密封管螺纹（摘自 GB/T 7306.1—2000 及 GB/T 7306.2—2000）

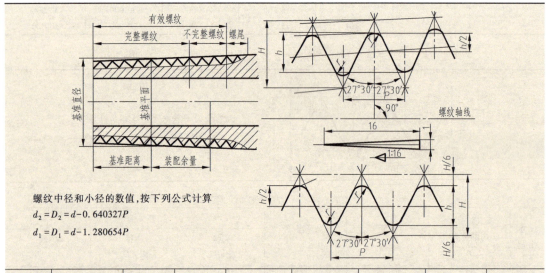

螺纹中径和小径的数值，按下列公式计算

$d_2 = D_2 = d - 0.640327P$

$d_1 = D_1 = d - 1.280654P$

1	2	3	4	5	6	7	8	9
尺寸代号	每25.4mm内所包含的牙数 n	螺距 P/mm	牙高 h/mm	基准平面内的基本直径/mm			基准距离/mm	有效螺纹长度/mm
				大径(基准直径) $d=D$	中径 $d_2=D_2$	小径 $d_1=D_1$		
1/16	28	0.907	0.581	7.723	7.142	6.561	4.0	6.5
1/8	28	0.907	0.581	9.728	9.147	8.566	4.0	6.5
1/4	19	1.337	0.856	13.157	12.301	11.445	6.0	9.7
3/8	19	1.337	0.856	16.662	15.806	14.950	6.4	10.1
1/2	14	1.814	1.162	20.955	19.793	18.631	8.2	13.2
3/4	14	1.814	1.162	26.441	25.279	24.117	9.5	14.5
1	11	2.309	1.479	33.249	31.770	30.291	10.4	16.8
$1\frac{1}{4}$	11	2.309	1.479	41.910	40.431	38.952	12.7	19.1
$1\frac{1}{2}$	11	2.309	1.479	47.803	46.324	44.845	12.7	19.1
2	11	2.309	1.479	59.614	58.135	56.656	15.9	23.4
$2\frac{1}{2}$	11	2.309	1.479	75.184	73.705	72.226	17.5	26.7
3	11	2.309	1.479	87.884	86.405	84.926	20.6	29.8
4	11	2.309	1.479	113.030	111.551	110.072	25.4	35.8
5	11	2.309	1.479	138.430	136.951	135.472	28.6	40.1
6	11	2.309	1.479	163.830	162.351	160.872	28.6	40.1

注：$1\frac{1}{2}$螺纹标记示例：
  圆锥内螺纹 Rc$1\frac{1}{2}$ 圆柱内螺纹 Rp$1\frac{1}{2}$，圆锥外螺纹 R$_1$$1\frac{1}{2}$；
  圆锥内螺纹与圆锥外螺纹的配合 Rc$1\frac{1}{2}$/R$_2$$1\frac{1}{2}$；
  圆柱内螺纹与圆锥外螺纹的配合 Rp$1\frac{1}{2}$R$_1$$1\frac{1}{2}$。

附表 A-5　六角头螺栓（摘自 GB/T 5782—2016）

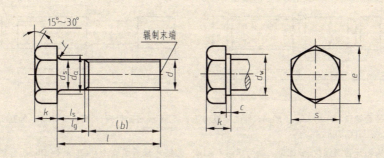

标记示例

螺纹规格为 M12、公称长度 $l=80$ mm、性能等级为 8.8 级、表面不经处理、A 级的六角头螺栓：

螺栓　GB/T 5782　M12×80

（单位：mm）

螺纹规格 d		M5	M6	M8	M10	M12	M16	M20	M24	M30	M36
$b_{参考}$	$l\leqslant 125$	16	18	22	26	30	38	46	54	66	—
	$125<l\leqslant 200$	22	24	28	32	36	44	52	60	72	84
	$l>200$	35	37	41	45	49	57	65	73	85	97
c	max	0.5	0.5	0.6	0.6	0.6	0.8	0.8	0.8	0.8	0.8
d_a	max	5.7	6.8	9.2	11.2	13.7	17.7	22.4	26.4	33.4	39.4
d_s	max	5	6	8	10	12	16	20	24	30	36
	min(B 级)	4.7	5.7	7.64	9.64	11.57	15.57	19.48	23.48	29.48	35.38
d_w	min(B 级)	6.74	8.74	11.47	14.47	16.47	22	27.7	33.25	42.75	51.11
e	min(B 级)	8.63	10.89	14.20	17.59	19.85	26.17	32.95	39.55	50.85	60.79
k	公称	3.5	4	5.3	6.4	7.5	10	12.5	15	18.7	22.5
	min(B 级)	2.35	3.76	5.06	6.11	7.21	9.71	2.15	14.65	18.28	22.08
	max(B 级)	3.26	4.24	5.54	6.69	7.79	10.29	12.85	15.53	19.12	22.92
k_w	min(B 级)	2.28	2.63	3.54	4.28	5.05	6.8	8.51	10.26	12.8	15.46
r	min	0.2	0.25	0.4	0.4	0.6	0.6	0.8	0.8	1	1
s	max	8	10	13	16	181	24	30	36	46	55
	min(B 级)	7.64	9.64	12.57	15.57	17.57	23.16	29.16	35	45	53.8
l(商品规格范围及通用规格)		25~50	30~60	40~80	45~100	50~120	65~160	80~200	90~240	110~300	140~360
l 系列		25,30,35,40,45,50,55,60,65,70,80,90,100,110,120,130,140,150,160,180,200,220,240,260,280,300,320,340,360									

注：1. 末端按 GB/T 2—2001 规定。

2. $l_{gmax}=l_{公称}-b_{参考}$。

3. $l_{gmin}=l_{gmax}-5P$。

4. P——螺距。

附表 A-6　螺柱（摘自 GB/T 897—1988～GB/T 900—1988）

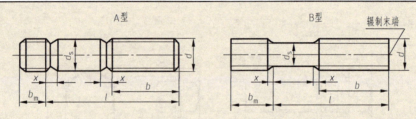

标记示例

两端均为粗牙普通螺纹，$d=10\text{mm}$、$l=50\text{mm}$、性能等级为 4.8 级、不经表面处理、B 型、$b_m=1.25d$ 的双头螺柱：

螺柱　GB/T 898　M10×50

旋入机体一端为粗牙普通螺纹、旋螺母一端为螺距 $P=1\text{mm}$ 的细牙普通螺纹、$d=10\text{mm}$、$l=50\text{mm}$、性能等级为 4.8 级、不经表面处理 A 型、$b_m=1.25d$ 的双头螺柱：

螺柱　GB/T 898　AM10—M10×1×50

（单位：mm）

螺纹规格	b_m				l/b
	GB/T 897—88 $b_m=1d$	GB/T 898—88 $b_m=1.25d$	GB/T 899—88 $b_m=1.5d$	GB/T 900—88 $b_m=2d$	
M5	5	6	8	10	$\dfrac{16\sim22}{10},\dfrac{25\sim50}{16}$
M6	6	8	10	12	$\dfrac{20\sim22}{10},\dfrac{25\sim30}{14},\dfrac{32\sim75}{18}$
M8	8	10	12	16	$\dfrac{20\sim22}{12},\dfrac{25\sim30}{16},\dfrac{32\sim90}{22}$
M10	10	12	15	20	$\dfrac{25\sim28}{14},\dfrac{30\sim38}{16},\dfrac{40\sim120}{26},\dfrac{130}{32}$
M12	12	15	18	24	$\dfrac{25\sim30}{16},\dfrac{32\sim40}{20},\dfrac{45\sim120}{30},\dfrac{130\sim180}{36}$
(M14)	14	18	21	28	$\dfrac{30\sim35}{18},\dfrac{38\sim45}{25},\dfrac{50\sim120}{34},\dfrac{130\sim180}{40}$
M16	16	20	24	32	$\dfrac{30\sim38}{20},\dfrac{40\sim55}{30},\dfrac{60\sim120}{38},\dfrac{130\sim200}{44}$
(M18)	18	22	27	36	$\dfrac{35\sim40}{22},\dfrac{45\sim60}{35},\dfrac{65\sim120}{42},\dfrac{130\sim200}{48}$
M20	20	25	30	40	$\dfrac{35\sim40}{25},\dfrac{45\sim65}{35},\dfrac{70\sim120}{46},\dfrac{130\sim200}{52}$
(M22)	22	28	33	44	$\dfrac{40\sim55}{30},\dfrac{50\sim70}{40},\dfrac{75\sim120}{50},\dfrac{130\sim200}{56}$
M24	24	30	36	48	$\dfrac{45\sim50}{30},\dfrac{55\sim75}{45},\dfrac{80\sim120}{54},\dfrac{130\sim200}{60}$
(M27)	27	35	40	54	$\dfrac{50\sim60}{35},\dfrac{65\sim85}{50},\dfrac{90\sim120}{60},\dfrac{130\sim200}{66}$
M30	30	38	45	60	$\dfrac{60\sim65}{40},\dfrac{70\sim90}{50},\dfrac{95\sim120}{66},\dfrac{130\sim200}{72},\dfrac{210\sim250}{85}$
(M33)	33	41	49	66	$\dfrac{65\sim70}{45},\dfrac{75\sim95}{60},\dfrac{100\sim120}{72},\dfrac{130\sim200}{78},\dfrac{210\sim300}{91}$
M36	36	45	54	72	$\dfrac{65\sim75}{45},\dfrac{80\sim110}{60},\dfrac{120}{78},\dfrac{130\sim200}{84},\dfrac{210\sim300}{97}$

（续）

螺纹规格	b_m				l/b
	GB/T 897—88 $b_m=1d$	GB/T 898—88 $b_m=1.25d$	GB/T 899—88 $b_m=1.5d$	GB/T 900—88 $b_m=2d$	
(M39)	39	49	58	78	$\frac{70\sim80}{50}, \frac{85\sim110}{60}, \frac{120}{84}, \frac{130\sim200}{90}, \frac{210\sim300}{103}$
M42	42	52	63	84	$\frac{70\sim80}{50}, \frac{85\sim110}{70}, \frac{120}{90}, \frac{130\sim200}{96}, \frac{210\sim300}{109}$
M48	48	60	72	96	$\frac{80\sim90}{60}, \frac{95\sim110}{80}, \frac{120}{102}, \frac{130\sim200}{108}, \frac{210\sim300}{121}$
l（系列）	16,(18),20,(22),25,(28),30,(32),35,(38),40,45,50,(55),60,(65),70,(75),80,(85),90,(95),100,110,120,130,140,150,160,170,180,190,200,210,220,230,240,250,260,280,300				

注：1. 尽可能不采用括号内的规格。
2. P——粗牙螺纹的螺距。

附表 A-7 内六角圆柱头螺钉（摘自 GB/T 70.1—2008）

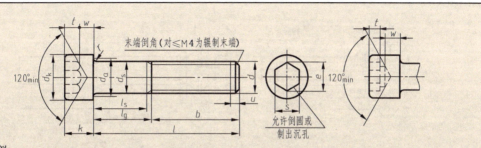

标记示例

螺纹规格 $d=$M5，公称长度 $l=20$mm、性能等级为 12.9 级、表面氧化的内六角圆柱头螺钉：
螺钉 GB/T 70.1 M5×20

（单位：mm）

螺纹规格 d		M3	M4	M5	M6	M8	M10	M12	M16	M20	M24
P		0.5	0.7	0.8	1	1.25	1.5	1.75	2	2.5	3
$b_{参考}$		18	20	22	24	28	32	36	44	52	60
d_k	max	5.5	7	8.5	10	13	16	18	24	30	36
	min	5.32	6.78	8.28	9.78	12.73	15.73	17.73	23.67	29.67	35.61
d_a	max	3.6	4.7	5.7	6.8	9.2	11.2	13.7	17.7	22.4	26.4
d_s	max	3	4	5	6	8	10	12	16	20	24
	min	2.86	3.82	4.82	5.82	7.78	9.78	11.73	15.73	19.67	23.67
e	min	2.873	3.443	4.583	5.723	6.683	9.149	11.429	15.996	19.437	21.734
k	max	3	4	5	6	8	10	12	16	20	24
	min	2.86	3.82	4.82	5.70	7.64	9.64	11.57	15.57	19.48	23.48
r	min	0.1	0.2	0.2	0.25	0.4	0.4	0.6	0.6	0.8	0.8
s	公称	2.5	3	4	5	6	8	10	14	17	19
	min	2.52	3.02	4.02	5.02	6.02	8.025	10.025	14.032	17.05	19.065
	max	2.58	3.08	4.095	5.14	6.14	8.175	10.175	14.212	17.23	19.275

(续)

螺纹规格 d		M3	M4	M5	M6	M8	M10	M12	M16	M20	M24
t	min	1.3	2	2.5	3	4	5	6	8	10	12
v	max	0.3	0.4	0.5	0.6	0.8	1	1.2	1.6	2	2.4
d_w	min	5.07	6.53	8.03	9.38	12.33	15.33	17.23	23.17	28.87	34.81
w	min	1.15	1.4	1.9	2.3	3.3	4	4.8	6.8	8.6	10.4
l(商品规格范围公称长度)		5~30	6~40	8~50	10~60	12~80	16~100	20~120	25~160	30~200	40~200
$l \leqslant$ 表中数值时,制出全螺纹		20	25	25	30	35	40	45	55	65	80
l(系列)		5,6,8,10,12,16,20,25,30,35,40,45,50,55,60,65,70,80,90,100,110,120,130,140, 150,160,180,200									

注: 1. P——螺距。
    2. l_{gmax}(夹紧长度)= $l-b_{参考}$; l_{gmin}(无螺纹杆部长)= $l_{gmax}-5P$。

附表 A-8 开槽沉头螺钉（摘自 GB/T 68—2016）、开槽半沉头螺钉（摘自 GB/T 69—2016）

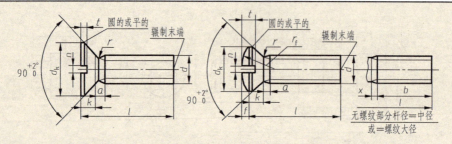

标记示例

螺纹规格 d = M5、公称长度 l = 20mm、性能等级为 4.8 级、不经表面处理的 A 级开槽沉头螺钉：
螺钉 GB/T 68 M5×20

（单位：mm）

螺纹规格 d			M1.6	M2	M2.5	M3	M4	M5	M6	M8	M10
P			0.35	0.4	0.45	0.5	0.7	0.8	1	1.25	1.5
a	max		0.7	0.8	0.9	1	1.4	1.6	2	2.5	3
b	min		25				38				
d_k	理论值/max		3.6	4.4	5.5	6.3	9.4	10.4	12.6	17.3	20
	实际值	max	3	3.8	4.7	5.5	8.4	9.3	11.3	15.8	18.3
		min	2.7	3.5	4.4	5.2	8.04	8.94	10.87	15.37	17.78
k	max		1	1.2	1.5	1.65	2.7	2.7	3.3	4.65	5
n	公称		0.4	0.5	0.6	0.8	1.2	1.2	1.6	2	2.5
	min		0.46	0.56	0.66	0.86	1.26	1.26	1.66	2.06	2.56
	max		0.6	0.7	0.8	1	1.51	1.51	1.91	2.31	2.81
r	max		0.4	0.5	0.6	0.8	1	1.3	1.5	2	2.5
k	max		0.9	1	1.1	1.25	1.75	2	2.5	3.2	3.8
f	≈		0.4	0.5	0.6	0.7	1	1.2	1.4	2	2.3
r_f	≈		3	4	5	6	9.5	9.5	12	16.5	19.5

(续)

螺纹规格 d		M1.6	M2	M2.5	M3	M4	M5	M6	M8	M10
t	max GB/T 68	0.5	0.6	0.75	0.85	1.3	1.4	1.6	2.3	2.6
	max GB/T 69	0.8	1	1.2	1.45	1.9	2.4	2.8	3.7	4.4
	min GB/T 69	0.32	0.4	0.5	0.6	1	1.1	1.2	1.8	2
	min GB/T 69	0.64	0.8	1	1.2	1.6	2	2.4	3.2	3.8
l(商品规格范围公称长度)		2.5~16	3~20	4~25	5~30	6~40	8~50	8~60	10~80	12~80
l(系列)		2.5,3,4,5,6,8,10,12,(14),16,20,25,30,35,40,45,50,(55),60,(65),70,(75),80									

注：1. P——螺距。

2. 公称长度 l≤30mm，两螺纹规格 d 在 M1.6~M3 的螺钉，应制出全螺纹；公称长度，l≤45mm，而螺纹规格在 M4~M10 的螺钉也应制出全螺纹 [b=l-(k+a)]。

3. 尽可能不采用括号内的规格。

附表 A-9　开槽圆柱头螺钉（摘自 GB/T 65—2016）

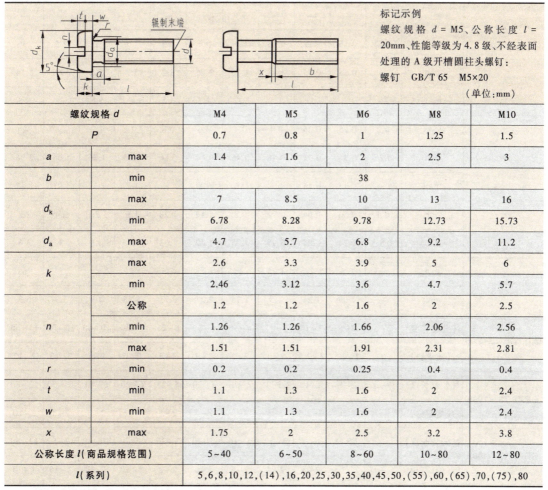

标记示例

螺纹规格 d = M5、公称长度 l = 20mm、性能等级为 4.8 级、不经表面处理的 A 级开槽圆柱头螺钉：
螺钉　GB/T 65　M5×20

（单位：mm）

螺纹规格 d		M4	M5	M6	M8	M10
P		0.7	0.8	1	1.25	1.5
a	max	1.4	1.6	2	2.5	3
b	min	38				
d_k	max	7	8.5	10	13	16
	min	6.78	8.28	9.78	12.73	15.73
d_a	max	4.7	5.7	6.8	9.2	11.2
k	max	2.6	3.3	3.9	5	6
	min	2.46	3.12	3.6	4.7	5.7
n	公称	1.2	1.2	1.6	2	2.5
	min	1.26	1.26	1.66	2.06	2.56
	max	1.51	1.51	1.91	2.31	2.81
r	min	0.2	0.2	0.25	0.4	0.4
t	min	1.1	1.3	1.6	2	2.4
w	min	1.1	1.3	1.6	2	2.4
x	max	1.75	2	2.5	3.2	3.8
公称长度 l(商品规格范围)		5~40	6~50	8~60	10~80	12~80
l(系列)		5,6,8,10,12,(14),16,20,25,30,35,40,45,50,(55),60,(65),70,(75),80				

注：1. 尽可能不采用括号内的规格。

2. P——螺距。

3. 公称长度 l≤40mm 的螺钉，制出全螺纹（b=l-a）。

附表 A-10 开槽锥端紧定螺钉（摘自 GB/T 71—1985）、开槽平端紧定螺钉（摘自 GB/T 73—1985）开槽长圆柱端紧定螺钉（摘自 GB/T 75—1985）

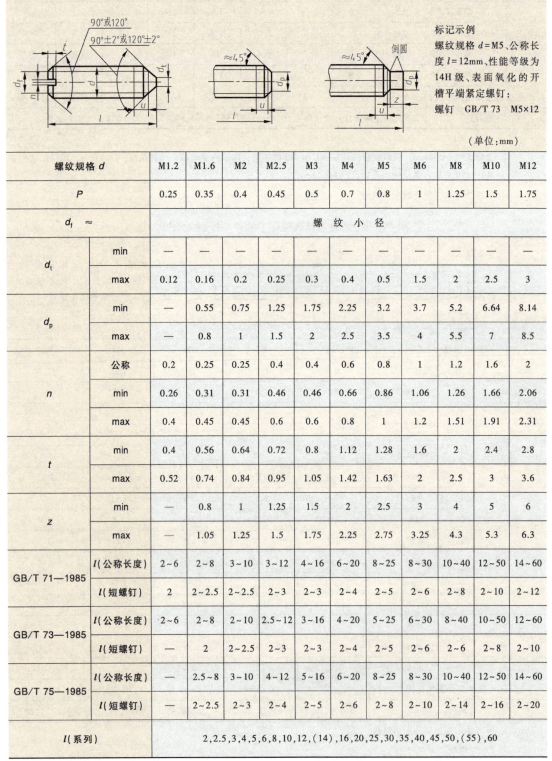

标记示例
螺纹规格 d = M5、公称长度 l = 12mm、性能等级为 14H 级、表面氧化的开槽平端紧定螺钉：
螺钉 GB/T 73 M5×12

（单位：mm）

螺纹规格 d		M1.2	M1.6	M2	M2.5	M3	M4	M5	M6	M8	M10	M12
P		0.25	0.35	0.4	0.45	0.5	0.7	0.8	1	1.25	1.5	1.75
$d_f \approx$		螺 纹 小 径										
d_t	min	—	—	—	—	—	—	—	—	—	—	—
	max	0.12	0.16	0.2	0.25	0.3	0.4	0.5	1.5	2	2.5	3
d_p	min	—	0.55	0.75	1.25	1.75	2.25	3.2	3.7	5.2	6.64	8.14
	max	—	0.8	1	1.5	2	2.5	3.5	4	5.5	7	8.5
n	公称	0.2	0.25	0.25	0.4	0.4	0.6	0.8	1	1.2	1.6	2
	min	0.26	0.31	0.31	0.46	0.46	0.66	0.86	1.06	1.26	1.66	2.06
	max	0.4	0.45	0.45	0.6	0.6	0.8	1	1.2	1.51	1.91	2.31
t	min	0.4	0.56	0.64	0.72	0.8	1.12	1.28	1.6	2	2.4	2.8
	max	0.52	0.74	0.84	0.95	1.05	1.42	1.63	2	2.5	3	3.6
z	min	—	0.8	1	1.25	1.5	2	2.5	3	4	5	6
	max	—	1.05	1.25	1.5	1.75	2.25	2.75	3.25	4.3	5.3	6.3
GB/T 71—1985	l（公称长度）	2~6	2~8	3~10	3~12	4~16	6~20	8~25	8~30	10~40	12~50	14~60
	l（短螺钉）	2	2~2.5	2~2.5	2~3	2~4	2~4	2~5	2~6	2~8	2~10	2~12
GB/T 73—1985	l（公称长度）	2~6	2~8	2~10	2.5~12	3~16	4~20	5~25	6~30	8~40	10~50	12~60
	l（短螺钉）	—	2	2~2.5	2~3	2~3	2~4	2~5	2~6	2~6	2~8	2~10
GB/T 75—1985	l（公称长度）	—	2.5~8	3~10	4~12	5~16	6~20	8~25	8~30	10~40	12~50	14~60
	l（短螺钉）	—	2~2.5	2~3	2~4	2~5	2~6	2~8	2~10	2~14	2~16	2~20
l（系列）		2, 2.5, 3, 4, 5, 6, 8, 10, 12, (14), 16, 20, 25, 30, 35, 40, 45, 50, (55), 60										

注：公称长度为短螺钉时，应制成 120°，u（不完整螺纹的长度）≤2P。

附表 A-11 1型六角螺母（摘自 GB/T 6170—2015）

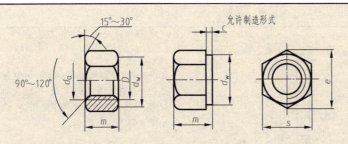

标记示例
螺纹规格 M12、性能等级为 10 级、不经表面处理、产品等级为 A 级的 1 型六角螺母：
螺母 GB/T 6170 M12

（单位：mm）

螺纹规格 D	c max	d_a min	d_a max	d_w min	e min	m max	m min	s max	s min
M1.6	0.2	1.6	1.84	2.4	3.41	1.3	1.05	3.2	3.02
M2	0.2	2	2.3	3.1	4.32	1.6	1.35	4	3.82
M2.5	0.3	2.5	2.9	4.1	5.45	2	1.75	5	4.82
M3	0.4	3	3.45	4.6	6.01	2.4	2.15	5.5	5.32
M4	0.4	4	4.6	5.9	7.66	3.2	2.9	7	6.78
M5	0.5	5	5.75	6.9	8.79	4.7	4.4	8	7.78
M6	0.5	6	6.75	8.9	11.05	5.2	4.9	10	9.78
M8	0.6	8	8.75	11.6	14.38	6.8	6.44	13	12.73
M10	0.6	10	10.8	14.6	17.77	8.4	8.04	16	15.73
M12	0.6	12	13	16.6	20.03	10.8	10.37	18	17.73
M16	0.8	16	17.3	22.5	26.75	14.8	14.1	24	23.67
M20	0.8	20	21.6	27.7	32.95	18	16.9	30	29.16
M24	0.8	24	25.9	33.3	39.55	21.5	20.2	36	35
M30	0.8	30	32.4	42.8	50.85	25.6	24.3	46	45
M36	0.8	36	38.9	51.1	60.79	31	29.4	55	53.8
M42	1	42	45.4	60.0	71.3	34	32.4	65	63.1
M48	1	48	51.8	69.5	82.6	38	36.4	75	73.1
M56	1	56	60.5	78.7	93.56	45	43.4	85	82.8
M64	1	64	69.1	88.2	104.86	51	49.1	95	92.8

注：1. A 级用于 $D \leqslant$ M16 的螺母；B 级用于 $D>$ M16 的螺母。本表仅按商品规格和通用规格列出。
   2. 螺纹规格为 M8~M64、细牙、A 级和 B 级的 1 型六角螺母，请查阅 GB/T 6171—2016。

附表 A-12　小垫圈（摘自 GB/T 848—2002）、平垫圈—倒角型（摘自 GB/T 97.2—2002）、平垫圈（GB/T 97.1—2002）、大垫圈（A级产品）（GB/T 96.1—2002）

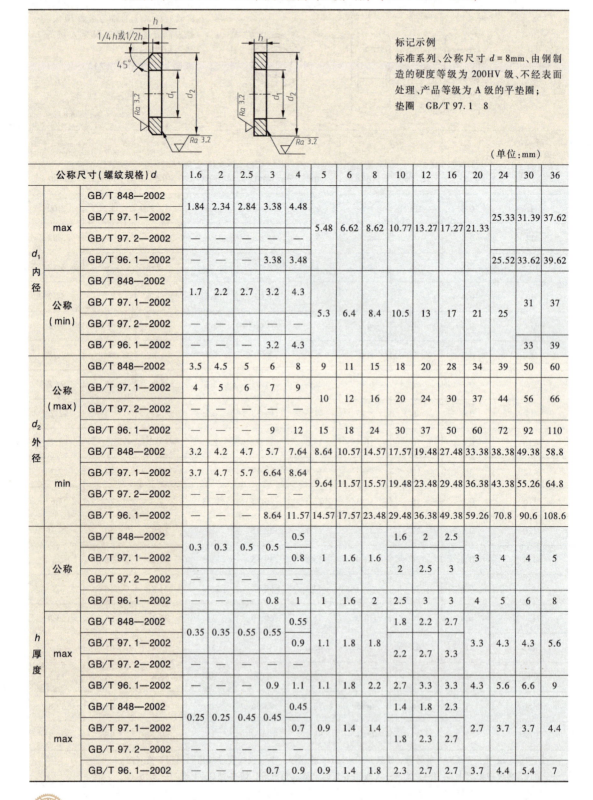

标记示例
标准系列、公称尺寸 d = 8mm、由钢制造的硬度等级为 200HV 级、不经表面处理、产品等级为 A 级的平垫圈；
垫圈　GB/T 97.1　8

（单位：mm）

	公称尺寸（螺纹规格）d	1.6	2	2.5	3	4	5	6	8	10	12	16	20	24	30	36
d_1 内径	GB/T 848—2002 max	1.84	2.34	2.84	3.38	4.48	5.48	6.62	8.62	10.77	13.27	17.27	21.33	25.33	31.39	37.62
	GB/T 97.1—2002 max															
	GB/T 97.2—2002 max	—	—	—	—	—										
	GB/T 96.1—2002 max				3.38	3.48								25.52	33.62	39.62
	GB/T 848—2002 公称(min)	1.7	2.2	2.7	3.2	4.3	5.3	6.4	8.4	10.5	13	17	21	25	31	37
	GB/T 97.1—2002 公称(min)															
	GB/T 97.2—2002 公称(min)	—	—	—	—	—										
	GB/T 96.1—2002 公称(min)	—	—	—	3.2	4.3									33	39
d_2 外径	GB/T 848—2002 公称(max)	3.5	4.5	5	6	8	9	11	15	18	20	28	34	39	50	60
	GB/T 97.1—2002 公称(max)	4	5	6	7	9	10	12	16	20	24	30	37	44	56	66
	GB/T 97.2—2002 公称(max)	—	—	—	—	—										
	GB/T 96.1—2002 公称(max)	—	—	—	9	12	15	18	24	30	37	50	60	72	92	110
	GB/T 848—2002 min	3.2	4.2	4.7	5.7	7.64	8.64	10.57	14.57	17.57	19.48	27.48	33.38	38.38	49.38	58.8
	GB/T 97.1—2002 min	3.7	4.7	5.7	6.64	8.64	9.64	11.57	15.57	19.48	23.48	29.48	36.38	43.38	55.26	64.8
	GB/T 97.2—2002 min	—	—	—	—	—										
	GB/T 96.1—2002 min	—	—	—	8.64	11.57	14.57	17.57	23.48	29.48	36.38	49.38	59.26	70.8	90.6	108.6
h 厚度	GB/T 848—2002 公称	0.3	0.3	0.5	0.5	0.5	1	1.6	1.6	1.6	2	2.5	3	4	4	5
	GB/T 97.1—2002 公称					0.8				2	2.5	3				
	GB/T 97.2—2002 公称	—	—	—	—	—										
	GB/T 96.1—2002 公称	—	—	—	0.8	1	1	1.6	2	2.5	3	3	4	5	6	8
	GB/T 848—2002 max	0.35	0.35	0.55	0.55	0.55	1.1	1.8	1.8	1.8	2.2	2.7	3.3	4.3	4.3	5.6
	GB/T 97.1—2002 max					0.9				2.2	2.7	3.3				
	GB/T 97.2—2002 max	—	—	—	—	—										
	GB/T 96.1—2002 max	—	—	—	0.9	1.1	1.1	1.8	2.2	2.7	3.3	3.3	4.3	5.6	6.6	9
	GB/T 848—2002 min	0.25	0.25	0.45	0.45	0.45	0.9	1.4	1.4	1.4	1.8	2.3	2.7	3.7	3.7	4.4
	GB/T 97.1—2002 min					0.7				1.8	2.3	2.7				
	GB/T 97.2—2002 min	—	—	—	—	—										
	GB/T 96.1—2002 min	—	—	—	0.7	0.9	0.9	1.4	1.8	2.3	2.7	2.7	3.7	4.4	5.4	7

附表 A-13 标准型弹簧垫圈（GB 93—1987）、轻型弹簧垫圈（GB/T 859—1987）、重型弹簧垫圈（GB/T 7244—1987）

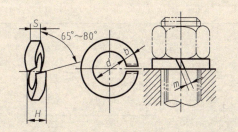

标记示例
规格 16mm、材料为 65Mn、表面氧化处理的标准型弹簧垫圈：
垫圈 GB 93 16

（单位：mm）

规格（螺纹大径）	d_{min}	GB/T 93—1987			GB/T 859—1987				GB/T 7244—1987			
		S(b)公称	H_{min}	m≤	S(公称)	b(公称)	H_{min}	m≤	S(公称)	b(公称)	H_{min}	m≤
2	2.1	0.5	1	0.25	—	—	—	—	—	—	—	—
2.5	2.6	0.65	1.3	0.33	—	—	—	—	—	—	—	—
3	3.1	0.8	1.6	0.4	0.6	1	1.2	0.3	—	—	—	—
4	4.1	1.1	2.2	0.55	0.8	1.2	1.6	0.4	—	—	—	—
5	5.1	1.3	2.6	0.65	1.1	1.5	2.2	0.55	—	—	—	—
6	6.1	1.6	3.2	0.8	1.3	2	2.6	0.65	1.8	2.6	3.6	0.9
8	8.1	2.1	4.2	1.05	1.6	2.5	3.2	0.8	2.4	3.2	4.8	1.2
10	10.2	2.6	5.2	1.3	2	3	4	1	3	3.8	6	1.5
12	12.2	3.1	6.2	1.55	2.5	3.5	5	1.25	3.5	4.3	7	1.75
16	16.2	4.1	8.2	2.05	3.2	4.5	6.4	1.6	4.8	5.3	9.6	2.4
20	20.2	5	10	2.5	4	5.5	8	2	6	6.4	12	3
24	24.5	6	12	3	5	7	10	2.5	7.1	7.5	14.2	3.55
30	30.5	7.5	15	3.75	6	9	12	3	9	9.3	18	4.5
36	36.5	9	18	4.5	—	—	—	—	10.8	11	21.6	5.4
42	42.5	10.5	21	5.25	—	—	—	—	—	—	—	—
48	48.5	12	24	6	—	—	—	—	—	—	—	—

注：m 应大于零。

附录 B 键、销

附表 B-1 普通平键及键槽（摘自 GB/T 1096—2003 及 GB/T 1095—2003）

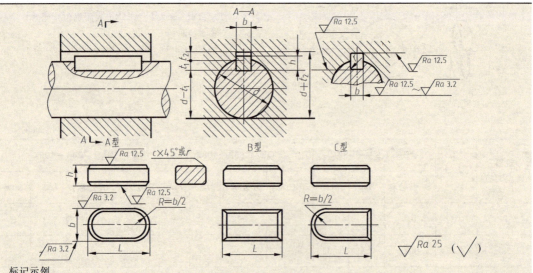

标记示例

宽度 $b=16$ mm，高度 $h=10$ mm，长度 $l=100$ mm 的普通 A 型平键标记为：

GB/T 1096 键 16×10×100

宽度 $b=16$ mm，高度 $h=10$ mm，长度 $l=100$ mm 的普通 B 型平键标记为：

GB/T 1096 键 B 16×10×100

（单位：mm）

键			键槽									半径 r	
键尺寸 $b \times h$	长度 L	r	宽度 b					深度					
			基本尺寸	极限偏差				轴 t_1		毂 t_2			
				正常联结		紧密联结	松联结						
				轴 N9	毂 JS9	轴和毂 P9	轴 H9	毂 D10	基本尺寸	极限偏差	基本尺寸	极限偏差	min	max
2×2	6~20	0.16~0.25	2	-0.004	±0.0125	-0.006	+0.025	+0.060	1.2	+0.1	1.0	+0.1	0.08	0.16
3×3	6~36		3	-0.029		-0.031	0	+0.020	1.8	0	1.4	0		
4×4	8~45	0.25~0.4	4	0	±0.015	-0.012	+0.030	+0.078	2.5		1.8			
5×5	10~56		5	-0.030		-0.042	0	+0.030	3.0		2.3			
6×6	14~70		6						3.5		2.8		0.16	0.25
8×7	18~90		8	0	±0.018	-0.015	+0.036	+0.098	4.0		3.3			
10×8	22~110		10	-0.036		-0.051	0	+0.040	5.0		3.3			
12×8	28~140	0.4~0.6	12						5.0		3.3			
14×9	36~160		14						5.5		3.8			
16×10	45~180		16	0	±0.0215	-0.018	+0.043	+0.120	6.0	+0.2	4.3	+0.2	0.25	0.40
18×11	50~200		18	-0.043		-0.061	0	+0.050	7.0	0	4.4	0		
20×12	56~220		20						7.5		4.9			
22×14	63~250	0.6~0.8	22	0	±0.026	-0.022	+0.052	+0.149	9.0		5.4		0.40	0.60
25×14	70~280		25	-0.052		-0.074	0	+0.065	9.0		5.4			
28×16	80~320		28						10.0		6.4			

注：1. 在工作图中，轴槽深用 $(d-t_1)$ 或 t_1 标注，轮毂槽深用 $(d+t_2)$ 标注，这两组尺寸的偏差按相应的 t_1 和 t_2 的偏差选取。$(d-t_1)$ 的偏差值应取负号（-）。

2. 长度（l）系列为：6、8、10、12、14、16、18、20、22、25、28、32、36、40、45、50、56、68、70、80、90、100、110、125、140、160、180、200、220、225、280、320、360、400、450、500。

附表 B-2　半圆键及键槽（摘自 GB/T 1099.1—2003 及 GB/T 1098—2003）

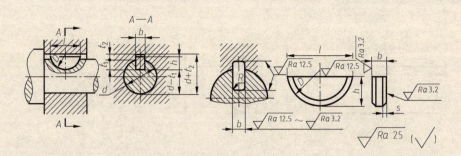

标记示例：
宽度 $b=6$mm、高度 $h=10$mm、直径 $D=25$mm 普通型半圆键的标记为：
GB/T 1099.1 键 6×10×25

（单位：mm）

键尺寸 $b×h×D$	键槽 宽度 b 基本尺寸	极限偏差 正常联结 轴 N9	极限偏差 正常联结 毂 JS9	极限偏差 紧密联结 轴和毂 P9	极限偏差 松联结 轴 H9	极限偏差 松联结 毂 D10	深度 轴 t_1 基本尺寸	深度 轴 t_1 极限偏差	深度 毂 t_2 基本尺寸	深度 毂 t_2 极限偏差	半径 R max	半径 R min
1×1.4×4 1×1.1×4	1						1.0	+0.1 0	0.6		0.16	0.08
1.5×2.6×7 1.5×2.1×7	1.5						2.0		0.8			
2×2.6×7 2×2.1×7	2	−0.004 −0.029	±0.0125	−0.006 −0.031	+0.025 0	+0.060 +0.020	1.8		1.0			
2×3.7×10 2×3×10	2						2.9		1.0			
2.5×3.7×10 2.5×3×10	2.5						2.7		1.2			
3×5×13 3×4×13	3						3.8		1.4	+0.1 0		
3×6.5×16 3×5.2×16	3						5.3		1.4			
4×6.5×16 4×5.2×16	4						5.0	+0.2 0	1.8			
4×7.5×19 4×6×19	4						6.0		1.8			
5×6.5×16 5×5.2×19	5						4.5		2.3			
5×7.5×19 5×6×19	5	0 −0.030	±0.015	−0.012 −0.042	+0.030 0	+0.078 +0.030	5.5		2.3		0.25	0.16
5×9×22 5×7.2×22	5						7.0		2.3			
6×9×22 6×7.2×22	6						6.5	+0.3 0	2.8			
6×10×25 6×8×25	6						7.5		2.8			
8×11×28 8×8.8×28	8	0 −0.038	±0.018	−0.015 −0.051	+0.036 0	+0.098 +0.040	8.0		3.3	+0.2 0	0.40	0.25
10×13×32 10×10.4×32	10						10		3.3			

注：在工作图中，轴槽深用 ($d-t_1$) 或 t_1 标注，轮毂槽深用 ($d+t_2$) 标注，它们的偏差按相应的 t_1 和 t_2 的偏差选取。($d-t_1$) 的偏差值应取负号 (−)。

附表 B-3　楔键及键槽（摘自 GB/T 1564—2003 及 GB/T 1563—2003）

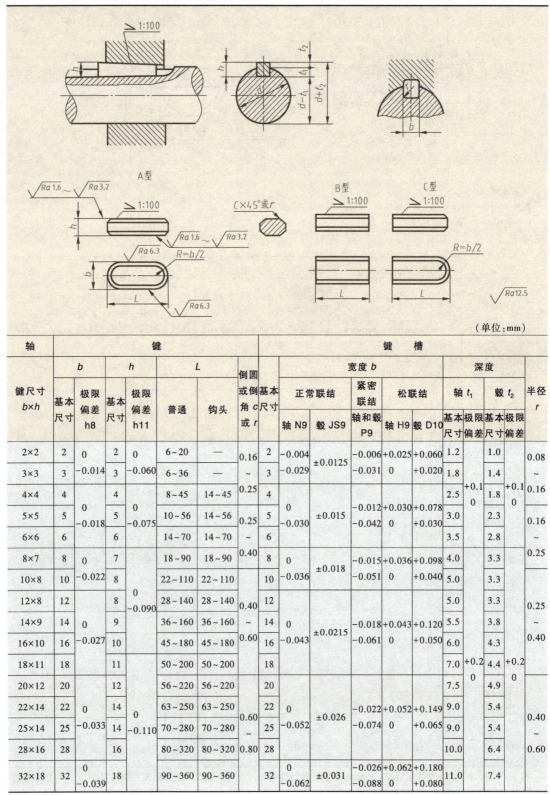

（单位：mm）

轴	键							键槽							
	b		h		L		倒圆或倒角 c 或 r	基本尺寸	宽度 b					深度			半径 r
键尺寸 b×h	基本尺寸	极限偏差 h8	基本尺寸	极限偏差 h11	普通	钩头			正常联结		紧密联结	松联结		轴 t_1		毂 t_2		
									轴 N9	毂 JS9	轴和毂 P9	轴 H9	毂 D10	基本尺寸	极限偏差	基本尺寸	极限偏差	
2×2	2	0 −0.014	2	0 −0.060	6~20	—	0.16 ~ 0.25	2	−0.004 −0.029	±0.0125	−0.006 −0.031	+0.025 0	+0.060 +0.020	1.2	+0.1 0	1.0	+0.1 0	0.08 ~ 0.16
3×3	3		3		6~36	—		3						1.8		1.4		
4×4	4	0 −0.018	4	0 −0.075	8~45	14~45	0.25	4	0 −0.030	±0.015	−0.012 −0.042	+0.030 0	+0.078 +0.030	2.5		1.8		0.16
5×5	5		5		10~56	14~56		5						3.0		2.3		
6×6	6		6		14~70	14~70		6						3.5		2.8		
8×7	8	0 −0.022	7	0 −0.090	18~90	18~90	0.40 ~ 0.60	8	0 −0.036	±0.018	−0.015 −0.051	+0.036 0	+0.098 +0.040	4.0		3.3		0.25
10×8	10		8		22~110	22~110		10						5.0		3.3		
12×8	12		8		28~140	28~140		12	0 −0.043	±0.0215	−0.018 −0.061	+0.043 0	+0.120 +0.050	5.0		3.3		0.25 ~ 0.40
14×9	14	0 −0.027	9		36~160	36~160		14						5.5		3.8		
16×10	16		10		45~180	45~180		16						6.0		4.3		
18×11	18		11		50~200	50~200		18						7.0	+0.2 0	4.4	+0.2 0	
20×12	20		12		56~220	56~220		20						7.5		4.9		
22×14	22	0 −0.033	14	0 −0.110	63~250	63~250	0.60 ~ 0.80	22	0 −0.052	±0.026	−0.022 −0.074	+0.052 0	+0.149 +0.065	9.0		5.4		0.40 ~ 0.60
25×14	25		14		70~280	70~280		25						9.0		5.4		
28×16	28		16		80~320	80~320		28						10.0		6.4		
32×18	32	0 −0.039	18		90~360	90~360		32	0 −0.062	±0.031	−0.026 −0.088	+0.062 0	+0.180 +0.080	11.0		7.4		

附表 B-4 圆柱销——不淬硬钢和奥氏体不锈钢（摘自 GB/T 119.1—2000）

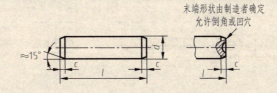

标记示例

公称直径 $d=6$mm、公差为 m6、公称长度 $l=30$mm、材料为钢、不经淬火、不经表面处理的圆柱销的标记：

销　GB/T 119.1　6 m6×30

（单位：mm）

公称直径 d(m6/h8)	0.6	0.8	1	1.2	1.5	2	2.5	3	4	5
$c\approx$	0.12	0.16	0.20	0.25	0.30	0.35	0.40	0.50	0.63	0.80
l(商品规格范围公称长度)	2~6	2~8	4~10	4~12	4~16	6~20	6~24	8~30	8~40	10~50
公称直径 d(m6/h8)	6	8	10	12	16	20	25	30	40	50
$c\approx$	1.2	1.6	2.0	2.5	3.0	3.5	4.0	5.0	6.3	8.0
l(商品规格范围公称长度)	12~60	14~80	18~95	22~140	26~180	35~200	50~200	60~200	80~200	95~200
l系列	2,3,4,5,6,8,10,12,14,16,18,20,22,24,26,28,30,32,35,40,45,50,55,60,65,70,75,80,85,90,95,100,120,140,160,180,200									

注：1. 材料用钢时硬度要求为 125~245 HV30，用奥氏体不锈钢 A1（GB/T 3098.6）时硬度要求 210~280 HV30。

　　2. 公差 m6：$Ra\leqslant 0.8\mu m$；

　　　公差 h8：$Ra\leqslant 1.6\mu m$。

附表 B-5 圆锥销（摘自 GB/T 117—2000）

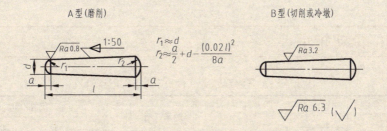

标记示例

公称直径 $d=10$mm、长度 $l=60$mm、材料为 35 钢、热处理硬度 28~38HRC、表面氧化处理的 A 型圆锥销：

销　GB/T 117　10×60

（单位：mm）

d	0.6	0.8	1	1.2	1.5	2	2.5	3	4	5
$a\approx$	0.08	0.1	0.12	0.16	0.2	0.25	0.3	0.4	0.5	0.63
l(商品规格范围公称长度)	4~8	5~12	6~16	6~20	8~24	10~35	10~35	12~45	14~55	18~60
d	6	8	10	12	16	20	25	30	40	50
$a\approx$	0.8	1	1.2	1.6	2	2.5	3	4	5	6.3
l(商品规格范围公称长度)	22~90	22~120	26~160	32~180	40~200	45~200	50~200	55~200	60~200	65~200
l系列	2,3,4,5,6,8,10,12,14,16,18,20,22,24,26,28,30,32,35,40,45,50,55,60,65,70,75,80,85,90,95,100,120,140,160,180,200									

附表 B-6 开口销（摘自 GB/T 91—2000）

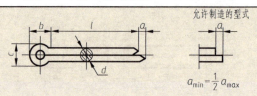

标记示例

公称直径 $d=5\text{mm}$、长度 $l=50\text{mm}$、材料为低碳钢、不经表面处理的开口销：

销 GB/T 91 5×50

（单位：mm）

公称规格		0.6	0.8	1	1.2	1.6	2	2.5	3.2	4	5	6.3	8	10	13
d	max	0.5	0.7	0.9	1.0	1.4	1.8	2.3	2.9	3.7	4.6	5.9	7.5	9.5	12.4
	min	0.4	0.6	0.8	0.9	1.3	1.7	2.1	2.7	3.5	4.4	5.7	7.3	9.3	12.1
c	max	1	1.4	1.8	2	2.8	3.6	4.6	5.8	7.4	9.2	11.8	15	19	24.8
	min	0.9	1.2	1.6	1.7	2.4	3.2	4	5.1	6.5	8	10.3	13.1	16.6	21.7
$b\approx$		2	2.4	3	3	3.2	4	5	6.4	8	10	12.6	16	20	26
a_{max}		1.6	1.6	1.6	2.5	2.5	2.5	2.5	3.2	4	4	4	4	6.3	6.3
l(商品规格范围 公称长度)		4~12	5~16	6~20	8~25	8~32	10~40	12~50	14~63	18~80	22~100	32~125	40~160	45~200	71~200
l 系列		4,5,6,8,10,12,14,16,18,20,22,24,25,28,32,36,40,45,50,56,63,71,80,90,100,112,125, 140,160,180,200													

注：公称规格等于开口销孔直径。对销孔直径推荐的公差为：

公称规格 $\leq 1.2\text{mm}$：H13；

公称规格 $>1.2\text{mm}$：H14。

附录 C 滚动轴承

附表 C-1 深沟球轴承（摘自 GB/T 276—2013）

标记示例

滚动轴承 6210 GB/T 276—2013

轴承代号	尺寸/mm			
	d	D	B	r_{smin}
02 系列				
6200	10	30	9	0.6
6201	12	32	10	0.6
6202	15	35	11	0.6
6203	17	40	12	0.6

轴承代号	尺寸/mm			
	d	D	B	r_{smin}
02 系列				
6204	20	47	14	1
6205	25	52	15	1
6206	30	62	16	1
6207	35	72	17	1.1
6208	40	80	18	1.1
6209	45	85	19	1.1
6210	50	90	20	1.1
6211	55	100	21	1.5
6212	60	110	22	1.5
6213	65	120	23	1.5
6214	70	125	24	1.5
6215	75	130	25	1.5
6216	80	140	26	2
6217	85	150	28	2
6218	90	160	30	2
6219	95	170	32	2.1
6220	100	180	34	2.1

（续）

轴承代号	尺寸/mm				轴承代号	尺寸/mm			
	d	D	B	r_{smin}		d	D	B	r_{smin}
03 系列					04 系列				
6300	10	35	11	0.6	6403	17	62	17	1.1
6301	12	37	12	1	6404	20	72	19	1.1
6302	15	42	13	1	6405	25	80	21	1.5
6303	17	47	14	1	6406	30	90	23	1.5
6304	20	52	15	1.1	6407	35	100	25	1.5
6305	25	62	17	1.1	6408	40	110	27	2
6306	30	72	19	1.1	6409	45	120	29	2
6307	35	80	21	1.5	6410	50	130	31	2.1
6308	40	90	23	1.5	6411	55	140	33	2.1
6309	45	100	25	1.5	6412	60	150	35	2.1
6310	50	110	27	2	6413	65	160	37	2.1
6311	55	120	29	2	6414	70	180	42	3
6312	60	130	31	2.1	6415	75	190	45	3
6313	65	140	33	2.1	6416	80	200	48	3
6314	70	150	35	2.1	6417	85	210	52	4
6315	75	160	37	2.1	6418	90	225	54	4
6316	80	170	39	2.1	6420	100	250	58	4
6317	85	180	41	3					
6318	90	190	43	3					
6319	95	200	45	3					
6320	100	215	47	3					

表中：d—轴承公称内径；D—轴承公称外径；B—轴承公称宽度；r—内、外圆公称倒角尺寸的单向最小尺寸。

附表 C-2 推力球轴承（摘自 GB/T 301—1995）

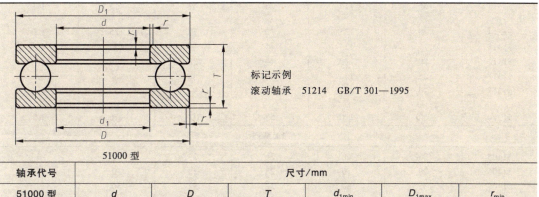

标记示例
滚动轴承　51214　GB/T 301—1995

51000 型

轴承代号	尺寸/mm					
51000 型	d	D	T	d_{1min}	D_{1max}	r_{min}
12 系列						
51200	10	26	11	12	26	0.6
51201	12	28	11	14	28	0.6
51202	15	32	12	17	32	0.6
51203	17	35	12	19	35	0.6
51204	20	40	14	22	40	0.6
51205	25	47	15	27	47	0.6
51206	30	52	16	32	52	0.6
51207	35	62	18	37	62	1
51208	40	68	19	42	68	1
51209	45	73	20	47	73	1

（续）

轴承代号	尺寸/mm					
51000 型	d	D	T	d_{1min}	D_{1max}	r_{min}
12 系列						
51210	50	78	22	52	78	1
51211	55	90	25	57	90	1
51212	60	95	26	62	95	1
51213	65	100	27	67	100	1
51214	70	105	27	72	105	1
51215	75	110	27	77	110	1
51216	80	115	28	82	115	1
51217	85	125	31	88	125	1
51218	90	135	35	93	135	1.1
51220	100	150	38	103	150	1.1
13 系列						
51304	20	47	18	22	47	1
51305	25	52	18	27	52	1
51306	30	60	21	32	60	1
51307	35	68	24	37	68	1
51308	40	78	26	42	78	1
51309	45	85	28	47	85	1
51310	50	95	31	52	95	1.1
51311	55	105	35	57	105	1.1
51312	60	110	35	62	110	1.1
51313	65	115	36	67	115	1.1
51314	70	125	40	72	125	1.1
51315	75	135	44	77	135	1.5
51316	80	140	44	82	140	1.5
51317	85	150	49	88	150	1.5
51318	90	155	50	93	155	1.5
51320	100	170	55	103	170	1.5
14 系列						
51405	25	60	24	27	60	1
51406	30	70	28	32	70	1
51407	35	80	32	37	80	1.1
51408	40	90	36	42	90	1.1
51409	45	100	39	47	100	1.1
51410	50	110	43	52	110	1.5
51411	55	120	48	57	120	1.5
51412	60	130	51	62	130	1.5
51413	65	140	56	68	140	2
51414	70	150	60	73	150	2
51415	75	160	65	78	160	2
51416	80	170	68	83	170	2.1
51417	85	180	72	88	177	2.1
51418	90	190	77	93	187	2.1
51420	100	210	85	103	205	3

附表 C-3 圆锥滚子轴承（摘自 GB/T 297—2015）

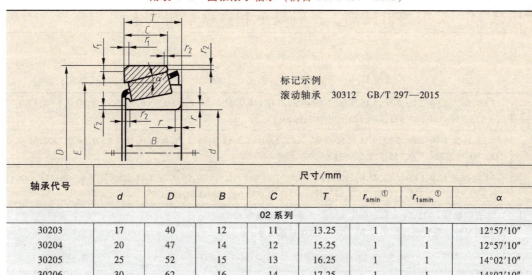

标记示例
滚动轴承　30312　GB/T 297—2015

轴承代号	尺寸/mm							
	d	D	B	C	T	$r_{s\min}$[①]	$r_{1s\min}$[①]	α
02 系列								
30203	17	40	12	11	13.25	1	1	12°57′10″
30204	20	47	14	12	15.25	1	1	12°57′10″
30205	25	52	15	13	16.25	1	1	14°02′10″
30206	30	62	16	14	17.25	1	1	14°02′10″
30207	35	72	17	15	18.25	1.5	1.5	14°02′10″
30208	40	80	18	16	19.75	1.5	1.5	14°02′10″
30209	45	85	19	16	20.75	1.5	1.5	15°06′34″
30210	50	90	20	17	21.75	1.5	1.5	15°38′32″
30211	55	100	21	18	22.75	2	1.5	15°06′94″
30212	60	110	22	19	23.75	2	1.5	15°06′34″
30213	65	120	23	20	24.75	2	1.5	15°06′34″
30214	70	125	24	21	26.25	2	1.5	15°38′32″
30215	75	130	25	22	27.25	2	1.5	16°10′20″
30216	80	140	26	22	28.25	2.5	2	15°38′32″
30217	85	150	28	24	30.5	2.5	2	15°38′32″
30218	90	160	30	26	32.5	2.5	2	15°38′32″
30219	95	170	32	27	34.5	3	2.5	15°38′32″
30220	100	180	34	29	37	3	2.5	15°38′32″
03 系列								
30302	15	42	13	11	14.25	1	1	10°45′29″
30303	17	47	14	12	15.25	1	1	10°45′29″
30304	20	52	15	13	16.25	1.5	1.5	11°18′36″
30305	25	62	17	15	18.25	1.5	1.5	11°18′36″
30306	30	72	19	16	20.75	1.5	1.5	11°51′35″
30307	35	80	21	18	22.75	2	1.5	11°51′35″
30308	40	90	23	20	25.25	2	1.5	12°57′10″
30309	45	100	25	22	27.25	2	1.5	12°57′10″
30310	50	110	27	23	29.25	2.5	2	12°57′10″
30311	55	120	29	25	31.5	2.5	2	12°57′10″
30312	60	130	31	26	33.5	3	2.5	12°57′10″
30313	65	140	33	28	36	3	2.5	12°57′10″
30314	70	150	35	30	38	3	2.5	12°57′10″
30315	75	160	37	31	40	3	2.5	12°57′10″
30316	80	170	39	33	42.5	3	2.5	12°57′10″
30317	85	180	41	34	44.5	4	3	12°57′10″
30318	90	190	43	36	46.5	4	3	12°57′10″
30319	95	200	45	38	49.5	4	3	12°57′10″
30320	100	215	47	39	51.5	4	3	12°57′10″

① 对应的最大倒角尺寸规定在 GB/T 274—2000 中。

附录 D　常用的机械加工一般规范和零件结构要素

附表 D-1　标准尺寸（摘自 GB/T 2822—2005）　　　　（单位：mm）

R10	1.00,1.25,1.60,2.00,2.50,3.15,4.00,5.00,6.30,8.00,10.0,12.5,16,0,20.0,25.0,31.5,40.0,50.0,63.0,80.0,100,125,160,200,250,315,400,500,630,800,1000
R20	1.12,1.40,1.80,2.24,2.80,3.55,4.50,5.60,7.10,9.00,11.2,14.0,18.0,22.4,28.0,35.5,45.0,56.0,71.0,90.0,112,140,180,224,280,355,450,560,710,900
R40	13.2,15.0,17.0,19.0,21.2,23.6,26.5,30.0,33.5,37.5,42.5,47.5,53.0,60.0,67.0,75.0,85.0,95.0,106,118,132,150,170,190,212,236,265,300,335,375,425,475,530,600,670,750,850,950

注：1. 本表仅摘录 1~1000mm 范围内优先数系 R 系列中的标准尺寸。
　　2. 使用时按优先顺序（R10、R20、R40）选取标准尺寸。

附表 D-2　砂轮越程槽（摘自 GB/T 6403.5—2008）　　　　（单位：mm）

b_1	0.6	1.0	1.6	2.0	3.0	4.0	5.0	8.0	10
b_2	2.0	3.0		4.0		5.0		8.0	10
h	0.1	0.2		0.3		0.4	0.6	0.8	1.2
r	0.2	0.5		0.8		1.0	1.6	2.0	3.0
d		—10		>10~50		>50~100		>100	

注：1. 越程槽内与直线相交处，不允许产生尖角。
　　2. 越程槽深度 h 与圆弧半径 r，要满足 $r \leqslant 3h$。
　　3. 磨削具有数个直径的工件时，可使用同一规格的越程槽。
　　4. 直径 d 值大的零件，允许选择小规格的砂轮越程槽。
　　5. 砂轮越程槽的尺寸公差和表面粗糙度根据该零件的结构、性能确定。

附表 D-3　零件倒圆与倒角（摘自 GB/T 6403.4—2008）　　　　（单位：mm）

形式	R、C 尺寸系列																	
	0.1	0.2	0.3	0.4	0.5	0.6	0.8	1.0	1.2	1.6	2.0	2.5	3.0	4.0	5.0	6.0	8.0	10	12	16	20	25	32	40	50

装配形式	尺寸规定： 1. R_1、C_1 的偏差为正；R、C 的偏差为负。 2. 左起第三种装配方式，C 的最大值 C_{max} 与 R_1 的关系如下：
$C_1>R$　$R_1>R$　$C>0.58R_1$　$C_1>C$	

R_1	0.1	0.2	0.3	0.4	0.5	0.6	0.8	1.0	1.2	1.6	2.0	2.5	3.0	4.0	5.0	6.0	8.0	10	12	16	20	25
C_{max}	—	0.1	0.1	0.2	0.2	0.3	0.4	0.5	0.6	0.8	1.0	1.2	1.6	2.0	2.5	3.0	4.0	5.0	6.0	8.0	10	12

附录 E 轴和孔的基本偏差

附表 E-1 尺寸至 500mm 轴的基本偏差数值（摘自 GB/T 1800.1—2009）

所有标准公差等级

基本偏差数值（上极限偏差 es）/μm

公称尺寸/mm		a	b	c	cd	d	e	ef	f	fg	g	h	js
大于	至												
—	3	−270	−140	−60	−34	−20	−14	−10	−6	−4	−2	0	偏差 = ±ITn/2, 式中 ITn 为标准公差数值
3	6	−270	−140	−70	−46	−30	−20	−14	−10	−6	−4	0	
6	10	−280	−150	−80	−56	−40	−25	−18	−13	−8	−5	0	
10	14	−290	−150	−95	—	−50	−32	—	−16	—	−6	0	
14	18												
18	24	−300	−160	−110	—	−65	−40	—	−20	—	−7	0	
24	30												
30	40	−310	−170	−120	—	−80	−50	—	−25	—	−9	0	
40	50	−320	−180	−130									
50	65	−340	−190	−140	—	−100	−60	—	−30	—	−10	0	
65	80	−360	−200	−150									
80	100	−380	−220	−170	—	−120	−72	—	−36	—	−12	0	
100	120	−410	−240	−180									
120	140	−460	−260	−200	—	−145	−85	—	−43	—	−14	0	
140	160	−520	−280	−210									
160	180	−580	−310	−230									
180	200	−660	−340	−240	—	−170	−100	—	−50	—	−15	0	
200	225	−740	−380	−260									
225	250	−820	−420	−280									
250	280	−920	−480	−300	—	−190	−110	—	−56	—	−17	0	
280	315	−1050	−540	−330									
315	355	−1200	−600	−360	—	−210	−125	—	−62	—	−18	0	
355	400	−1350	−680	−400									
400	450	−1500	−760	−440	—	−230	−135	—	−68	—	−20	0	
450	500	−1650	−840	−480									

（续）

公称尺寸/mm		基本偏差数值（下极限偏差 ei）/μm																			
		所有标准公差等级																				
大于	至	IT5,IT6	IT7	IT8	IT4~IT7	≤IT3 >IT7	m	n	p	r	s	t	u	v	x	y	z	za	zb	zc
		j	j	j	k	k														
—	3	−2	−4	−6	0	0	+2	+4	+6	+10	+14	—	+18	—	+20	—	+26	+32	+40	+60
3	6	−2	−4	—	+1	0	+4	+8	+12	+15	+19	—	+23	—	+28	—	+35	+42	+50	+80
6	10	−2	−5	—	+1	0	+6	+10	+15	+19	+23	—	+28	—	+34	—	+42	+52	+67	+97
10	14	−3	−6	—	+1	0	+7	+12	+18	+23	+28	—	+33	—	+40	—	+50	+64	+90	+130
14	18	−3	−6	—	+1	0	+7	+12	+18	+23	+28	—	+33	+39	+45	—	+60	+77	+108	+150
18	24	−4	−8	—	+2	0	+8	+15	+22	+28	+35	—	+41	+47	+54	+63	+73	+98	+136	+188
24	30	−4	−8	—	+2	0	+8	+15	+22	+28	+35	+41	+48	+55	+64	+75	+88	+118	+160	+218
30	40	−5	−10	—	+2	0	+9	+17	+26	+34	+43	+48	+60	+68	+80	+94	+112	+148	+200	+274
40	50	−5	−10	—	+2	0	+9	+17	+26	+34	+43	+54	+70	+81	+97	+114	+136	+180	+242	+325
50	65	−7	−12	—	+2	0	+11	+20	+32	+41	+53	+66	+87	+102	+122	+144	+172	+226	+300	+405
65	80	−7	−12	—	+2	0	+11	+20	+32	+43	+59	+75	+102	+120	+146	+174	+210	+274	+360	+480
80	100	−9	−15	—	+3	0	+13	+23	+37	+51	+71	+91	+124	+146	+178	+214	+258	+335	+445	+585
100	120	−9	−15	—	+3	0	+13	+23	+37	+54	+79	+104	+144	+172	+210	+254	+310	+400	+525	+690
120	140	−11	−18	—	+3	0	+15	+27	+43	+63	+92	+122	+170	+202	+248	+300	+365	+470	+620	+800
140	160	−11	−18	—	+3	0	+15	+27	+43	+65	+100	+134	+190	+228	+280	+340	+415	+535	+700	+900
160	180	−11	−18	—	+3	0	+15	+27	+43	+68	+108	+146	+210	+252	+310	+380	+465	+600	+780	+1000
180	200	−13	−21	—	+4	0	+17	+31	+50	+77	+122	+166	+236	+284	+350	+425	+520	+670	+880	+1150
200	225	−13	−21	—	+4	0	+17	+31	+50	+80	+130	+180	+258	+310	+385	+470	+575	+740	+960	+1250
225	250	−13	−21	—	+4	0	+17	+31	+50	+84	+140	+196	+284	+340	+425	+520	+640	+820	+1050	+1350
250	280	−16	−26	—	+4	0	+20	+34	+56	+94	+158	+218	+315	+385	+475	+580	+710	+920	+1200	+1550
280	315	−16	−26	—	+4	0	+20	+34	+56	+98	+170	+240	+350	+425	+525	+650	+790	+1000	+1300	+1700
315	355	−18	−28	—	+4	0	+21	+37	+62	+108	+190	+268	+390	+475	+590	+730	+900	+1150	+1500	+1900
355	400	−18	−28	—	+4	0	+21	+37	+62	+114	+208	+294	+435	+530	+660	+820	+1000	+1300	+1650	+2100
400	450	−20	−32	—	+5	0	+23	+40	+68	+126	+232	+330	+490	+595	+740	+920	+1100	+1450	+1850	+2400
450	500	−20	−32	—	+5	0	+23	+40	+68	+132	+252	+360	+540	+660	+820	+1000	+1250	+1600	+2100	+2600

注：公称尺寸小于或等于 1mm 时，基本偏差 a 和 b 均不采用。公差带 js7~js11，若 ITn 数值为奇数，则取偏差 $=\pm\dfrac{ITn-1}{2}$。

附表 E-2 尺寸至 500mm 孔的基本偏差数值（摘自 GB/T 1800.1—2009）

基本偏差数值/μm

公称尺寸/mm 大于	至	下极限偏差 EI											上极限偏差 ES									
		A	B	C	CD	D	E	EF	F	FG	G	H	JS	J			K		M		N		P 至 ZC
														IT6	IT7	IT8	≤IT8	>IT8	≤IT8	>IT8	≤IT8	>IT8	≤IT7
—	3	+270	+140	+60	+34	+20	+14	+10	+6	+4	+2	0		+2	+4	+6	0	0	−2	−2	−4	−4	在大于IT7（低于7级）的相应数值上增加一个Δ值
3	6	+270	+140	+70	+46	+30	+20	+14	+10	+6	+4	0		+5	+6	+10	−1+Δ	—	−4+Δ	−4	−8+Δ	0	
6	10	+280	+150	+80	+56	+40	+25	+18	+13	+8	+5	0		+5	+8	+12	−1+Δ	—	−6+Δ	−6	−10+Δ	0	
10	14	+290	+150	+95	—	+50	+32	—	+16	—	+6	0	偏差= ±ITn/2, 式中ITn 为标准公差数值	+6	+10	+15	−1+Δ	—	−7+Δ	−7	−12+Δ	0	
14	18																						
18	24	+300	+160	+110	—	+65	+40	—	+20	—	+7	0		+8	+12	+20	−2+Δ	—	−8+Δ	−8	−15+Δ	0	
24	30																						
30	40	+310	+170	+120	—	+80	+50	—	+25	—	+9	0		+10	+14	+24	−2+Δ	—	−9+Δ	−9	−17+Δ	0	
40	50	+320	+180	+130	—																		
50	65	+340	+190	+140	—	+100	+60	—	+30	—	+10	0		+13	+18	+28	−2+Δ	—	−11+Δ	−11	−20+Δ	0	
65	80	+360	+200	+150	—																		
80	100	+380	+220	+170	—	+120	+72	—	+36	—	+12	0		+16	+22	+34	−3+Δ	—	−13+Δ	−13	−23+Δ	0	
100	120	+410	+240	+180	—																		
120	140	+460	+260	+200	—	+145	+85	—	+43	—	+14	0		+18	+26	+41	−3+Δ	—	−15+Δ	−15	−27+Δ	0	
140	160	+520	+280	+210	—																		
160	180	+580	+310	+230	—																		
180	200	+660	+340	+240	—	+170	+100	—	+50	—	+15	0		+22	+30	+47	−4+Δ	—	−17+Δ	−17	−31+Δ	0	
200	225	+740	+380	+260	—																		
225	250	+820	+420	+280	—																		
250	280	+920	+480	+300	—	+190	+110	—	+56	—	+17	0		+25	+36	+55	−4+Δ	—	−20+Δ	−20	−34+Δ	0	
280	315	+1050	+540	+330	—																		
315	355	+1200	+600	+360	—	+210	+125	—	+62	—	+18	0		+29	+39	+60	−4+Δ	—	−21+Δ	−21	−37+Δ	0	
355	400	+1350	+680	+400	—																		
400	450	+1500	+760	+440	—	+230	+135	—	+68	—	+20	0		+33	+43	+66	−5+Δ	—	−23+Δ	−23	−40+Δ	0	
450	500	+1650	+840	+480	—																		

(续)

公称尺寸/mm		基本偏差数值/μm 上极限偏差 ES 标准公差等级大于 IT7(低于7级)													$\Delta = ITn - IT(n-1)$ 孔的标准公差等级						
大于	至	P	R	S	T	U	V	X	Y	Z	ZA	ZB	ZC	IT3	IT4	IT5	IT6	IT7	IT8
—	3	-6	-10	-14	—	-18	—	-20	—	-26	-32	-40	-60	0	0	0	0	0	0
3	6	-12	-15	-19	—	-23	—	-28	—	-35	-42	-50	-80	1	1.5	1	3	4	6
6	10	-15	-19	-23	—	-28	—	-34	—	-42	-52	-67	-97	1	1.5	2	3	6	7
10	14	-18	-23	-28	—	-33	—	-40	—	-50	-64	-90	-130	1	2	3	3	7	9
14	18	-18	-23	-28	—	-33	-39	-45	—	-60	-77	-108	-150	1	2	3	3	7	9
18	24	-22	-28	-35	—	-41	-47	-54	-63	-73	-98	-136	-188	1.5	2	3	4	8	12
24	30	-22	-28	-35	-41	-48	-55	-64	-75	-88	-118	-160	-218	1.5	2	3	4	8	12
30	40	-26	-34	-43	-48	-60	-68	-80	-94	-112	-148	-200	-274	1.5	3	4	5	9	14
40	50	-26	-34	-43	-54	-70	-81	-97	-114	-136	-180	-242	-325	1.5	3	4	5	9	14
50	65	-32	-41	-53	-66	-87	-102	-122	-144	-172	-226	-300	-405	2	3	5	6	11	16
65	80	-32	-43	-59	-75	-102	-120	-146	-174	-210	-274	-360	-480	2	3	5	6	11	16
80	100	-37	-51	-71	-91	-124	-146	-178	-214	-258	-335	-445	-585	2	4	5	7	13	19
100	120	-37	-54	-79	-104	-144	-172	-210	-254	-310	-400	-525	-690	2	4	5	7	13	19
120	140	-43	-63	-92	-122	-170	-202	-248	-300	-365	-470	-620	-800	3	4	6	7	15	23
140	160	-43	-65	-100	-134	-190	-228	-280	-340	-415	-535	-700	-900	3	4	6	7	15	23
160	180	-43	-68	-108	-146	-210	-252	-310	-380	-465	-600	-780	-1000	3	4	6	7	15	23
180	200	-50	-77	-122	-166	-236	-284	-350	-425	-520	-670	-880	-1150	3	4	6	9	17	26
200	225	-50	-80	-130	-180	-258	-310	-385	-470	-575	-740	-960	-1250	3	4	6	9	17	26
225	250	-50	-84	-140	-196	-284	-340	-425	-520	-640	-820	-1050	-1350	3	4	6	9	17	26
250	280	-56	-94	-158	-218	-315	-385	-475	-580	-710	-920	-1200	-1550	4	4	7	9	20	29
280	315	-56	-98	-170	-240	-350	-425	-525	-650	-790	-1000	-1300	-1700	4	4	7	9	20	29
315	355	-62	-108	-190	-268	-390	-475	-590	-730	-900	-1150	-1500	-1900	4	5	7	11	21	32
355	400	-62	-114	-208	-294	-435	-530	-660	-820	-1000	-1300	-1650	-2100	4	5	7	11	21	32
400	450	-68	-126	-232	-330	-490	-595	-740	-920	-1100	-1450	-1850	-2400	5	5	7	13	23	34
450	500	-68	-132	-252	-360	-540	-660	-820	-1000	-1250	-1600	-2100	-2600	5	5	7	13	23	34

注:1. 公称尺寸小于或等于1mm时,基本偏差 A 和 B 及大于 IT8 的 N 均不采用。公差带 js7~js11,若 ITn 数值为奇数,则取偏差 $= \pm \dfrac{ITn-1}{2}$。

2. 对小于或等于 IT8 的 K、M、N 和小于或等于 IT7 的 P 至 ZC,所需 Δ 值从表内右侧选取。例如 24~30mm 分段的 K7,Δ=8μm,所以 ES=(-2+8)μm=+6μm;24~30mm 分段的 S6,Δ=4μm,所以 ES=(-35+4)μm=-31μm。特殊情况:250~315mm 段的 M6,ES=-9μm(代替-11μm)。

参考文献

[1] 廖希亮,赵晓峰. 机械制图 [M]. 北京:机械工业出版社,2016.
[2] 刘朝儒,等. 机械制图 [M]. 5版. 北京:高等教育出版社,2006.
[3] 范思冲. 画法几何及机械制图 [M]. 2版. 北京:机械工业出版社,2014.
[4] 钱孟波,徐云杰. 机械制图 [M]. 北京:机械工业出版社,2004.